煤矿其他从业人员安全培训系列教材

2022 版《煤矿安全规程》配套教材

采煤、输送机及生产调度作业安全培训教材

曾朝辰 主编

中国矿业大学出版社

· 徐州 ·

内容提要

本教材依据《煤矿安全培训规定》(国家安全生产监督管理总局令第92号)的相关要求、河南省工业和信息化厅制定的《河南省煤矿其他从业人员培训大纲和考核标准(试行)》、2022版《煤矿安全规程》等相关内容组织编写。内容包括4部分,第一部分是通用知识,包括煤矿井下从业人员安全素质基本要求、安全技术基础知识和安全操作技能通用知识(共分7个模块);第二部分是采煤作业,包括采煤作业安全技术基础知识、安全操作技能和典型事故案例(共分3个模块);第三部分是输送机操作作业,包括输送机操作作业安全技术基础知识、安全操作技能和典型事故案例(共分3个模块);第四部分是生产调度作业,包括生产调度作业安全技术基础知识、安全操作技能和典型事故案例(共分3个模块)。

本教材是煤矿采煤作业、输送机操作作业、生产调度作业人员的安全培训教材,也可供煤矿企业的管理人员、工程技术人员和相关人员学习和参考。

图书在版编目(CIP)数据

采煤、输送机及生产调度作业安全培训教材 / 曾朝辰主编. -- 徐州 : 中国矿业大学出版社, 2022.7

ISBN 978-7-5646-5338-5

Ⅰ. ①采… Ⅱ. ①曾… Ⅲ. ①采煤机—操作—安全培训—教材②煤矿机械—输送机—操作—安全培训—教材③煤矿—生产调度—安全培训—教材 Ⅳ. ①TD421.6 ②TD528③TD79

中国版本图书馆CIP数据核字(2022)第051874号

书　　名 采煤、输送机及生产调度作业安全培训教材

主　　编 曾朝辰

责任编辑 吴学兵

出版发行 中国矿业大学出版社有限责任公司

(江苏省徐州市解放南路　邮编221008)

营销热线 (0516)83884103　83885105

出版服务 (0516)83995789　83884920

网　　址 http://www.cumtp.com　**E-mail**:cumtpvip@cumtp.com

印　　刷 江苏淮阴新华印务有限公司

开　　本 880 mm×1240 mm　1/32　**印张** 11.875　**字数** 353千字

版次印次 2022年7月第1版　2022年7月第1次印刷

定　　价 35.00元

(图书出现印装质量问题,本社负责调换)

《采煤、输送机及生产调度作业安全培训教材》
编写委员会

主　任：孙广建　张长合

委　员：席晓辉　袁　伟　何东升　霍保山
汤　桦　陈　辉　王中华　刘夫军
李书文　任树明　杨风才　王　伟
李　飞　黄学志　张文康　李　进
曾朝辰　何　敏　蒋　恒　荣向东
陈　宇　李文峰　黄卓敏　魏　东
陈　杰

《采煤、输送机及生产调度作业安全培训教材》

编写领导小组

组　长：杨风才

副组长：黄学志

成　员：王洪洋　张志春　卢　杰　刘学功

郝明月　魏永建　孙宏权　王智玉

陈树涛　郝永科　刘怀艳　黄社涛

王玉刚　郭　宁

《采煤、输送机及生产调度作业安全培训教材》
编写人员名单

主　　编：曾朝辰

副 主 编：黄学志　王丙成　崔天宇　李九令　孙　伟

参编人员：张　健　成奇骏　刘　亮　刘学功
卢　杰　曹钰宝　郝永科　黄社涛
杜厚永　陈　鹏　刘　威　向新永
杨月飞　陈慧明　李孟辉　李旭滨
王李鹏　杨　晓　王冠宇　李正兴
葛先永　李锴举　常新明　丁　好
秦焕波　李　伟　景旭东　武晋文
张化乾　徐　明　蒋　飞　王　岩
陈　雷　纪　刚　蒋书杰　王志永

前 言

为满足煤矿其他从业人员安全培训工作的实际需要，依据《煤矿安全培训规定》（国家安全生产监督管理总局令第92号）的相关要求、河南省工业和信息化厅制定的《河南省煤矿其他从业人员培训大纲和考核标准（试行）》、2022版《煤矿安全规程》、《国家煤矿安全监察局关于印发〈煤矿安全生产标准化管理体系考核定级办法（试行）〉和〈煤矿安全生产标准化管理体系基本要求及评分方法（试行）〉的通知》（煤安监行管〔2020〕16号）等法律、法规和行业相关标准，在深入调研和广泛征求煤矿开展采煤作业、输送机操作作业、生产调度作业人员安全培训意见的基础上，本着针对性、实用性和前瞻性的要求，结合煤矿安全生产实际，我们组织编写了《采煤、输送机及生产调度作业安全培训教材》。

《关于高危行业领域安全技能提升行动计划的实施意见》（应急〔2019〕107号）和《河南省高危行业领域安全技能提升行动实施方案》（豫应急〔2020〕13号）要求开发编写分层次、分专业、分岗位的煤矿其他从业人员统一教材和考试题库，为此，按照河南省工业和信息化厅统一安排部署，由河南能源永煤公司职工培训学校负责本教材的组织编写工作。本教材由曾朝辰任主编，刘学功、王丙成等负责组稿、统稿和修改。

本教材内容分4部分16个模块：第一部分是通用知识，包括煤矿井下从业人员安全素质基本要求、安全技术基础知识和安全操作技能通用知识（共分7个模块）；第二部分是采煤作业，包括采煤作业安全技术基础知识、安全操作技能和典型事故案例（共分3个模块）；第三部分是输送机操作作业，包括输送机操作作业安全技术基础知识、安全操作技能和典型事故案例(共分3个模块);第四部分是生产调度作业,包括生产调度作业安全技术基础知识、安全操作技能和典型事故案例(共分3个模块)。

本教材主要有以下特点:

(1) 本教材本着煤矿采煤、输送机及生产调度作业安全培训的实际要求,突出煤矿采煤、输送机及生产调度作业人员安全素质提高和操作技能提升,内容全面、丰富。

(2) 严格按照2022版《煤矿安全规程》、2020版《煤矿安全生产标准化管理体系基本要求及评分方法(试行)》以及最近几年国家颁布实施的一系列法律、法规编写,有针对性地增加了新的实用性知识,符合当前煤矿生产发展的特点。

(3) 本教材进行了形式上的创新,将知识改编成安全素质基本要求、安全技术基础知识和安全操作技能,将单纯的知识传授转变为知识与技能学习,并且按照模块来编写,这样既方便教师系统梳理专业知识及备课、授课,又方便职工阅读学习。本教材层次分明、专业清晰、系统科学,可以作为工具书使用以随时查阅相关的内容。

(4) 本教材进行了数字化创新,配套相关操作视频及数字题库,可利用手机扫码观看操作视频、在线答题,便于学员自我检验培训效果和随时学习巩固培训内容。

为了便于阅读,书中法律名称均省去"中华人民共和国",用简称。

本教材是采煤作业、输送机操作作业、生产调度作业人员的安全培训教材,也可供煤矿企业的管理人员、工程技术人员和相关人员学习、参考。

限于编者水平,书中难免有不妥之处,敬请广大读者批评指正。

编　者

2022年6月

目 录

第一部分 通用知识

第二部分 采煤作业

第三部分 输送机操作作业

第四部分 生产调度作业

第一部分　通用知识

煤矿井下从业人员安全素质基本要求
安全技术基础知识
安全操作技能通用知识

模块一　法律法规常识

安全素质基本要求一　安全生产方针与法律法规

学习目标

1. 了解我国的安全生产方针。

2. 了解《安全生产法》等法律中有关安全生产的规定。

3. 了解《生产安全事故报告和调查处理条例》等行政法规有关安全生产的规定。

4. 了解《煤矿安全规程》等安全生产规章、细则、行业标准有关安全生产的规定。

5. 学会用法律法规知识保护自己的安全与权益。

安全素质基本要求相关知识

一、安全生产方针

“安全第一、预防为主、综合治理”是开展安全生产管理工作总的指导方针，是长期实践的经验总结。这一方针反映了我们党和国家对安全生产规律的认识，是指导企业安全生产工作总的指导思想和行动准则，所以，企业必须认真贯彻落实“安全第一、预防为主、综合治理”的安全生产方针。

(1)“安全第一”的含义。“安全第一”说明的是安全与生产、效益及其他活动的关系，强调在从事生产经营活动中要突出抓好安全，始终不忘把安全工作与其他经济活动同时安排、同时部署，当安全工作与其他活动发生冲突与矛盾时，其他活动要服从安全，绝不能以牺牲人的生命、健康、财产损失为代价换取发展和效益。

(2)“预防为主”的含义。“预防为主”是对“安全第一”思想的深化，就是把安全生产工作的关口前移、重心下移、超前防范，建立预教、预测、预想、预报、预警、预防的递进式、立体式事故隐患预防体系，以隐患排查治理和建设本质安全为目标，实现事故的预先防范体制，改善安全状况，预防事故发生。

(3)“综合治理”的含义。将“综合治理”纳入安全生产方针，标志着对安全生产的认识上升到一个新的高度，是贯彻落实科学发展观的具体体现，秉承“安全发展”的理念，从遵循和适应安全生产的规律出发，综合运用法律、经济、行政等手段，人管、法管、技防等多管齐下，并充分发挥社会、职工、舆论的监督作用，从责任、制度、培训等多方面着力，形成标本兼治、齐抓共管的格局。

(4)“安全第一、预防为主、综合治理”的关系。“安全第一、预防为主、综合治理”是一个完整的体系，是相辅相成、辩证统一的整体。安全第一是原则，预防为主是手段，综合治理是方法。安全第一是预防为主、综合治理的统帅和灵魂，没有安全第一的思想，预防为主就失去了思想支撑，综合治理就失去了整治依据。预防为主是实现安全第一的根本途径。只有把安全生产的重点放在建立事故预防体系上，超前采取措施，才能有效防止和减少事故。只有采取综合治理，才能实现人、机、物、环境的统一，实现本质安全，真正把安全第一、预防为主落到实处。

二、煤矿安全生产相关法律法规

在我国，以《安全生产法》为龙头，以相关法律、行政法规、部门规章、地方性法规、地方行政规章和其他规范性文件以及安全生产国家标准、行业标准为主体的安全生产法律法规体系已经初步形成，而且还在不断健全和完善，促进了安全生产管理工作的规范化、制度化和科学化。与煤矿安全生产相关的法律法规见表1-1。

表 1-1　煤矿安全生产相关法律法规

序号	名称		制定机关	主要法律法规
1	法律		全国人民代表大会及其常务委员会	《刑法》《安全生产法》《矿山安全法》《矿产资源法》《煤炭法》《职业病防治法》《劳动法》《劳动合同法》等
2	法规	行政法规	国务院	《煤矿安全监察条例》《安全生产许可证条例》《工伤保险条例》《矿山安全法实施条例》《国务院关于特大安全事故行政责任追究的规定》《国务院关于预防煤矿生产安全事故的特别规定》《生产安全事故报告和调查处理条例》《企业职工伤亡事故报告和处理规定》等
		地方性法规	地方人民代表大会及其常务委员会	《河南省安全生产条例》等
3	规章	行政规章	国务院所属部委	《煤矿安全规程》《煤矿救护规程》《爆破安全规程》《安全生产事故隐患排查治理暂行规定》《生产经营单位安全培训规定》《煤矿安全培训规定》《特种作业人员安全技术培训考核管理规定》《煤矿企业安全生产许可证实施办法》《煤矿安全生产基本条件规定》《安全生产违法行为行政处罚办法》等
		地方性规章	地方政府所属部门	《河南省煤矿水害防治工作若干规定(试行)》《河南省煤炭经营监督管理实施细则》等

表 1-1(续)

序号	名称		制定机关	主要法律法规
4	标准	国家标准(GB)	国务院标准化行政主管部门	《安全色》(GB 2893—2008)、《安全标志及其使用导则》(GB 2894—2008)、《矿山安全标志》(GB 14161—2008)等
		行业标准(AQ、MT 等)	国务院有关行政主管部门	《矿井瓦斯等级鉴定规范》(AQ 1025—2006)、《煤矿井工开采通风技术条件》(AQ 1028—2006)、《煤矿井下安全标志》(AQ 1017—2005)等
5	规范性文件			《关于加强煤矿班组安全生产建设的指导意见》《关于加强国有重点煤矿安全基础管理的指导意见》等

(一) 安全生产法律

1.《安全生产法》

《安全生产法》是为了加强安全生产工作,防止和减少生产安全事故,保障人民群众生命和财产安全,促进经济社会持续健康发展而制定的,自 2002 年 11 月 1 日起施行。根据 2021 年 6 月 10 日第十三届全国人民代表大会常务委员会第二十九次会议《关于修改〈中华人民共和国安全生产法〉的决定》第三次修正,自 2021 年 9 月 1 日起施行。内容包括总则、生产经营单位的安全生产保障、从业人员的安全生产权利义务、安全生产的监督管理、生产安全事故的应急救援与调查处理、法律责任和附则等。

(1) 生产经营单位的从业人员有依法获得安全生产保障的权利,并应当依法履行安全生产方面的义务。

(2) 国家对在改善安全生产条件、防止生产安全事故、参加抢险救护等方面取得显著成绩的单位和个人，给予奖励。

(3) 生产经营单位应当具备该法和有关法律、行政法规和国家标准或者行业标准规定的安全生产条件；不具备安全生产条件的，不得从事生产经营活动。

(4) 生产经营单位的全员安全生产责任制应当明确各岗位的责任人员、责任范围和考核标准等内容。生产经营单位应当建立相应的机制，加强对全员安全生产责任制落实情况的监督考核，保证全员安全生产责任制的落实。

(5) 矿山、金属冶炼、建筑施工、运输单位和危险物品的生产、经营、储存、装卸单位，应当设置安全生产管理机构或者配备专职安全生产管理人员。

(6) 生产经营单位应当对从业人员进行安全生产教育和培训，保证从业人员具备必要的安全生产知识，熟悉有关的安全生产规章制度和安全操作规程，掌握本岗位的安全操作技能，了解事故应急处理措施，知悉自身在安全生产方面的权利和义务。未经安全生产教育和培训合格的从业人员，不得上岗作业。

生产经营单位应当建立安全生产教育和培训档案，如实记录安全生产教育和培训的时间、内容、参加人员以及考核结果等情况。

(7) 生产经营单位采用新工艺、新技术、新材料或者使用新设备，必须了解、掌握其安全技术特性，采取有效的安全防护措施，并对从业人员进行专门的安全生产教育和培训。

(8) 国家对严重危及生产安全的工艺、设备实行淘汰制度。生产经营单位不得使用应当淘汰的危及生产安全的工艺、设备。

(9) 生产经营单位对重大危险源应当登记建档，进行定期检测、评估、监控，并制定应急预案，告知从业人员和相关人员在紧急情况下应当采取的应急措施。

(10) 生产经营单位必须为从业人员提供符合国家标准或者行业标准的劳动防护用品，并监督、教育从业人员按照使用规则佩戴、使用。

(11) 生产经营单位必须依法参加工伤保险，为从业人员缴纳保险费。

(12) 生产经营单位与从业人员订立的劳动合同,应当载明有关保障从业人员劳动安全、防止职业危害的事项,以及依法为从业人员办理工伤保险的事项。

生产经营单位不得以任何形式与从业人员订立协议,免除或者减轻其对从业人员因生产安全事故伤亡依法应承担的责任。

(13) 生产经营单位的从业人员有权了解其作业场所和工作岗位存在的危险因素、防范措施及事故应急措施,有权对本单位的安全生产工作提出建议。

(14) 从业人员有权对本单位安全生产工作中存在的问题提出批评、检举、控告;有权拒绝违章指挥和强令冒险作业。

生产经营单位不得因从业人员对本单位安全生产工作提出批评、检举、控告或者拒绝违章指挥、强令冒险作业而降低其工资、福利等待遇或者解除与其订立的劳动合同。

(15) 从业人员发现直接危及人身安全的紧急情况时,有权停止作业或者在采取可能的应急措施后撤离作业场所。

生产经营单位不得因从业人员在前款紧急情况下停止作业或者采取紧急撤离措施而降低其工资、福利等待遇或者解除与其订立的劳动合同。

(16) 生产经营单位发生生产安全事故后,应当及时采取措施救治有关人员。

因生产安全事故受到损害的从业人员,除依法享有工伤保险外,依照有关民事法律尚有获得赔偿的权利的,有权提出赔偿要求。

(17) 从业人员在作业过程中,应当严格落实岗位安全责任,遵守本单位的安全生产规章制度和操作规程,服从管理,正确佩戴和使用劳动防护用品。

(18) 工会有权对建设项目的安全设施与主体工程同时设计、同时施工、同时投入生产和使用进行监督,提出意见。

工会对生产经营单位违反安全生产法律、法规,侵犯从业人员合法权益的行为,有权要求纠正;发现生产经营单位违章指挥、强令冒险作业或者发现事故隐患时，有权提出解决的建议，生产经营单位应当及时研究答复；发现危及从业人员生命安全的情况时，有权向生产经营单位建议组织从业人员撤离危险场所，生产经营单位必须立即作出处理。

工会有权依法参加事故调查，向有关部门提出处理意见，并要求追究有关人员的责任。

(19) 生产经营单位对负有安全生产监督管理职责的部门的监督检查人员依法履行监督检查职责，应当予以配合，不得拒绝、阻挠。

(20) 负有安全生产监督管理职责的部门应当建立举报制度，公开举报电话、信箱或者电子邮件地址等网络举报平台，受理有关安全生产的举报；受理的举报事项经调查核实后，应当形成书面材料；需要落实整改措施的，报经有关负责人签字并督促落实。对不属于本部门职责，需要由其他有关部门进行调查处理的，转交其他有关部门处理。

涉及人员死亡的举报事项，应当由县级以上人民政府组织核查处理。

(21) 生产经营单位发生生产安全事故后，事故现场有关人员应当立即报告本单位负责人。

单位负责人接到事故报告后，应当迅速采取有效措施，组织抢救，防止事故扩大，减少人员伤亡和财产损失，并按照国家有关规定立即如实报告当地负有安全生产监督管理职责的部门，不得隐瞒不报、谎报或者迟报，不得故意破坏事故现场、毁灭有关证据。

2.《劳动法》

《劳动法》是为了保护劳动者的合法权益，调整劳动关系，建立和维护适应社会主义市场经济的劳动制度，促进经济发展和社会进步而制定的，自 1995 年 1 月 1 日起施行。根据 2018 年 12 月 29 日第十三届全国人民代表大会常务委员会第七次会议《关于修改〈中华人民共和国劳动法〉等七部法律的决定》第二次修正。

《劳动法》规定了劳动者享有的基本权利和义务。劳动者享有平等就业和选择职业的权利、取得劳动报酬的权利、休息休假的权利、获得劳动安全卫生保护的权利、接受职业技能培训的权利、享受社会保险和福利的权利、提请劳动争议处理的权利以及法律规定的其他劳动权利。

劳动者应当完成劳动任务，提高职业技能，执行劳动安全卫生规程，遵守劳动纪律和职业道德。

国家实行劳动者每日工作时间不超过 8 小时、平均每周工作时间不超过 44 小时的工时制度。用人单位应当保证劳动者每周至少休息一日。劳动者连续工作一年以上的，享受带薪年休假。用人单位与劳动者发生劳动争议，当事人可以依法申请调解、仲裁、提起诉讼，也可以协商解决。

休息日安排劳动者工作又不能安排补休的，支付不低于工资的 200％的工资报酬。

《劳动法》规定禁止用人单位招用未满 16 周岁的未成年人。

3.《劳动合同法》

《劳动合同法》是为了完善劳动合同制度，明确劳动合同双方当事人的权利和义务，保护劳动者的合法权益，构建和发展和谐稳定的劳动关系而制定的，自 2008 年 1 月 1 日起施行。该法修正案于 2012 年 12 月 28 日通过，自 2013 年 7 月 1 日起施行。

《劳动合同法》规定，订立劳动合同，应当遵循合法、公平、平等自愿、协商一致、诚实信用的原则。用人单位招用劳动者时，应当如实告知劳动者工作内容、工作条件、工作地点、职业危害、安全生产状况、劳动报酬，以及劳动者要求了解的其他情况；用人单位有权了解劳动者与劳动合同直接相关的基本情况，劳动者应当如实说明。

劳动合同应当具备以下条款：① 用人单位的名称、住所和法定代表人或者主要负责人；② 劳动者的姓名、住址和居民身份证或者其他有效身份证件号码；③ 劳动合同期限；④ 工作内容和工作地点；⑤ 工作时间和休息休假；⑥ 劳动报酬；⑦ 社会保险；⑧ 劳动保护、劳动条件和职业危害防护；⑨ 法律、法规规定应当纳入劳动合同的其他事项。

劳动合同期限 3 个月以上不满 1 年的，试用期不得超过 1 个月；劳动合同期限 1 年以上不满 3 年的，试用期不得超过 2 个月；3 年以上固定期限和无固定期限的劳动合同，试用期不得超过 6 个月。劳动者在试用期的工资不得低于本单位相同岗位最低档工资或者劳动合同约定工资的百分之八十，并不得低于用人单位所在地的最低工资标准。

劳动者拒绝用人单位管理人员违章指挥、强令冒险作业的不视为违反劳动合同。

4.《刑法修正案(十一)》

《刑法》是规定犯罪、刑事责任和刑罚的法律,是追究安全生产违法犯罪行为刑事责任的重要依据。

2020 年 12 月 26 日,第十三届全国人民代表大会常务委员会第二十四次会议通过《中华人民共和国刑法修正案(十一)》,自 2021 年 3 月 1 日起施行。其中涉及安全生产的主要内容如下:

"强令他人违章冒险作业,或者明知存在重大事故隐患而不排除,仍冒险组织作业,因而发生重大伤亡事故或者造成其他严重后果的,处五年以下有期徒刑或者拘役;情节特别恶劣的,处五年以上有期徒刑。"

"在生产、作业中违反有关安全管理的规定,有下列情形之一,具有发生重大伤亡事故或者其他严重后果的现实危险的,处一年以下有期徒刑、拘役或者管制:

"(一)关闭、破坏直接关系生产安全的监控、报警、防护、救生设备、设施,或者篡改、隐瞒、销毁其相关数据、信息的;

"(二)因存在重大事故隐患被依法责令停产停业、停止施工、停止使用有关设备、设施、场所或者立即采取排除危险的整改措施,而拒不执行的;

"(三)涉及安全生产的事项未经依法批准或者许可,擅自从事矿山开采、金属冶炼、建筑施工,以及危险物品生产、经营、储存等高度危险的生产作业活动的。"

5.《职业病防治法》

《职业病防治法》是为了预防、控制和消除职业病危害,防治职业病,保护劳动者健康及其相关权益,促进经济发展而制定的,自 2002 年 5 月 1 日起施行。根据 2018 年 12 月 29 日第十三届全国人民代表大会常务委员会第七次会议《关于修改〈中华人民共和国劳动法〉等七部法律的决定》第四次修正。

《职业病防治法》规定,职业病防治工作坚持预防为主、防治结合的方针,建立用人单位负责、行政机关监管、行业自律、职工参与和社会监管的机制，实行分类管理、综合治理。劳动者依法享有职业卫生保护的权利。

该法所称职业病，是指企业、事业单位和个体经济组织等用人单位的劳动者在职业活动中，因接触粉尘、放射性物质和其他有毒、有害因素而引起的疾病。

（二）安全生产行政法规

1.《生产安全事故报告和调查处理条例》

《生产安全事故报告和调查处理条例》是为了规范生产安全事故的报告和调查处理，落实生产安全事故责任追究制度，防止和减少生产安全事故而制定的，自2007年6月1日起施行。

该条例将事故划分为特别重大事故、重大事故、较大事故和一般事故4个等级。

事故报告应当及时、准确、完整，任何单位和个人对事故不得迟报、漏报、谎报或者瞒报。事故发生后，事故现场有关人员应当立即向本单位负责人报告；单位负责人接到报告后，应当于1小时内向事故发生地县级以上人民政府安全生产监督管理部门和负有安全生产监督管理职责的有关部门报告。

2.《工伤保险条例》

《工伤保险条例》是为了保障因工作遭受事故伤害或者患职业病的职工获得医疗救治和经济补偿，促进工伤预防和职业康复，分散用人单位的工伤风险而制定的，自2004年1月1日起施行，2010年12月20日进行了修订，自2011年1月1日起施行。

《工伤保险条例》内容包括总则、工伤保险基金、工伤认定、劳动能力鉴定、工伤保险待遇、监督管理、法律责任等。

该条例规定用人单位应当按时缴纳工伤保险费，职工个人不缴纳工伤保险费；职工因工作遭受事故伤害或者患职业病进行治疗，享受工伤医疗待遇；职工因工作遭受事故伤害或者患职业病需要暂停工作接受工伤医疗的，在停工留薪期内，原工资福利待遇不变，由所在单位按月支付；生活不能自理的工伤职工在停工留薪期需要护理的，由所在单位负责。

职工有下列情形之一的,应当认定为工伤:① 在工作时间和工作场所内,因工作原因受到事故伤害的。② 工作时间前后在工作场所内,从事与工作有关的预备性或者收尾性工作受到事故伤害的。③ 在工作时间和工作场所内,因履行工作职责受到暴力等意外伤害的。④ 患职业病的。⑤ 因工外出期间,由于工作原因受到伤害或者发生事故下落不明的。⑥ 在上下班途中,受到非本人主要责任的交通事故或者城市轨道交通、客运轮渡、火车事故伤害的。⑦ 法律、行政法规规定应当认定为工伤的其他情形。

职工有下列情形之一的,不得认定为工伤或者视同工伤:① 故意犯罪的;② 醉酒或者吸毒的;③ 自残或者自杀的。

(三) 安全生产规章、细则、行业标准

1.《煤矿安全规程》

《煤矿安全规程》是煤矿企业必须遵守的法定规程,其制定目的是保障煤矿安全生产和从业人员的人身安全与健康,防止煤矿事故与职业病危害。2022 版《煤矿安全规程》根据《应急管理部关于修改〈煤矿安全规程〉的决定》修订,自 2022 年 4 月 1 日起施行。

第四条 从事煤炭生产与煤矿建设的企业(以下统称煤矿企业)必须遵守国家有关安全生产的法律、法规、规章、规程、标准和技术规范。

煤矿企业必须加强安全生产管理,建立健全各级负责人、各部门、各岗位安全生产与职业病危害防治责任制。

煤矿企业必须建立健全安全生产与职业病危害防治目标管理、投入、奖惩、技术措施审批、培训、办公会议制度,安全检查制度,安全风险分级管控工作制度,事故隐患排查、治理、报告制度,事故报告与责任追究制度等。

煤矿企业必须制定重要设备材料的查验制度,做好检查验收和记录,防爆、阻燃抗静电、保护等安全性能不合格的不得入井使用。

煤矿企业必须建立各种设备、设施检查维修制度,定期进行检查维修,并做好记录。

煤矿必须制定本单位的作业规程和操作规程。

第八条 ……从业人员有权制止违章作业,拒绝违章指挥;当工作地点出现险情时，有权立即停止作业，撤到安全地点；当险情没有得到处理不能保证人身安全时，有权拒绝作业。

从业人员必须遵守煤矿安全生产规章制度、作业规程和操作规程，严禁违章指挥、违章作业。

2.《防治煤与瓦斯突出细则》

为了加强防治煤(岩)与瓦斯(二氧化碳)突出的工作，预防煤矿事故，保障从业人员生命安全，原国家煤矿安全监察局于 2019 年 7 月 16 日颁布了《防治煤与瓦斯突出细则》，自 2019 年 10 月 1 日起施行。

第四十一条　突出矿井的管理人员和井下工作人员必须接受防突知识的培训，经考试合格后方可上岗作业。

各类人员的培训达到下列要求：

(1) 突出矿井的井下工作人员的培训包括防突基本知识以及与本岗位相关的防突规章制度。

(2) 突出矿井的区(队)长、班组长和有关职能部门的工作人员应当全面熟悉两个“四位一体”综合防突措施、防突的规章制度等内容。

(3) 突出矿井的防突工属于特种作业人员，必须接受防突知识、操作技能的专门培训，并取得特种作业操作证。

(4) 有突出矿井的煤矿企业技术负责人和突出矿井的矿长、总工程师应当接受防突专项培训，具备突出矿井的安全生产知识和管理能力。

第四十二条　突出矿井的矿长、总工程师、防突机构和安全管理机构负责人、防突工应当满足下列要求：

矿长、总工程师应当具备煤矿相关专业大专及以上学历，具有 3 年以上煤矿相关工作经历；

防突机构和安全管理机构负责人应当具备煤矿相关中专及以上学历，具有 2 年以上煤矿相关工作经历；

防突机构应当配备不少于 2 名专业技术人员，具备煤矿相关专业中专及以上学历；

防突工应当具备初中及以上文化程度(新上岗的煤矿特种作业人员应当具备高中及以上文化程度)，具有煤矿相关工作经历，或者具备职业高中、技工学校及中专以上相关专业学历。

3.《煤矿防灭火细则》

为了加强煤矿防灭火工作，有效防控煤矿火灾事故，保障煤矿安全生产及从业人员生命和健康，国家矿山安全监察局于 2021 年 10 月 12 日颁布了《煤矿防灭火细则》，自 2022 年 1 月 1 日起施行。

第三条　煤矿企业、煤矿的主要负责人(法定代表人、实际控制人)是本单位防灭火工作的第一责任人，总工程师是防灭火工作的技术负责人。

煤矿企业、煤矿应当明确防灭火工作负责部门，建立健全防灭火管理制度和各级岗位责任制度。开采容易自燃和自燃煤层的矿井应当配备满足需要的防灭火专业技术人员。

第五条　开采容易自燃和自燃煤层的矿井，必须建立注浆系统或者注惰性气体防火系统，并建立煤矿自然发火监测系统。

第九条　煤矿企业、煤矿必须对从业人员进行防灭火教育和培训，定期对防灭火专业技术人员进行培训，提高其防灭火工作技能和有效处置火灾的应急能力。

第十一条　鼓励煤矿企业、煤矿和科研单位开展煤矿火灾防治科技攻关，研发、推广新技术、新工艺、新材料、新装备，提高煤矿火灾防治能力和智能化水平。

第三十八条　井下严格实行明火管制，并符合下列规定：

(一) 严禁在采掘工作面进行电焊、气割等动火作业。

(二) 严禁携带烟草和点火物品，严禁穿化纤衣服入井。

(三) 井下严禁使用灯泡取暖和使用电炉。

(四) 井下爆破作业时，应当按照矿井瓦斯等级选用煤矿许用炸药和雷管，并严格按施工工艺进行爆破。

(五) 井口和井下电气设备必须装设防雷击和防短路的保护装置。

第八十五条　当井下发现自然发火征兆时，必须停止作业，立即采取有效措施处置。在发火征兆不能得到有效控制时，必须撤出人员，封闭危险区域。进行封闭施工作业时，其他区域所有人员必须全部撤出。

第八十九条　任何人发现井下火灾时，应当视火灾性质、灾区通风和瓦斯情况，立即采取一切可能的方法直接灭火，控制火势，并迅速报告矿调度室。矿调度室在接到井下火灾报告后，应当立即按灾害预防和处理计划通知有关人员组织抢救灾区人员和实施灭火工作。

矿值班调度和在现场的区、队、班组长应当依照灾害预防和处理计划的规定，将所有可能受火灾威胁区域中的人员撤离，并组织人员灭火。电气设备着火时，应当首先切断其电源；在切断电源前，必须使用不导电的灭火器材进行灭火。

抢救人员和灭火过程中，必须指定专人检查甲烷、一氧化碳、煤尘以及其他有害气体浓度和风向、风量的变化，并采取防止瓦斯、煤尘爆炸和人员中毒的安全措施。

4.《煤矿安全生产标准化管理体系考核定级办法（试行）》和《煤矿安全生产标准化管理体系基本要求及评分方法（试行）》

为贯彻执行《安全生产法》关于“推进安全生产标准化建设”的规定，原国家煤矿安全监察局组织制定了《煤矿安全生产标准化管理体系考核定级办法（试行）》和《煤矿安全生产标准化管理体系基本要求及评分方法（试行）》（煤安监行管〔2020〕16 号），要求煤矿企业按照新标准化管理体系开展达标创建，进一步深入推进煤矿安全生产标准化管理体系建设深入开展。

1）《煤矿安全生产标准化管理体系考核定级办法（试行）》相关内容

（1）《煤矿安全生产标准化管理体系考核定级办法（试行）》规定，煤矿安全生产标准化管理体系考核等级分为一级、二级、三级 3 个等级，所应达到的要求为：

一级：煤矿安全生产标准化管理体系考核加权得分及各部分得分均不低于 90 分，且不存在下列情形：① 井工煤矿井下单班作业人数超过有关限员规定的；② 发生生产安全死亡事故，自事故发生之日起，一般事故未满 1 年、较大及重大事故未满 2 年、特别重大事故未满 3 年的；③ 安全生产标准化管理体系一级检查考核未通过，自考核定级部门检查之日起未满 1 年的；④ 因管理滑坡或存在重大事故隐患且组织生产被降级或撤销等级未满 1 年的；⑤ 露天煤矿采煤对外承包的，或将剥离工程承包给2家(不含)以上施工单位的;⑥ 被列入安全生产“黑名单”或在安全生产联合惩戒期内的;⑦ 井下违规使用劳务派遣工的。

二级:煤矿安全生产标准化管理体系考核加权得分及各部分得分均不低于80分,且不存在下列情形:① 井工煤矿井下单班作业人数超过有关限员规定的;② 发生生产安全死亡事故,自事故发生之日起,一般事故未满半年、较大及重大事故未满1年、特别重大事故未满3年的;③ 因存在重大事故隐患且组织生产被撤销等级未满半年的;④ 被列入安全生产“黑名单”或在安全生产联合惩戒期内的。

三级:煤矿安全生产标准化管理体系考核加权得分及各部分得分均不低于70分。

(2) 煤矿安全生产标准化管理体系等级实行分级考核定级。

申报一级的煤矿由省级煤矿安全生产标准化工作主管部门组织初审,国家煤矿安全监察局组织考核定级。申报二级、三级的煤矿的初审和考核定级部门由省级煤矿安全生产标准化工作主管部门确定。

(3) 煤矿安全生产标准化管理体系考核定级按照企业自评申报、初审、考核、公示、公告的程序进行。煤矿安全生产标准化管理体系考核定级部门原则上应在收到煤矿企业申请后的60个工作日内完成考核定级。煤矿企业和各级煤矿安全生产标准化工作主管部门,应通过国家煤矿安监局“煤矿安全生产标准化管理体系信息管理系统”完成申报、初审、考核、公示、公告等各环节工作。未按照规定的程序和信息化方式开展考核定级等工作的,不予公告确认。

2)《煤矿安全生产标准化管理体系基本要求及评分方法(试行)》相关内容

《煤矿安全生产标准化管理体系基本要求及评分方法(试行)》包括理念目标和矿长安全承诺、组织机构、安全生产责任制及安全管理制度、从业人员素质、安全风险分级管控、事故隐患排查治理、质量控制和持续改进等8个要素。

安全素质基本要求二
从业人员安全生产的权利与义务

学习目标

1. 熟悉从业人员安全生产的权利。
2. 熟悉从业人员在安全生产中应尽的义务。

安全素质基本要求相关知识

《安全生产法》等法律法规，赋予了广大生产经营单位从业人员依法获得安全生产保障的权利；从业人员在享有安全生产保障权利的同时，也必须依法履行安全生产方面的义务。

一、从业人员安全生产的权利

1. 劳动保护和提请劳动争议处理权

职工有要求用人单位保障职工的劳动安全、防治职业病危害的权利。职工与用人单位建立劳动关系时，应当要求订立劳动合同，劳动合同应当载明为职工提供符合国家法律、法规、标准规定的劳动安全卫生条件和必要的劳动防护用品；工作场所存在的职业病危害因素以及有效的防护措施；对从事有毒有害作业的职工定期进行健康检查；依法为职工办理工伤保险等。

当职工的劳动保护权益受到伤害，或者与用人单位因劳动保护问题发生纠纷时，有向有关部门提请劳动争议处理的权利。

2. 安全生产知情权

职工有权了解作业场所和工作岗位存在的危险因素、危害后果，以及针对危险因素应采取的防范措施和事故应急措施，用人单位必须向职工如实告知，不得隐瞒和欺骗；进入工作面前，职工有权要求跟班干部或班长检查工作面，并制定具体安全措施。如果用人单位没有如实告知，职工有权拒绝工作，用人单位不得因此做出对职工不利的处分。

3. 参与安全生产管理权

职工有权参加本单位安全生产工作的民主管理和民主监督，对本单位的安全生产工作提出意见和建议，对不符合党和国家安全生产方针和法律、法规规定的规章、制度有权提出修改意见，用人单位应重视和尊重职工的意见和建议，并及时做出答复。

4. 安全生产监督权

职工有权对企业贯彻、执行党和国家安全生产方针的情况、有关安全生产法规及管理制度的执行情况、管理干部行为、作业现场的安全情况、安全技术措施专项费用使用情况进行监督。

5. 安全生产教育培训权

职工享有参加安全生产教育培训的权利。用人单位应依法对职工进行安全生产法律、法规、规程及相关标准的教育培训，使职工掌握从事岗位工作所必须具备的安全生产知识和技能。用人单位没有依法对职工进行安全生产教育培训，特殊工种作业人员未取得操作资格证书的，职工有权拒绝上岗作业。

6. 职业健康防治权

对于从事接触职业病危害因素或可能导致职业病作业的职工，有权获得职业健康检查并了解检查结果。被诊断为患有职业病的职工有依法享受职业病待遇，接受治疗、康复和定期检查的权利。

7. 拒绝违章指挥权

违章指挥是指用人单位的有关管理人员违反安全生产的法律法规和有关安全规程、规章制度的规定，指挥从业人员进行作业的行为；强令冒险作业是指用人单位的有关管理人员，明知开始或继续作业可能会有重大危险，仍然强迫职工进行作业的行为。违章指挥、强令冒险作业违背了“安全第一”的方针，侵犯了职工的合法权益，职工有权拒绝；违章操作，职工有权制止；跟班干部擅离工作岗位，职工有权向有关方面报告。用人单位不得因职工拒绝违章指挥和强令冒险作业而打击报复，降低其工资、福利等待遇或解除与其订立的劳动合同。

8. 停止作业避险权

职工发现直接危及人身安全的紧急情况时，有权停止作业，或者在采取可能的应急措施后，撤离作业场所。用人单位不得因职工在紧急情况下停止作业或者采取紧急撤离措施而降低其工资、福利待遇或者解除与其订立的劳动合同。但职工在行使这一权利时要慎重，要尽可能正确判断险情危及人身安全的程度。

9. 工伤保险和民事索赔权

用人单位应当依法为职工办理工伤保险，为职工缴纳工伤保险费。职工因安全生产事故受到伤害，除依法应当享受工伤保险外，还有权向用人单位要求民事赔偿。工伤保险和民事赔偿不能互相取代。

10. 批评、检举和控告权

职工有权向煤矿企业和煤炭管理部门、工会组织举报违反有关安全生产法律、法规、制度的行为；有权检举违章指挥、违章作业者；有权反映作业现场安全管理情况和不安全因素。检举可以署名，也可以不署名；可以用书面形式，也可以用口头形式。但是，职工在行使这一权利时，应注意检举和控告的情况必须真实，要实事求是。用人单位不得因职工行使上述权利而对其进行打击、报复，包括不得因此而降低其工资、福利待遇或者解除与其订立的劳动合同。在进行安全生产监督检查时，如果受到打击报复和迫害，职工有权向上级或政府有关部门、工会组织投诉和控告；有权对忽视安全、玩忽职守造成事故的责任者进行检举；有权对隐瞒事故的单位和责任者提出控告。

从业人员离开煤矿企业时，有权索取本人职业健康监护档案复印件，煤矿企业必须如实、无偿提供，并在所提供的复印件上签章。

二、从业人员安全生产的义务

1. 遵守安全生产规章制度和操作规程的义务

职工不仅要严格遵守安全生产有关法律法规，还应当遵守用人单位的安全生产规章制度和操作规程，这是职工在安全生产方面的一项法定义务。职工必须增强法纪观念，自觉遵章守纪，从维护国家利益、集体利益以及自身利益出发，把遵章守纪、按章操作落实到具体的工作中。

2. 服从安全生产管理的义务

服从煤矿安全检查、安全监察管理；自觉服从安全监督部门、安全监察部门的指挥，自觉配合安全监察人员的工作，协助他们执行公务，并提供真实信息和有关资料。

用人单位的安全生产管理人员一般具有较多的安全生产知识和较丰富的经验，职工服从管理，可以保持生产经营活动的良好秩序，有效地避免、减少生产安全事故的发生。因此，职工应当服从管理，这也是职工在安全生产方面的一项法定义务。当然，职工对于违章指挥、强令冒险作业的行为，有权拒绝。

3. 正确佩戴和使用劳动防护用品的义务

劳动防护用品是保护职工在劳动过程中安全与健康的一种防御性装备，不同的劳动防护用品有其特定的佩戴和使用规则、方法，只有正确佩戴和使用，方能真正起到防护作用。用人单位在为职工提供符合国家或行业标准的劳动防护用品后，职工有义务正确佩戴和使用劳动防护用品。

4. 发现事故隐患及时报告并参加抢险救灾的义务

职工发现事故隐患和不安全因素后，应及时向现场安全生产管理人员或本单位负责人报告，接到报告的人员应当及时予以处理。一般来说，职工报告得越早，接受报告的人员处理得越早，事故隐患和其他职业危险因素可能造成的危害就越小。在煤矿发生事故后，职工应积极参加抢救事故，不能以任何借口逃避事故抢救工作。

5. 接受安全生产培训教育的义务

职工应依法接受安全生产的教育和培训，掌握所从事岗位工作所需的安全生产知识，提高安全生产技能，增强事故预防和应急处理能力。特殊性工种作业人员和有关法律法规规定须持证上岗的作业人员，必须经培训考核合格后，依法取得相应的资格证书或合格证书，方可上岗作业。

6. 改善工作环境和爱护生产设施、设备的义务

职工在工作中，应积极参加技术革新活动，提出合理化建议，不断改善劳动条件和工作环境。

煤矿企业的生产设备及安全生产设施是安全生产的保证，要自觉维护其正常运转和安全使用，使其发挥保障安全生产的作用。

安全素质基本要求三　劳动保护制度

学习目标

1. 了解劳动安全卫生制度。
2. 了解特殊劳动保护制度。
3. 了解工作时间和休息休假制度。

安全素质基本要求相关知识

劳动保护是国家和单位为保护劳动者在劳动生产过程中的安全和健康所采取的立法、组织和技术措施的总称，是指根据国家法律、法规，依靠技术进步和科学管理，采取组织措施和技术措施，消除危及人身安全健康的不良条件和行为，防止事故和职业病，保护劳动者在劳动过程中的安全与健康。根据《劳动法》的规定，劳动保护制度主要包括以下几类。

一、劳动安全卫生制度

劳动安全卫生保护的内容十分广泛，且因不同行业有着不同的重点和差别，《劳动法》在第六章规定了劳动安全卫生制度的基本内容：

（1）用人单位必须建立、健全劳动安全卫生制度，严格执行国家劳动安全卫生规程和标准，对劳动者进行劳动安全卫生教育，防止劳动过程中的事故，减少职业危害。

（2）劳动安全卫生设施必须符合国家规定的标准。

新建、改建、扩建工程的劳动安全卫生设施必须与主体工程同时设计、同时施工、同时投入生产和使用。

（3）用人单位必须为劳动者提供符合国家规定的劳动安全卫生条件和必要的劳动防护用品，对从事有职业危害作业的劳动者应当定期进行健康检查。

（4）从事特种作业的劳动者必须经过专门培训并取得特种作业

资格。

(5) 劳动者在劳动过程中必须严格遵守安全操作规程。

劳动者对用人单位管理人员违章指挥、强令冒险作业,有权拒绝执行;对危害生命安全和身体健康的行为,有权提出批评、检举和控告。

(6) 国家建立伤亡事故和职业病统计报告和处理制度。县级以上各级人民政府劳动行政部门、有关部门和用人单位应当依法对劳动者在劳动过程中发生的伤亡事故和劳动者的职业病状况,进行统计、报告和处理。

二、特殊劳动保护制度

(1) 国家对女职工和未成年工实行特殊劳动保护。未成年工是指年满 16 周岁未满 18 周岁的劳动者。

(2) 禁止安排女职工从事矿山井下、国家规定的第四级体力劳动强度的劳动和其他禁忌从事的劳动。

(3) 不得安排女职工在经期从事高处、低温、冷水作业和国家规定的第三级体力劳动强度的劳动。

(4) 不得安排女职工在怀孕期间从事国家规定的第三级体力劳动强度的劳动和孕期禁忌从事的劳动。对怀孕 7 个月以上的女职工,不得安排其延长工作时间和夜班劳动。

(5) 女职工生育享受不少于 90 天的产假。

(6) 不得安排女职工在哺乳未满 1 周岁的婴儿期间从事国家规定的第三级体力劳动强度的劳动和哺乳期禁忌从事的其他劳动,不得安排其延长工作时间和夜班劳动。

(7) 不得安排未成年工从事矿山井下、有毒有害、国家规定的第四级体力劳动强度的劳动和其他禁忌从事的劳动。

(8) 用人单位应当对未成年工定期进行健康检查。

三、工作时间和休息休假制度

(1) 国家实行劳动者每日工作时间不超过 8 小时、平均每周工作时间不超过 44 小时的工时制度。

(2) 对实行计件工作的劳动者,用人单位应当根据上一条规定的工时制度合理确定其劳动定额和计件报酬标准。

(3) 用人单位应当保证劳动者每周至少休息 1 日。

(4) 企业因生产特点不能实行上述规定的,经劳动行政部门批准,可以实行其他工作和休息办法。

(5) 用人单位在下列节日期间应当依法安排劳动者休假:元旦、春节、国际劳动节、国庆节及法律、法规规定的其他休假节日等。

(6) 用人单位由于生产经营需要,经与工会和劳动者协商后可以延长工作时间,一般每日不得超过 1 小时;因特殊原因需要延长工作时间的,在保障劳动者身体健康的条件下延长工作时间每日不得超过 3 小时,但是每月不得超过 36 小时。

(7) 有下列情形之一的,延长工作时间不受上一条的限制:① 发生自然灾害、事故或者因其他原因,威胁劳动者生命健康和财产安全,需要紧急处理的;② 生产设备、交通运输线路、公共设施发生故障,影响生产和公众利益,必须及时抢修的;③ 法律、行政法规规定的其他情形。

(8) 用人单位不得违反《劳动法》规定延长劳动者的工作时间。

(9) 有下列情形之一的,用人单位应当按照下列标准支付高于劳动者正常工作时间工资的工资报酬:① 安排劳动者延长工作时间的,支付不低于工资的 150%的工资报酬;② 休息日安排劳动者工作又不能安排补休的,支付不低于工资的 200%的工资报酬;③ 法定休假日安排劳动者工作的,支付不低于工资的 300%的工资报酬。

(10) 国家实行带薪年休假制度。

劳动者连续工作 1 年以上的,享受带薪年休假。具体办法由国务院规定。

模块二　煤矿从业人员入井常识

安全素质基本要求一　煤矿从业人员入井须知

学习目标

1. 熟悉煤矿入井人员的基本条件。
2. 熟悉煤矿入井人员行为规范。

安全素质基本要求相关知识

一、入井人员的基本条件

根据有关法律法规的规定，煤矿井下从业人员必须符合下列基本条件：

（1）身体健康，无职业禁忌证。凡是有下列病症的不得从事煤矿井下作业：

入井前的准备
（微信扫码观看）

① 活动性肺结核和肺外结核病。

② 严重的上呼吸道或支气管疾病。

③ 显著影响肺功能的肺脏或胸膜病变。

④ 心、血管器质性疾病。

⑤ 经医疗鉴定，不适于从事粉尘作业的其他疾病。

⑥ 风湿病(反复活动)。

⑦ 严重的皮肤病。

⑧ 癫痫病。

⑨ 精神分裂症。

⑩ 经医疗鉴定，不适于从事井下工作的其他疾病。

(2) 年满18周岁且不超过国家法定退休年龄。

(3) 具有初中及以上文化程度。

二、煤矿入井人员行为规范

煤矿从业人员必须遵守入井的基本行为规范，以保证自己和他人的安全。

(1) 入井(场)人员必须戴安全帽等个体防护用品，穿带有反光标识的工作服。入井(场)前严禁饮酒。

(2) 入井人员必须随身携带自救器、标识卡和矿灯，严禁携带烟草和点火物品，严禁穿化纤衣服。

(3) 煤矿作业人员必须熟悉应急救援预案和避灾路线，具有自救互救和安全避险知识。井下作业人员必须熟练掌握自救器和紧急避险设施的使用方法。

(4) 对作业场所和工作岗位存在的危险有害因素及防范措施、事故应急措施、职业病危害及其后果、职业病危害防护措施等，煤矿企业应当履行告知义务，从业人员必须熟悉、有权了解并提出建议。

(5) 所有入井人员必须遵守《煤矿安全规程》、作业规程、煤矿安全技术操作规程的相关规定，经过安全培训并考核合格方可入井。

(6) 入井人员下井前，要休息好，做到心情愉快，保持精力旺盛。

(7) 乘坐罐笼上下井时，要遵守乘坐罐笼的有关规定，服从指挥，排队按次序上下，不得拥挤、打闹和摘掉安全帽。

(8) 乘车时只准乘坐专门的人车，必须遵守乘车规定，严禁在车辆行驶中登车、爬车、跳车等。

(9) 在大巷行走时，要精神集中，注意避让来往车辆，过交叉道口要做到“一停、二看、三通过”。

入井安全注意事项
(微信扫码观看)

(10) 服从安全管理，按照规定正确携带工器具，正确识别井下各类信号。

安全素质基本要求二　煤矿井下避灾路线

学习目标

1. 熟悉安全出口相关要求。
2. 熟悉井下安全避险系统。
3. 熟悉煤矿井下避灾路线。

安全素质基本要求相关知识

一、安全出口

矿井建设期间的安全出口应当符合下列要求：① 开凿或者延深立井时，井筒内必须设有在提升设备发生故障时专供人员出井的安全设施和出口；井筒到底后，应当先短路贯通，形成至少 2 个通达地面的安全出口。② 相邻的两条斜井或者平硐施工时，应当及时按设计要求贯通联络巷。

每个生产矿井必须至少有 2 个能行人的通达地面的安全出口，各出口间距不得小于 30 m。

采用中央式通风的新建和改扩建矿井，设计中应当规定井田边界的安全出口。

新建、改扩建矿井的回风井严禁兼作提升和行人通道，紧急情况下可作为安全出口。

井下每一个水平到上一个水平和各个采(盘)区都必须至少有 2 个便于行人的安全出口，并与通达地面的安全出口相连。未建成 2 个安全出口的水平或者采(盘)区严禁回采。

井巷交岔点，必须设置路标，标明所在地点，指明通往安全出口的方向。

通达地面的安全出口和 2 个水平之间的安全出口，倾角不大于 45°时，必须设置人行道，并根据倾角大小和实际需要设置扶手、台阶或者梯道。倾角大于45°时，必须设置梯道间或者梯子间，斜井梯道间必须分段错开设置，每段斜长不得大于10 m；立井梯子间中的梯子角度不得大于80°，相邻2个平台的垂直距离不得大于8 m。

安全出口应当经常清理、维护，保持畅通。

采煤工作面必须保持至少2个畅通的安全出口，一个通到进风巷道，另一个通到回风巷道。

采煤工作面所有安全出口与巷道连接处超前压力影响范围内必须加强支护，且加强支护的巷道长度不得小于20 m；综合机械化采煤工作面，此范围内的巷道高度不得低于1.8 m；其他采煤工作面，此范围内的巷道高度不得低于1.6 m。安全出口和与之相连接的巷道必须设专人维护，发生支架断梁折柱、巷道底鼓变形时，必须及时更换、清挖。

二、井下安全避险系统

煤矿必须建立矿井安全避险系统，对井下人员进行安全避险和应急救援培训，每年至少组织1次应急演练。

煤矿安全避险“六大系统”包括矿井安全监控系统、人员位置监测系统、井下紧急避险系统、压风自救系统、供水施救系统和通信联络系统。矿井安全监控系统实现对煤矿井下瓦斯、一氧化碳浓度、温度、风速的动态监控，完善紧急情况下及时断电撤人制度；人员位置监测系统，准确掌握各个区域作业人员的情况；救生舱、避难硐室等井下紧急避险系统，实现井下灾害突发时的安全避险；压风自救系统，确保灾变时现场作业人员有充分的氧气供应；供水施救系统，在灾变后为井下作业人员提供清洁水源或必要的营养液；通信联络系统，实现井上、井下和各个作业地点通信通畅。

所有井工煤矿必须按规定建设完善煤矿安全避险“六大系统”，入井人员必须熟悉煤矿安全避险“六大系统”。

三、煤矿井下避灾路线

煤矿根据不同的灾变和灾害发生地点而制定的能使井下人员用尽量短的时间、从最近的距离撤到安全地点的路线，称为避灾路线。煤矿井下作业人员必须熟知避灾路线，以便发生灾害事故时，能够安全撤离。

最佳的避灾路线必须满足三个条件：一是适合不同的灾害事故，二是安全条件好，三是撤离时间最短。

井下所有工作地点必须设置灾害事故避灾路线。避灾路线指示应当设置在不易受到碰撞的显著位置，在矿灯照明下清晰可见，并标注所在位置。巷道交叉口必须设置避灾路线标识。

巷道内设置标识的间隔距离：采区巷道不大于 200 m，矿井主要巷道不大于 300 m。

煤矿作业人员必须熟悉应急救援预案和避灾路线，具有自救互救和安全避险知识。井下作业人员必须熟练掌握自救器和紧急避险设施的使用方法。

班组长应当具备兼职救护队员的知识和能力，能够在发生险情后第一时间组织作业人员自救互救和安全避险。

外来人员必须经过安全和应急基本知识培训，掌握自救器使用方法，并签字确认后方可入井。

安全素质基本要求三
煤矿矿用产品安全标志和井下安全警示标志

学习目标

1. 熟悉煤矿矿用产品安全标志。
2. 熟悉煤矿井下安全警示标志。

安全素质基本要求相关知识

一、煤矿矿用产品安全标志

2007 年 4 月 1 日实施的《矿用产品安全标志标识》(AQ 1043—2007)中规定了矿用产品安全标志标识的分类、型式、尺寸、材质、颜色、使用及管理要求。

矿用产品安全标志由矿用产品安全标志证书和矿用产品安全标志

标识两部分组成。

取得矿用产品安全标志的产品，只有加施标识后生产单位方可销售，使用单位方可采购和使用。

煤矿矿用产品安全标志标识的标准型式为六边形边框，内加汉语拼音缩写“MA”，意为“煤安”，边框线表示全国煤矿范围使用，数字代码为安全标志编号，如图 1-1 所示。

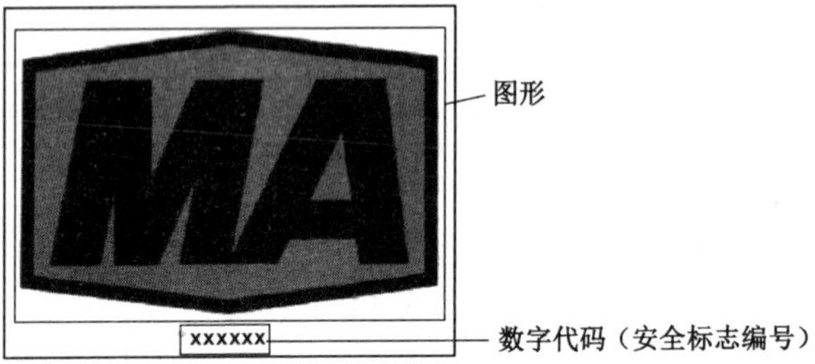

图 1-1　煤矿矿用产品安全标志标识

二、煤矿井下安全警示标志

安全标志是指井下悬挂或张贴的图文标志，目的是引起煤矿井下作业人员对现场不安全因素的警觉并采取相应的措施，预防事故的发生。

2006 年 3 月 1 日实施的《煤矿井下安全标志》(AQ 1017—2005)规定了煤矿井下传递安全警示信息的安全标志，适用于各类井工开采的煤矿。

煤矿井下安全标志分为主标志和文字补充标志两类。主标志分为禁止标志、警告标志、指令标志和路标、名牌、提示标志。文字补充标志是主标志的文字说明或方向指示，它只能与主标志同时使用。文字补充标志基本形式是矩形边框，放在主标志下方，也可放在左方或右方。文字补充标志的底色应与联用的主标志底色相统一，其文字的颜色，除警告标志用黑色外，其他标志均为白色。

煤矿井下安全标志牌位置应设在与安全有关的明显的地方，并保证人们有足够的时间注意它所表示的内容。

煤矿井下安全标志牌应定期清洗，每季至少检查一次。如有变形、损坏、变色、图形符号脱落、亮度老化等现象应及时修理或更换。

(1) 禁止标志是禁止或制止人们的某种行为的标志。禁止标志为白底、红圈、红斜杠、黑图形符号。煤矿井下常用的禁止标志见附表4-1。

(2) 警告标志是警告人们可能发生危险的标志。警告标志的基本形状为等边三角形，顶角朝上。警告标志为黄底、黑边、黑图形符号。煤矿井下常用的警告标志见附表4-2。

(3) 指令标志是指示人们必须遵守某种规定的标志。指令标志基本形状为圆形。指令标志为蓝底、白图形符号。煤矿常用的指令标志见附表4-3。

(4) 路标、名牌、提示标志是告诉人们目标、方向、地点的标志。路标、名牌、提示标志基本形状为长方形。路标、名牌、提示标志为绿底（红底或黄底）、白图案（黑图案）、白字或黑字。煤矿井下常用的路标、名牌、提示标志见附表4-4。

煤矿井下安全设施和安全标志（微信扫码观看）

安全素质基本要求四 常见"三违"行为及其危害

学习目标

1. 熟悉"三违"的定义。
2. 熟悉"三违"的危害。
3. 熟悉"三违"常见的表现形式。
4. 熟悉"三违"现象产生的主观原因。
5. 提升安全意识，杜绝"三违"发生，搞好安全生产。

安全素质基本要求相关知识

安全意识就是人们头脑中建立起来的生产必须安全的观念，也就是人们在生产活动中各种各样有可能对自己或他人造成伤害的外在环境条件的一种戒备和警觉的心理状态。违章蛮干，会给个人、家庭、企业、社会带来严重后果和沉重负担。

一、“三违”的定义

“三违”是违章指挥、违章作业、违反劳动纪律的简称。“三违”极易导致事故，而事故带来的影响是深远的，损失是难以估量的，会给个人、家庭、企业、社会带来巨大的伤痛和损失。因此，要保障个人的安全健康和家庭的幸福、要保障企业的长治久安和社会的和谐稳定，就要控制各类事故的发生，而控制事故发生的关键是杜绝违章。

(1) 违章指挥：是指违反国家的安全生产方针、政策、法律、条例、规程、标准、制度及生产经营单位的规章制度和技术方案的指挥行为。

(2) 违章作业：是指在劳动过程中违反国家法律法规和生产经营单位制定的各项规章制度，包括工艺技术、生产操作、劳动保护、安全管理等方面的规程、规则、章程、条例、办法和制度等，以及有关安全生产的通知、决定的行为。

(3) 违反劳动纪律：是指违反在劳动生产过程中，为维护生产秩序，而制定的要求每个员工遵守的规章制度的行为。劳动纪律是多方面的，它包括组织纪律、工作纪律、技术纪律以及规章制度等。

二、“三违”的危害

“三违”可能会对自身或他人生命造成伤害，一旦酿成事故会给亲人、朋友带来生活上的困难和感情上的痛苦。“三违”现象已成为严重威胁职工生命安全健康，影响企业形象和制约企业安全发展的顽症。“三违”实质上是一种违反安全生产客观规律的盲目行为，安全事故与“三违”有着直接或间接联系。煤矿工人由于一些原因还存在安全意识不强、法治观念淡薄的情况，“三违”现象时有出现，屡禁不绝，严重地威胁了矿井的正常生产和矿工的生命安全健康，其影响极坏、危害极大。因此，对“三违”的现象和行为，绝不能宽恕、忽视。我们只有坚决与“三违”作斗争，坚决反“三违”，才能确保矿井的安全生产。

三、“三违”常见的表现形式

(1) 常见的违章指挥行为。不按照安全生产责任制有关本职工作规定履行职责；不按规定对员工进行安全教育培训；强令员工冒险违章作业；不按照规定审查、批准技术方案和安全措施；不认真执行企业发布的管理程序；新建、改建、扩建项目不执行“三同时”的规定，不履行审批手续；对已发现的事故隐患，不及时采取措施，放任自流等。

(2) 常见的违章作业行为。不按规定正确佩戴和使用劳动防护用品；发现设备或安全防护装置缺损，继续操作；不执行规定的安全防范措施，对违章指挥盲目服从，不加抵制；违反规程或安全技术措施作业；不按操作规程、工艺要求操作设备；忽视安全、忽视警告，冒险进入危险区域等。

(3) 常见违反劳动纪律的表现。迟到、早退、擅离职守；工作时间干私活、办私事；上班注意力不集中、消极怠工；工作中不服从分配、不听从指挥；无理取闹、纠缠领导、影响正常工作；私自动用他人工具、设备；不遵守各项规章制度，违反工艺流程和操作规程等。

四、“三违”现象产生的主观原因

“三违”现象产生的原因有：人员安全意识不强，安全作业综合素质不高；不懂规章或规章懂得太少；存在侥幸、麻痹、自满、马虎、凑合、逆反、应付、从众型等多种心理，认为违章不会造成事故；认为规章太烦琐，操作费力费时，抢功图快；个体所受安全教育少、安全作业技能水平较低；作业环境差、劳动强度大、易疲劳，习惯性违章；情绪不良原因，操作失误；认知水平低等。

五、提升安全意识，杜绝“三违”

(1) “三违”的外在表现是行为，根子在思想和意识。从思想和意识深处着手才是根治“三违”的治本之策。根治“三违”的关键，就是要保证“三违”人员的安全思想意识认识到位。要以人为本，在关心人、尊重人、保护人上多想办法，多做工作，引导职工不断增强安全意识，规范自身行为，进而成为“想安全、会安全、能安全”的安全人。要帮助职工树立正确的安全生产思想观念，提高其安全生产意识，促使职工能够自觉安全生产。

（2）对“三违”职工的安全教育方法多种多样，应坚持以人为本。针对“三违”职工的不同违章心理，分析其“三违”产生的直接原因及深层次原因，及时疏导和消除其违章心理，对职工的教育要动之以情，晓之以理，导之以行。加大安全教育力度，特别是加大对“三违”职工的培训力度，提高其安全知识水平和安全操作技能。只有让职工充分认识到“三违”的严重后果，才能切实增强其安全意识，提高其安全技能，杜绝“三违”现象。

（3）严格安全管理，自觉规范行为。加大现场安全管理力度，严格执行各项规章制度，把遵章守纪、按章作业转化为员工的自觉行动。加强区队、班组管理，加强班组建设，提高区队队干和班组长的安全责任心，落实好各级人员安全生产责任制。开展班组安全联保互保，营造人人争当安全人的浓厚氛围，实现企业的安全生产。

模块三　职业病危害因素及职业病防治

安全素质基本要求一
煤矿职业病危害因素及职业病类型

学习目标

1. 熟悉职业病及职业病危害因素概述。
2. 熟悉煤矿常见职业病危害因素。
3. 熟悉煤矿常见职业病。
4. 熟悉用人单位职业病危害因素防治管理职责。
5. 熟悉从业人员和用人单位职业病预防的权利和义务。

安全素质基本要求相关知识

一、职业病及职业病危害因素概述

职业病是指企业、事业单位和个体经济组织(以下统称用人单位)的劳动者在职业活动中,因接触粉尘、放射性物质和其他有毒、有害物质等因素而引起的疾病。

职业病危害因素是指在生产过程、劳动过程和生产环境这三项劳动条件中,对从业人员的健康和劳动能力产生有害作用的危害因素。职业病危害因素包括职业活动中存在的各种有害的化学、物理、生物因素以及在作业过程中产生的其他有害因素。

职业病是由于职业活动而产生的疾病,但并不是所有工作中得的病都是职业病。要构成职业病,必须具备以下四个条件:

(1) 患病主体必须是用人单位的劳动者。

(2) 必须是在从事职业活动过程中产生的。

(3) 必须是因接触粉尘、放射性物质和其他有毒、有害物质等职业病危害因素引起的。

(4) 必须是国家公布的职业病分类和目录所列的职业病。

二、煤矿常见职业病危害因素

煤矿生产中主要的职业病危害因素有粉尘、有毒有害气体、噪声和振动、不良气候条件等。

1. 粉尘

粉尘是煤矿的主要职业病危害因素。煤矿生产中，采煤、掘进、支护、提升运输、巷道维修等生产环节均会产生粉尘，这些粉尘可能使从业人员患上尘肺。

2. 有毒有害气体

井下爆破、煤氧化、煤中放出等原因，导致矿井空气中含有甲烷(CH_4)、一氧化碳(CO)、二氧化碳(CO_2)、二氧化氮(NO_2)、硫化氢(H_2S)、二氧化硫(SO_2)、氨气(NH_3)等有毒有害气体，这些有毒有害气体会导致从业人员职业中毒。

3. 噪声和振动

煤矿噪声和振动主要来源于井下机械化生产，其危害取决于生产过程、生产工艺和所使用的工具，如风动凿岩机和局部通风机的噪声和振动等。从业人员长期在噪声下工作，可能造成听力下降，甚至引起耳聋；长期接触振动，可能导致局部疼痛，甚至引起内脏器官损伤。

4. 不良气候条件

煤矿井下的不良气候条件有气温高、湿度大、不同地点风速大小不等和温差大等。长期在潮湿环境下工作的人员易患风湿性关节炎等。

此外，劳动强度大、作业姿势不良也是煤矿井下工作的特点，易造成井下从业人员腰腿疼和各种外伤。

三、煤矿常见职业病

1. 矽肺

矽肺是由于在职业活动中长期在含游离二氧化硅10%以上、粉尘浓度大于 2 mg/m³ 或含游离二氧化硅 10% 以下、粉尘浓度大于 10 mg/m³ 的环境中工作，吸入含游离二氧化硅呼吸性粉尘（矽尘）而引起的肺间质弥漫性纤维化病变的疾病。

2. 煤工尘肺

煤工尘肺是由于在煤炭生产活动中长期吸入煤尘而引起的肺的弥漫性纤维化病变的疾病，它是我国煤炭行业累计患病人数、每年发病人数最多，对煤矿工人身体健康危害最大的职业病。

3. 水泥尘肺

水泥尘肺是由于在职业活动中长期吸入较高浓度的水泥粉尘而引起的一种尘肺。水泥尘肺发病工龄较长，病情进展缓慢，发病工龄多在 10～15 年。

4. 职业性噪声聋

职业性噪声聋是由于在职业活动中长期接触高噪声而发生的一种进行性的听觉损伤。患者早期会出现听力下降，继续长期接触，听力损失不能完全恢复，由功能性改变发展为器质性推行性病变。

四、用人单位职业病危害因素防治管理职责

1. 人员配备

(1) 职业病危害严重的用人单位，应当设置或者指定职业卫生管理机构或者组织，配备专职职业卫生管理人员。

(2) 其他存在职业病危害的用人单位，劳动者超过 100 人的，应当设置或者指定职业卫生管理机构或者组织，配备专职职业卫生管理人员；劳动者在 100 人以下的，应当配备专职或者兼职的职业卫生管理人员，负责本单位的职业病防治工作。

2. 培训管理

(1) 用人单位的主要负责人和职业卫生管理人员应当具备与本单位所从事的生产经营活动相适应的职业卫生知识和管理能力，并接受职业卫生培训。

(2) 用人单位主要负责人、职业卫生管理人员的职业卫生培训，应当包括下列主要内容：

① 职业卫生相关法律、法规、规章和国家职业卫生标准。

② 职业病危害预防和控制的基本知识。

③ 职业卫生管理相关知识。

④ 原国家安全生产监督管理总局规定的其他内容。

(3) 用人单位应当对劳动者进行上岗前的职业卫生培训和在岗期间的定期职业卫生培训，普及职业卫生知识，督促劳动者遵守职业病防治的法律、法规、规章、国家职业卫生标准和操作规程。

(4) 用人单位应当对职业病危害严重的岗位的劳动者，进行专门的职业卫生培训，经培训合格后方可上岗作业。

(5) 因变更工艺、技术、设备、材料，或者岗位调整导致劳动者接触的职业病危害因素发生变化的，用人单位应当重新对劳动者进行上岗前的职业卫生培训。

3. 产生职业病危害的用人单位工作场所的基本要求

(1) 生产布局合理，有害作业与无害作业分开。

(2) 工作场所与生活场所分开，工作场所不得住人。

(3) 有与职业病防治工作相适应的有效防护设施。

(4) 职业病危害因素的强度或者浓度符合国家职业卫生标准。

(5) 有配套的更衣间、洗浴间、孕妇休息间等卫生设施。

(6) 设备、工具、用具等设施符合保护劳动者生理、心理健康的要求。

(7) 法律、法规、规章和国家职业卫生标准的其他规定。

4. 警示标识设置

(1) 产生职业病危害的用人单位，应当在醒目位置设置公告栏，公布有关职业病防治的规章制度、操作规程、职业病危害事故应急救援措施和工作场所职业病危害因素检测结果。

(2) 存在或者产生职业病危害的工作场所、作业岗位、设备、设施，应当按照《工作场所职业病危害警示标识》(GBZ 158)的规定，在醒目位置设置图形、警示线、警示语句等警示标识和中文警示说明。警示说明应当载明产生职业病危害的种类、后果、预防和应急处置措施等内容。

(3) 存在或产生高毒物品的作业岗位，应当按照《高毒物品作业岗位职业病危害告知规范》(GBZ/T 203)的规定，在醒目位置设置高毒物品告知卡，告知卡应当载明高毒物品的名称、理化特性、健康危害、防护措施及应急处理等告知内容与警示标识。

5. 职业病危害因素检测

(1) 存在职业病危害的用人单位，应当实施由专人负责的工作场所职业病危害因素日常监测，确保监测系统处于正常工作状态。

(2) 存在职业病危害的用人单位，应当委托具有相应资质的职业卫生技术服务机构，每年至少进行 1 次职业病危害因素检测。

(3) 职业病危害严重的用人单位，应当委托具有相应资质的职业卫生技术服务机构，每 3 年至少进行 1 次职业病危害现状评价。

(4) 检测、评价结果应当存入本单位职业卫生档案，并给劳动者公布。

(5) 存在职业病危害的用人单位，有下述情形之一的，应当及时委托具有相应资质的职业卫生技术服务机构进行职业病危害现状评价：

① 初次申请职业卫生安全许可证，或者职业卫生安全许可证有效期届满申请换证的。

② 发生职业病危害事故的。

③ 原国家安全生产监督管理总局规定的其他情形。

用人单位应当落实职业病危害现状评价报告中提出的建议和措施，并将职业病危害现状评价结果及整改情况存入本单位职业卫生档案。

(6) 用人单位在日常的职业病危害监测或者定期检测、现状评价过程中，发现工作场所职业病危害因素不符合国家职业卫生标准和卫生要求时，应当立即采取相应治理措施，确保其符合职业卫生环境和条件的要求；仍然达不到国家职业卫生标准和卫生要求的，必须停止存在职业病危害因素的作业；职业病危害因素经治理后，符合国家职业卫生标准和卫生要求的，方可重新作业。

(7) 向用人单位提供可能产生职业病危害的设备的，应当提供中文说明书，并在设备的醒目位置设置警示标识和中文警示说明。警示说明应当载明设备性能、可能产生的职业病危害、安全操作和维护注意事项、职业病防护措施等内容。

6. 职业病危害因素告知

(1) 用人单位与劳动者订立劳动合同(含聘用合同,下同)时,应当将工作过程中可能产生的职业病危害及其后果、职业病防护措施和待遇等如实告知劳动者,并在劳动合同中写明,不得隐瞒或者欺骗。

(2) 劳动者在履行劳动合同期间因工作岗位或者工作内容变更,从事与所订立劳动合同中未告知的存在职业病危害的作业时,用人单位应当依照前述规定,向劳动者履行如实告知的义务,并协商变更原劳动合同相关条款。

(3) 用人单位违反规定的,劳动者有权拒绝从事存在职业病危害的作业,用人单位不得因此解除与劳动者所订立的劳动合同。

7. 职业健康体检和档案管理

(1) 对从事接触职业病危害因素作业的劳动者,用人单位应当按照《用人单位职业健康监护监督管理办法》、《放射工作人员职业健康管理办法》、《职业健康监护技术规范》(GBZ 188)、《放射工作人员健康要求及监护规范》(GBZ 98)等有关规定组织上岗前、在岗期间、离岗时的职业健康检查,并将检查结果书面如实告知劳动者。

(2) 职业健康检查费用由用人单位承担。

(3) 用人单位应当按照《用人单位职业健康监护监督管理办法》的规定,为劳动者建立职业健康监护档案,并按照规定的期限妥善保存。

(4) 职业健康监护档案应当包括劳动者的职业史、职业病危害接触史、职业健康检查结果、处理结果和职业病诊疗等有关个人健康的资料。

劳动者健康出现损害需要进行职业病诊断、鉴定的,用人单位应当如实提供职业病诊断、鉴定所需的劳动者职业史和职业病危害接触史、工作场所职业病危害因素检测结果和放射工作人员个人剂量监测结果等资料。

8. 用人单位职业卫生档案管理内容

(1) 职业病防治责任制文件。

(2) 职业卫生管理规章制度、操作规程。

(3) 工作场所职业病危害因素种类清单、岗位分布以及作业人员接触情况等资料。

(4) 职业病防护设施、应急救援设施基本信息，以及其配置、使用、维护、检修与更换等记录。

(5) 工作场所职业病危害因素检测、评价报告与记录。

(6) 职业病防护用品配备、发放、维护与更换等记录。

(7) 主要负责人、职业卫生管理人员和职业病危害严重工作岗位的劳动者等相关人员职业卫生培训资料。

(8) 职业病危害事故报告与应急处置记录。

(9) 劳动者职业健康检查结果汇总资料，存在职业禁忌证、职业健康损害或者职业病的劳动者处理和安置情况记录。

(10) 建设项目职业卫生“三同时”有关技术资料，以及其备案、审核、审查或者验收等有关回执或者批复文件。

(11) 职业卫生安全许可证申领、职业病危害项目申报等有关回执或者批复文件。

(12) 其他有关职业卫生管理的资料或者文件。

9. 职业病危害事故及职业病病人管理

(1) 用人单位发生职业病危害事故，应当及时向所在地安全生产监督管理部门和有关部门报告，并采取有效措施，减少或者消除职业病危害因素，防止事故扩大。对遭受或者可能遭受急性职业病危害的劳动者，用人单位应当及时组织救治、进行健康检查和医学观察，并承担所需费用。

(2) 用人单位不得故意破坏事故现场、毁灭有关证据，不得迟报、漏报、谎报或者瞒报职业病危害事故。

(3) 用人单位发现职业病病人或者疑似职业病病人时，应当按照国家规定及时向所在地安全生产监督管理部门和有关部门报告。

(4) 工作场所使用有毒物品的用人单位，应当按照有关规定向安全生产监督管理部门申请办理职业卫生安全许可证。

(5) 用人单位在安全生产监督管理部门行政执法人员依法履行监督检查职责时，应当予以配合，不得拒绝、阻挠。

五、从业人员和用人单位职业病预防的权利和义务

1. 从业人员职业卫生保护权利

(1) 获得职业卫生教育、培训。

(2) 获得职业健康检查、职业病诊疗、康复等职业病防治服务。

(3) 了解工作场所产生或者可能产生的职业病危害因素、危害后果和应当采取的职业病防护措施。

(4) 要求用人单位提供符合防治职业病要求的职业病防护设施和个人使用的职业病防护用品,改善工作条件。

(5) 对违反职业病防治法律、法规以及危及生命健康的行为提出批评、检举和控告。

(6) 拒绝违章指挥和强令进行没有职业病防护措施的作业。

(7) 参与用人单位职业卫生工作的民主管理,对职业病防治工作提出意见和建议。

用人单位应当保障劳动者行使上述权利。因劳动者依法行使正当权利而降低其工资、福利等待遇或者解除、终止与其订立的劳动合同的,其行为无效。

2. 从业人员职业卫生保护义务

劳动者应当学习和掌握相关的职业卫生知识,增强职业病防范意识,遵守职业病防治法律、法规、规章和操作规程,正确使用、维护职业病防护设备和个人使用的职业病防护用品,发现职业病危害事故隐患应当及时报告。劳动者不履行上述规定义务的,用人单位应当对其进行教育。

3. 用人单位职业卫生保护义务

(1) 配备防护设施、治理职业危害。

(2) 对作业场所职业病危害因素进行评价与管理。

(3) 对劳动者进行健康监护(上岗前、在岗中、离岗时)。

(4) 按规定用不同的形式将职业病危害因素告知劳动者(合同告知、工作场所警示告知、培训教育)。

(5) 建立危害监测和劳动者健康档案。

(6) 职业病报告义务。

(7) 对患职业病的劳动者救治、安置。

(8) 为劳动者依法参加工伤劳动保险。

(9) 落实职业危害治理和职业病防治经费。

(10) 对未成年工、女工进行保护。

安全素质基本要求二
煤矿主要职业病危害因素防治措施

学习目标

1. 熟悉粉尘的防治。
2. 熟悉有毒有害气体的防治。
3. 熟悉生产性噪声的防护。
4. 熟悉生产性振动的防护。
5. 熟悉高温作业的防护。

安全素质基本要求相关知识

煤矿职业病的防治，坚持“预防为主、防治结合”的方针，遵循三级预防的原则。第一级预防是使劳动者尽可能不接触职业危害因素，即使在职业危害不可避免的情况下，采取措施降低生产环境中职业危害因素浓度或强度，使之达到国家职业卫生标准；第二级预防是通过早期发现职业损害，并及时处理，防止进一步发展；第三级预防是对已患职业病者，及时做出诊断和进行恰当的治疗，防止恶化和发生并发症，促进康复。

煤矿生产中主要的职业病危害有粉尘、有毒有害气体、噪声和振动、不良气候条件等，应采取积极防治措施，降低甚至消除煤矿职业病危害因素。煤矿职业病危害因素防治措施主要包括以下内容。

一、粉尘的防治

煤矿粉尘主要有煤尘、岩尘(也称矽尘)和水泥尘。煤尘进入人肺使人患煤工尘肺，矽尘进入人肺使人患矽肺，水泥尘进入人肺使人患水泥尘肺，通称为尘肺。

《煤矿安全规程》规定，作业场所空气中粉尘（总粉尘、呼吸性粉尘）浓度应当符合表 1-2 的要求。不符合要求的，应当采取有效措施。

表 1-2　作业场所粉尘浓度要求

粉尘种类	游离 SiO_2 含量/%	时间加权平均容许浓度/（mg/m^3）	
		总尘	呼尘
煤尘	＜10	4	2.5
矽尘	10～50	1	0.7
	50～80	0.7	0.3
	≥80	0.5	0.2
水泥尘	＜10	4	1.5

注：时间加权平均容许浓度是以时间加权数规定的 8 h 工作日、40 h 工作周的平均容许接触浓度。

矿尘防治措施如下：

井工煤矿必须建立防尘洒水系统。永久性消防防尘储水池容量不得小于 200 m^3，且贮水量不得小于井下连续 2 h 的用水量，备用水池贮水量不得小于永久性储水池的 50%。防尘供水管路应当敷设到所有能产生粉尘和沉积粉尘的地点，没有防尘供水管路的采掘工作面不得生产。

（1）减尘措施。减少采、掘作业时的粉尘产生量，包括煤层注水、采空区灌水、湿式打眼、水炮泥爆破等。

（2）降尘措施。包括各产尘点设喷雾洒水装置净化风流、洒水装置、转载点封闭、泡沫除尘等。

（3）通风排尘。调整合适的风速，加强排尘。

二、有毒有害气体的防治

矿井空气中含有甲烷（CH_4）、一氧化碳（CO）、二氧化碳（CO_2）、二氧化氮（NO_2）、硫化氢（H_2S）、二氧化硫（SO_2）、氨气（NH_3）等有毒有害气体，会导致职业中毒。

防护措施有：

(1) 消除有毒有害气体。煤矿井下的有毒有害气体主要来源于炮烟和煤氧化、火灾等。因为很多有毒有害气体是易溶于水的，可通过加强通风和喷雾洒水排除和降低有毒有害气体含量，净化空气。

(2) 加强个人防护。炮烟未散去或作业现场空气质量太差时，不要急着进入工作面，待炮烟散尽、现场空气质量好转时再进入工作面，还应用好防护服、防护面具、防尘口罩、自救器等。

(3) 提高机体抗御能力。对于在有害物质场所作业人员，给予必要的保健待遇，加强营养和锻炼。

(4) 加强对有害物质的监测，掌握其浓度含量，做到心中有数，控制其危害程度。

(5) 对受到危害的人员及时进行健康检查，必要时实行转岗、换岗作业。

(6) 加强有害物质及预防措施的宣传教育。建立健全安全生产责任制、卫生责任制和岗位安全责任制。

三、生产性噪声的防护

噪声危害损害听觉，引起各种病症，甚至引发事故。

预防噪声危害的措施有：

(1) 控制噪声传播。隔声：用吸声材料、吸声结构和隔声装置将噪声源封闭，防止噪声传播。消声：用吸声材料铺装室内墙壁或悬挂于室内空间，可以吸收和反射声能，降低传播中噪声的强度水平。

(2) 采用合理的防护措施。如利用耳塞防护。合适的耳塞隔声效果可达 30～40 dB(A)，对高频噪声的阻隔效果较好。

(3) 合理安排劳动制度。工作时间穿插休息时间，休息时间离开噪声环境，限制噪声工作时间，可减轻噪声对人体的危害。

(4) 卫生保健措施。对受到噪声危害的人员定期体检，听力下降者及时治疗，重者调离噪声作业。就业前体检或定期体检中发现的听觉器官疾病、心血管病、神经系统器质性疾病者，不得从事噪声环境工作。

四、生产性振动的危害和防护

在生产过程中，按振动作用于人体的方式可将振动分为局部振动和全身振动。局部振动是最常见的和危害较大的振动。

振动危害的预防措施有：

(1) 对局部振动的减振措施。改革工艺和设备，改革工作制度。合理使用减振用品，建立合理的劳动制度，限制作业人员接触振动的时间。煤矿井下的振动危害主要来自风动凿岩机、综采综掘机械及其他机械。

(2) 对全身振动的减振措施。在有可能产生较大振动设备的周围设置隔离地沟，衬以橡胶、软木等减振材料，以确保振动不能外传。对振动源采取减振措施，如用弹簧等减振阻尼器，减少振动的传播距离。井下采煤机、掘进机、柴油车等座椅下加泡沫垫等，减弱运行中由于各种原因传来的振动。另外，利用尼龙件代替金属件，可减少机器的振动；及时检修设备，可以防止因零件松动引起的振动。

五、高温作业的防护

高温作业对人体的循环系统、消化系统、泌尿系统、神经系统等都有危害。

高温作业的防护措施有：

(1) 通风降温。加大风速排除热量。风速与温度有一定的关系，合适的风速可使温度降到一定的程度。

(2) 喷雾洒水降温。在工作面喷雾洒水既可以降温又可以降尘。

(3) 保健防护。供给含盐饮料，以补充人体所需水分和盐分。

(4) 发放保健食品。高温环境下作业，人体能量消耗快，应增加蛋白质、热量、维生素等的摄入，以减轻疲劳，提高工作效率。

(5) 个人防护。给工作人员提供结实、耐热、宽大、便于操作的工作服、工作帽、防护眼镜、隔热面具、隔热靴等。

(6) 医疗防护。对在高温条件下的作业人员进行就业前体检，凡有心血管系统疾病、高血压、溃疡病、肺气肿、肝病、肾病等疾病不宜从事高温作业的人员不安排高温作业或调离高温作业。

安全素质基本要求三 煤矿劳动防护用品的配备

学习目标

1. 熟悉如何选择防护功能和效果适用的劳动防护用品。
2. 熟悉劳动者如何正确佩戴和使用劳动防护用品。

安全素质基本要求相关知识

劳动防护用品是指由用人单位为劳动者配备的，使其在劳动过程中免遭或者减轻事故伤害及职业病危害的个体防护装备。劳动防护用品是由用人单位提供的，保障劳动者安全与健康的辅助性、预防性措施，不得以劳动防护用品替代工程防护设施和其他技术、管理措施。

根据《用人单位劳动防护用品管理规范》以及《煤矿防护用品配备标准》的要求，用人单位应按照识别、评价、选择的程序，结合劳动者作业方式和工作条件，并考虑其个人特点及劳动强度，选择防护功能和效果适用的劳动防护用品，并指导劳动者正确佩戴和使用。

(1) 接触粉尘和有毒、有害物质的劳动者应当根据不同粉尘种类、粉尘浓度及游离二氧化硅含量和毒物的种类及浓度配备相应的呼吸器、防护服、防护手套和防护鞋等。

(2) 接触噪声的劳动者当暴露于80 dB(A)≤噪声8 h等效声级<85 dB(A)的工作场所时，用人单位应当根据劳动者需求为其配备适用的护听器；当暴露于噪声8 h等效声级≥85 dB(A)的工作场所时，用人单位必须为劳动者配备适用的护听器。

(3) 工作场所中存在电离辐射危害的，经危害评价确认劳动者需佩戴劳动防护用品的，用人单位可参照电离辐射的相关标准及《个体防护装备配备基本要求》(GB/T 29510)为劳动者配备劳动防护用品。

(4) 从事存在物体坠落、碎屑飞溅、机械转动和锋利器具等作业的劳动者，用人单位还可参照《个体防护装备选用规范》(GB/T 11651)、《头部防护 安全帽选用规范》(GB/T 30041)和《坠落防护装备安全使用规范》(GB/T 23468)等标准，为劳动者配备适用的劳动防护用品。

(5) 同一工作地点存在不同种类的危险、有害因素的，应当为劳动者同时提供防御各类危害的劳动防护用品。需要同时配备的劳动防护用品，还应考虑其可兼容性。劳动者在不同地点工作，并接触不同的危险、有害因素，或接触不同的危害程度的有害因素的，为其选配的劳动防护用品应满足不同工作地点的防护需求。

(6) 劳动防护用品的选择还应当考虑其佩戴的合适性和基本舒适性，根据个人特点和需求选择适合型号和式样。

(7) 用人单位应当在可能发生急性职业损伤的有毒、有害工作场所配备应急劳动防护用品，放置于现场邻近位置并有醒目标识。用人单位应当为巡检等流动性作业的劳动者配备随身携带的个人应急防护用品。

安全素质基本要求四
职业病诊断、鉴定与职业病患者保障

学习目标

1. 熟悉职业健康监护相关内容。
2. 熟悉职业病诊断与鉴定相关内容。

安全素质基本要求相关知识

一、职业健康监护

职业健康监护是指以预防为目的，根据劳动者的职业接触史，通过定期或不定期的医学健康检查和健康相关资料的收集，连续性地监测劳动者的健康状况，分析劳动者健康变化与所接触的职业病危害因素的关系，并及时将健康检查和资料分析结果报告给用人单位和劳动者

本人，以便及时采取干预措施，保护劳动者的健康。

职业健康监护主要包括岗前职业健康检查、在岗期间职业健康检查、离岗后职业健康检查、应急健康检查和职业健康监护档案管理等内容。

1. 职业健康检查

职业健康检查分为上岗前职业健康检查、在岗期间职业健康检查和离岗时职业健康检查。

2. 职业健康检查项目及体检周期

根据《职业健康监护技术规范》(GBZ 188)的基本要求，按照《煤矿作业场所职业病危害防治规定》，与煤炭行业有关的职业健康检查内容如下。

(1) 游离二氧化硅粉尘，检查周期：1 年。

(2) 煤尘，检查周期：2 年。

(3) 水泥尘、电焊烟尘，检查周期：2 年。

(4) 噪声，检查周期：作业场所噪声 8 h 等效声级≥85 dB(A)，1 年 1 次；80 dB(A)≤作业场所噪声 8 h 等效声级＜85 dB(A)，2 年 1 次。

(5) 高温，检查周期：1 年，应在每年高温季节到来之前进行。

(6) 手传振动，检查周期：2 年。

(7) 氮氧化物，检查周期：1 年。

(8) 一氧化碳，检查周期：3 年。

(9) 硫化氢，检查周期：3 年。

《煤矿作业场所职业病危害防治规定》规定：煤矿不得安排未经上岗前职业健康检查的人员从事接触职业病危害的作业；不得安排有职业禁忌的人员从事其所禁忌的作业；不得安排未成年工从事接触职业病危害的作业；不得安排孕期、哺乳期的女职工从事对本人和胎儿、婴儿有危害的作业。劳动者接受职业健康检查应当视同正常出勤，煤矿企业不得以常规健康检查代替职业健康检查。

二、职业病诊断与鉴定

劳动者健康出现损害需要进行职业病诊断、鉴定的，煤矿企业应当如实提供职业病诊断、鉴定所需的劳动者职业史和职业病危害接触史、作业场所职业病危害因素检测结果等资料。

1. 职业病诊断

职业病诊断必须在职业病诊断机构进行，应选择用人单位所在地、劳动者本人户籍所在地或者经常居住地的职业病诊断机构进行职业病诊断。职业病诊断机构组织 3 名以上单数职业病诊断医师进行集体诊断。职业病诊断医师独立分析、判断并提出诊断意见，任何单位和个人无权干预。职业病诊断机构作出职业病诊断结论后，出具职业病诊断证明书。证明书包括诊断结论和诊断时间。

2. 职业病鉴定

当事人如果对职业病诊断结果或职业病鉴定结论有异议，可以在接到职业病诊断证明书之日起 30 日内，向职业病诊断机构所在地设区的市级卫生行政部门申请鉴定。当事人对设区的市级职业病鉴定结论不服的，可以在接到鉴定书之日起 15 日内，向原鉴定组织所在地省级卫生行政部门申请再次鉴定。职业病鉴定实行两级鉴定制，省级职业病鉴定结论为最终鉴定。

3. 职业健康监护档案

煤矿应当为劳动者个人建立职业健康监护档案，并按照规定的期限妥善保存。职业健康监护档案应当包括劳动者个人基本情况、劳动者职业史和职业病危害接触史，历次职业健康检查结果及处理情况，职业病诊疗等资料。劳动者离开煤矿时，有权索取本人职业健康监护档案复印件，煤矿必须如实、无偿提供，并在所提供的复印件上签章。

模块四　煤矿灾害防治与应急避险

安全素质基本要求一
煤矿顶板灾害防治与应急避险

学习目标

1. 熟悉顶板冒落的预防相关内容。
2. 熟悉顶板冒落的预兆相关内容。
3. 熟悉顶板冒落处置措施。
4. 熟悉发生冒顶事故时的应急避险相关要求。

安全素质基本要求相关知识

顶板事故是指在井下采掘和生产服务过程中，顶板意外冒落造成的人员伤亡、设备损坏、生产中止等事故，是煤矿五大自然灾害之一。其导致的事故危害主要有三种：① 人员被堵、被埋或伤亡；② 已经或可能影响通风系统安全运行；③ 造成设备损坏、生产中止。

一、顶板冒落的预防

(1) 采取有效的支护措施。

(2) 及时处理局部漏顶，以免引起大范围冒顶。

(3) 坚持敲帮问顶及围岩观测分析制度，在进入采掘工作面装煤、支护前、装药前、爆破后等关键环节，要坚持敲帮问顶，处理已离层的顶板，如果处理不下来，应先进行临时支护。

(4) 严格按照规程作业。严禁空顶作业，所有支架必须架设牢固，严禁在浮煤或浮矸上架设支架。

二、顶板冒落的预兆

(1) 响声。顶板连续发出断裂声,这是由于直接顶和基本顶发生离层或顶板切断发出的声音。有时采空区内顶板发出像闷雷的声音,这是基本顶和上方岩层产生离层或断裂的声音。岩层下沉断裂、顶板压力急剧加大时,支架会发出很大声响。

(2) 掉渣。顶板岩石已有裂缝和碎块,其中小矸石稍受震动就掉落。这种掉渣一般由少逐渐增多,由稀逐渐变密。

(3) 片帮。冒顶前煤壁所受压力增加,变得松软,片帮煤比平时多。

(4) 漏顶。破碎的伪顶或直接顶,在大面积冒顶以前,有时因为背顶不严或支架不牢而出现漏顶。

(5) 裂缝。顶板的裂缝张开,裂缝增多。

(6) 脱层(离层)。检查顶板是否脱层要用“敲帮问顶”的方法,如果声音清脆,表明顶板完好;如果顶板发出“空空”的响声,说明上下岩层已经脱离。

(7) 瓦斯涌出量突然增大。

(8) 顶板淋水增大。

三、顶板处置措施

1. 采煤工作面处置措施

(1) 当冒落的煤、矸埋压住人时,不可惊慌,应在区队长、班组长和有经验的老工人的指挥下,严密监视冒落的顶板及两帮情况,加固冒顶处 10 m 范围内支护,用长柄工具捣掉悬矸、危岩后,由有经验的工人由外向里进行支护,动作要迅速,并设专人观察顶板。留好退路,严防继续冒落伤人,组织人力积极抢救被埋人员。

(2) 抢救时仔细侦察,分析遇险者位置和被压情况,尽量不破坏冒落矸石的堆积状态,小心搬开煤、矸救出伤员,严禁用锹、镐等强挖硬砸。

(3) 救出伤员后及时采取止血、包扎、骨折固定等救护措施,发生呼吸停止的要立即进行人工呼吸等现场救助并迅速送往医院。

(4) 若垮落、冒顶将人员堵在独头巷道，被堵人员要沉着、冷静，不要慌乱、乱喊乱叫，并设法自救。

(5) 若冒顶面积大，处理时间长，被堵人员要静卧休息，减少氧气消耗，有压风管路时可打开阀门，放入空气供人呼吸。节约矿灯电量、食物和水。若冒落的煤和矸不太多，可能扒出通道口时，应采取由有经验的老工人监视顶板，其他人员轮流攉扒的方法进行自救，并间断性地敲击金属物发出求救信号。

2. 掘进、巷修工作面处置措施

(1) 当发生顶板冒顶事故时，现场人员不可惊慌，要在区队长、班组长和有经验的老工人指挥下，严密监视顶板及两帮的情况，在确保安全的前提下立即加强、加固冒顶处 10 m 范围内的支护。

(2) 处理冒顶时，要用长钎子捣掉可能冒落的悬矸、危岩，由有经验的老工人由外向里进行支护，一般采用架设木垛的方法，在没有冒落危险的情况下，设专人观察顶板，留好退路，迅速架好支架，排好护顶木垛，一直到冒顶最高点将顶托住。

(3) 当冒落的煤、岩石埋压住人员时，要仔细侦察，分析遇险人员的位置和被埋压情况，在安全的前提下组织抢救工作。抢救中要尽量不破坏冒落岩石的堆积状态，小心搬开冒落的岩石，严禁使用锹、镐等强挖硬砸，严防对埋压人员造成二次伤害。

(4) 救出的伤员要及时采取止血、包扎、骨折固定等急救措施，发生呼吸停止的要立即进行人工呼吸等现场救助并迅速送往医院。

(5) 若冒落的矸石将人员堵在独头巷道内，被堵人员要沉着、冷静，不要乱喊乱叫。若冒顶面积大，处理的时间长，被堵人员应立即静坐休息，注意节约矿灯电量、食品和水，减少氧气消耗，保持足够的体力。有压风管的应打开压风阀门，保持良好的通风；若冒顶面积不太大，被堵人员应在区队长、班组长和有经验的老工人指挥下，专人监视顶板情况，采用轮番攉扒冒落岩石的方法组织自救，并间断性敲打铁管、钢轨等发出呼救信号，等待救援。

(6) 当冒顶的范围大，影响通风或人员被堵，可采用小断面快速修复的方法，架设比原来巷道规格小得多的临时支护，采用撞楔法把冒落的岩石控制住，从巷道两侧清理岩石，且边清理边维护，防止煤矸流入巷道。帮、顶维护好后，就可以架设永久支护。

(7) 当冒顶的长度大，不易处理时，可采用打绕道的方法，绕过冒落区去抢救被堵人员，或绕过冒落区后再转入正常掘进。

四、发生冒顶事故时的应急避险

(1) 迅速撤离。当发现工作地点有即将发生冒顶的征兆而又难以采取措施防止顶板冒落时，要迅速离开危险区，撤退到安全地点。

(2) 及时躲避。当冒顶发生而又来不及撤至安全地点时，应靠煤帮贴身站立避灾，但要注意避免煤壁片帮伤人；如靠近木垛，也可撤至木垛处避灾。

(3) 立即求救。冒落基本稳定后，遇险人员应立即采用呼叫、敲打(不要敲打对自己有威胁的支架、物料和岩块)等方法，发出有规律、不间断的求救信号，以便救援人员了解灾情，组织力量进行抢救。

(4) 自救和互救。事故发生后，遇险人员要听从灾区区队长、班组长和有经验的老工人的指挥，在保证安全的前提下，积极开展自救和互救。正视已发生的灾害，注意保持自身体力，未受伤和受轻伤人员要采取切实可行的措施设法营救被掩埋人员，并尽可能脱离险区或转移到较安全地点等待救援。

(5) 配合营救。发生冒顶埋人事故时，被埋压的人员不要惊慌失措，切忌猛烈挣扎；被隔堵的人员应在遇险地点维护好自身安全，构筑脱险通道，配合外部的营救工作。

(6) 现场安全负责人应根据现场实际情况采取果断措施进行处理；当无法处理时，要迅速带领人员撤离，防止事故扩大。

安全素质基本要求二
煤矿水灾防治与应急避险

学习目标

1. 熟悉矿井水灾相关内容。

2. 熟悉矿井水灾预防相关内容。

3. 熟悉发生透水事故前的预兆。

4. 熟悉矿井发生突水事故时的应急避险。

5. 熟悉发生突水事故后撤离现场时应注意的事项。

安全素质基本要求相关知识

一、矿井水灾特点与类型

矿区内大气降水、地表水、地下水通过各种通道涌入井下，成为矿井涌水。当矿井涌水量超过矿井正常排水能力时即会发生水患，称为矿井水灾，通常也称为透水。

煤矿水害是指发育于主要开采煤层顶底板直接或间接含水层中的水在矿井采掘过程中通过天然或人为扰动的导水通道进入矿井并给矿井带来灾害的过程与结果。

1. 突水的特点

(1) 突发性强，无明显前兆。

(2) 水量增速快，灾害控制难度大。

(3) 突水往往具有时滞性，容易造成误解。

(4) 突水量与过水通道有相互促进现象。

2. 按水源划分的各种水害类型

(1) 顶板裂隙水水害：水源为砂岩、砾岩等裂隙含水层的水。当煤层顶部有厚层砂岩和砾岩含水层，在裂隙发育时，若与上覆第四系冲积层发生水力联系，极可能导致较大突水事故。

(2) 底板灰岩水水害：在掘进或回采过程中，由于揭露导水断层、过导水灰岩陷落柱、煤层底板隔水层厚度变小或裂隙发育等情况，常常引起底板突水，造成淹面或淹井。

(3) 断层水水害：断层水即断裂带的积水，断层面通常还与不同的含水层连通，甚至与地表水相通，断层水的危害极大。

(4) 老空积水水害：由于预测预报不准或探放老空积水不彻底，当采掘巷道接近或遇到老空积水区时，引发大量老空水短时间内涌出，来势凶猛，常造成恶性事故。

(5) 封闭不良钻孔水害:封闭不良的钻孔就是一个良好的导水通道,它可以沟通钻孔所穿过的所有含水层和地表水而导致水害事故。

(6) 地表水水害:地表水通过采后冒落带、岩溶塌陷坑、断层带及封闭不良钻孔导入井下;或因工作面超限回采,破坏冲积层下防隔水煤柱,导致冲积层水和地表水溃入采煤工作面。

(7) 洪水水害:特大暴雨、洪水冲毁工业广场,造成泄水不畅,水位急速抬高,洪水从井口直接溃入井下。

二、矿井水灾预防

防治水工作要坚持以防为主、防治结合,以及当前与长远、局部与整体、地面与井下、防治与利用相结合的原则;坚持"预测预报、有疑必探、先探后掘、先治后采"的十六字方针;落实"探、防、堵、疏、排、截、监"七项措施,根据不同的水文地质条件,采用不同的防治方法,因地制宜,统一规划,综合治理。

(1) 严格按照规定留设防隔水煤(岩)柱。

(2) 在井下必要的地点设置截水建(构)筑物,如防水闸门和防水闸墙。

(3) 建立完善的井下排水系统。

(4) 严格按照有关规定进行矿井探放水。

三、发生透水事故前的预兆

1. 一般预兆

(1) 挂红。在煤(岩)裂隙表面附着有暗红色的水锈。

(2) 挂汗。煤(岩)壁上凝结有水珠,说明此时巷道接近积水区。但有时空气中的水分遇到低温煤(岩)壁也会挂汗,这是一种假象。所以,遇到煤(岩)壁挂汗时,要辨别真伪,其辨别方法是剥去一薄层煤(岩),观察新暴露面是否也有潮气,若有则是透水预兆。

(3) 空气变冷。工作面接近大量积水时,气温骤降,煤壁发凉,人一进去就有阴冷的感觉,时间愈长愈感到阴凉。

(4) 出现雾气。当巷道温度很高时,积水渗到煤壁后蒸发而形成雾气。

(5) 水叫。若在采煤工作面煤壁、岩层内听到"吱吱"的水叫声,说明已接近高压积水区。若是煤巷掘进，则透水即将发生，这时必须立即发出警报，撤出所有受水威胁的人员。

(6) 煤层变湿、淋水加大。这表明已接近积水区。

(7) 矿压增大，顶板来压、片帮、底板鼓起。

(8) 水色发浑，有臭味。这是接近老空积水的征兆。

(9) 钻孔喷水、煤壁溃水。

(10) 裂缝出现渗水。若出水清净，则离积水区较远；若出水混浊，则离积水区较近。

(11) 煤层变潮湿、松软；煤帮出现滴水、淋水现象，且淋水可由小变大；有时煤帮出现铁锈色水迹。

(12) 工作面气温降低，或出现雾气及硫化氢气味。

(13) 有时可听到水的“嘶嘶”声。

2. 工作面底板灰岩含水层突水预兆

(1) 工作面压力增大，底板鼓起，底鼓量可达 500 mm 以上。

(2) 工作面底板产生裂隙，并逐渐增大。

(3) 沿裂隙或煤帮向外渗水，随着裂隙的增大，水量增加，当底板渗水量增大到一定程度时，煤帮渗水可能停止，此时水色时清时浊，底板活动时水变浑浊，底板稳定时水变清。

(4) 底板破裂，沿裂缝有高压水喷出，并有“嘶嘶”声或刺耳水声。

(5) 底板发生“底爆”，伴有巨响，水大量涌出，水色呈乳白或黄色。

3. 冲击层水的突水预兆

(1) 突水部位发潮、滴水，滴水逐渐增大，仔细观察可发现水中有少量细砂。

(2) 发生局部冒顶，水量突增并出现流砂，流砂常呈间歇性，水色时清时浑，总的趋势是水量、砂量增加，直至流砂大量涌出。

(3) 顶板发生溃水、溃砂，这种现象可能影响到地表，致使地表出现塌陷坑。

四、矿井发生突水事故时的应急避险

矿井发生突水事故时，要根据灾情迅速采取以下有效措施进行紧急避险：

(1) 在突水迅猛、水流急速的情况下,现场人员应立即避开出水口和泄水流,躲避到硐室内、拐弯巷道或其他安全地点。如情况紧急来不及转移躲避,可抓牢棚梁、棚腿或其他固定物体,防止被涌水冲倒和冲走。

(2) 当老空水涌出,使所在地点有毒有害气体浓度增高时,现场人员应立即佩戴好隔离式自救器。在未确定所在地点空气成分能否保证人员生命安全时,禁止任何人随意摘掉自救器的口具和鼻夹,以避免中毒窒息事故发生。

(3) 井下发生突水事故后,决不允许任何人以任何借口在不佩戴防护器具的情况下冒险进入灾区;否则,不仅达不到抢险救灾的目的,反而会造成自身伤亡、扩大事故。

(4) 水害事故发生后,在现场及附近地点工作的人员脱离危险后,应在可能情况下迅速观察和判断突水的地点、涌水的程度、现场被困人员的情况等,并立即报告矿井调度室。同时,应利用电话或其他联络方式及时向下部水平和其他可能受到威胁区域的人员发出警报通知。

五、发生突水事故后撤离现场时的注意事项

如果涌水来势凶猛、现场无法抢救或者将危及人员安全,井下职工应沿着规定的避灾路线和安全通道迅速撤退到上部水平或地面。在行动中应注意下列事项。

1. 井下发生水灾初期的自救

(1) 井下发生突水后,应立即用最快的方法通知附近区域的人员一起按照矿井灾害预防和处理计划中所规定的路线撤出。

(2) 突水初期,水势很猛,冲力很大,人员撤退时一定要注意向高处走,沿着上山方向进入上部水平,然后出井。

(3) 在撤退中,如出路已被水隔断,就要寻找井下位置最高、离井筒和大巷最近的地点暂时躲避;同时定时在钢轨和水管上敲打发出求救信号。

(4) 如突水区设立水闸门,在人员撤出后,要立即紧紧关死水闸门,把水流完全隔断。

(5) 水泵房人员在接到突水事故报警后,要立即关闭泵房两侧的密闭门，启动所有水泵，把突出的水尽快排出；没接到救灾领导人的撤退命令，绝对不可离开工作岗位。

(6) 突水后，特别是老空积水突出以后，往往会从积水的空间放出大量有害气体，如瓦斯、硫化氢等，所以在避灾自救中要注意防止有害气体中毒和窒息。

2. 水灾现场处理

(1) 应迅速判定水灾的性质，了解突水地点、影响范围、静止水位，估计突出水量、补给水源及有影响的地面水体。

(2) 要掌握灾区范围、搞清事故前人员分布，分析被困人员可能躲避的地点以便迅速组织抢救。

(3) 根据突水量的大小和矿井排水能力，积极采取排、堵、截水的技术措施。

(4) 加强通风，防止瓦斯和其他有害气体的积聚和发生熏人等事故。

(5) 在排水后进行侦察、抢险时，要防止冒顶、掉底和二次突水。

(6) 在抢救和运送长期被困井下的人员时，要采取措施避免因突然改变他们已适应的环境和生存条件而造成不应有的伤亡。

3. 撤离注意事项

(1) 撤离前，应当设法将撤退的避灾路线和目的地告知矿井负责人。

(2) 透水后，应在可能的情况下，迅速观察和判断透水的地点、水源、涌水量、发生原因、危害程度等情况，根据预防水灾的避灾路线迅速撤至透水地点以上的水平，而不能进入突水点附近及下方独头巷道。

(3) 行进中应靠近巷道一侧，抓牢支架或其他固定物体，尽量避开压力水头和泄水主流，并注意防止被水中滚动的矸石和木料撞伤。

(4) 若透水破坏了巷道中的照明和路标，遇险人员应朝着有风流通过的上山巷道方向撤退。

(5) 在撤退沿途和所经过的巷道交叉口，应留设指示行进方向的明显标志，以提示救护人员注意。

(6) 人员撤退到竖井需从梯子间上去时，应遵守秩序，不要慌乱和争抢。行动中手要抓牢，脚要蹬稳，切实注意本人和他人安全。

(7) 撤退过程中，若唯一出口被堵塞而无法撤退，应有组织地在独头工作面躲避，等待救护人员营救，严禁盲目潜水等冒险行为。

(8) 被困期间断绝食物后，即使在饥饿难忍的情况下，也应努力克制自己，绝不嚼食杂物充饥。需要饮用井下水时，选择适宜的水源，并用纱布或衣服过滤。

(9) 长时间被困井下，发现救护人员到来营救时，不可过度兴奋和慌乱。

安全素质基本要求三 煤矿火灾防治与应急避险

学习目标

1. 熟悉煤炭自燃的初期预兆。
2. 熟悉井下火灾的灭火方法。
3. 熟悉火灾事故的应急避险。
4. 熟悉发生火灾事故后安全撤离时的注意事项。

安全素质基本要求相关知识

凡发生在井下的火灾及发生在井口附近能够危害到井下安全的火灾，都叫作矿井火灾。发生矿井火灾的原因有两种：一是外部火源引起的火灾，二是煤炭本身的物理化学性质的内在因素引起的火灾。因此，矿井火灾分为两类：外因火灾和内因火灾。

外因火灾，又称外源火灾。在井下违章吸烟、拆卸矿灯、放明炮、电焊、气焊等，都可能引起井下火灾。内因火灾，又称煤炭自燃火灾。

一、煤炭自燃的初期预兆

煤矿内因火灾事故隐患主要表现为煤炭自然发火。煤炭自燃的初期预兆有如下几种：

(1) 巷道内湿度增加，出现雾气、水珠。煤炭氧化初期生成水分，往往使巷道内湿度增加，出现雾气或在巷道壁上挂有水珠；浅部开采时，冬季在地面钻孔或塌陷处会发现水蒸气冒出或冰雪融化现象。

(2) 煤炭自燃放出焦油味。煤炭从“发烧”(自热)到自燃过程中，氧化时会产生多种碳氢化合物，并放出煤油味、汽油味、松节油味或焦油味等。当嗅到这些气味时，说明煤已自燃到了一定程度。

(3) 巷道内发热，气温升高。煤炭氧化自燃过程中要释放出大量热量。因此，从自然发火的地方流出的水和空气的温度比平时要高，人的皮肤可以直接感觉到。

(4) 人有疲劳感。煤炭氧化自燃过程中，会放出有害气体，如二氧化碳、一氧化碳、二氧化硫等，这些有害气体会使人感到头痛、闷热、精神不振、不舒服、有疲劳感。尤其是多数人有同感时，应提高警惕，查明原因，以防矿井火灾的发生。

二、井下火灾的灭火方法

煤矿灭火方法有直接灭火、隔绝灭火和封闭火区 3 种。

1. 直接灭火

(1) 采用灭火剂或挖出火源等方法把火直接扑灭，称为直接灭火法。常用的灭火剂有水、泡沫、干粉、二氧化碳、四氯化碳、卤代烷、惰气、砂子和岩粉等。

① 水。水是不燃液体，是消防上常用的灭火剂之一。使用水灭火的方法有水射流和水幕两种形式。

② 泡沫。泡沫是一种体积小，表面被液体围成的气泡群。泡沫的比重小，且流动性好，可实现远距离立体灭火，具有持久性和抗燃烧性，导热性能低，黏着力大。

③ 干粉。干粉灭火剂是目前公认的灭火效力较高的一种新型的化学灭火剂，应用范围比较广泛。

④ 卤代烃灭火剂。常用的卤代烃灭火剂是用氟、氯、溴取代甲烷和乙烷中的氢而制成的，因此也叫卤代烷灭火剂。

⑤ 砂子和岩粉。砂子和岩粉在煤矿广泛应用于扑灭电气火灾。

(2) 消除可燃物。直接灭火除了向火源喷射灭火剂以外，在有些条件下还可以清除可燃物，消除燃烧的物质基础。煤矿常用的是挖除火源。

(3) 用凝胶处理高温点和自燃火源。凝胶是近年来应用于煤矿井下防灭火较为广泛的材料，由基料[硅酸盐(水玻璃)]+促凝剂(碳酸氢氨等盐类)+水(90%左右)组成。

(4) 灌浆灭火。灌浆灭火是煤矿井下常用的灭火方法。灌浆灭火的方法因火源位置不同而异。常用的方法有井下巷道(钻窝)打钻灌浆、在火区密闭墙上插管灌浆和地面钻孔注浆3种。

2. 隔绝灭火

当不能直接将火扑灭时，为了迅速控制火势，使其熄灭，可在通往火源的所有巷道内砌筑密闭墙，使火源与空气隔绝。

3. 封闭火区

封闭火区的方法分为3种：

(1) 锁风封闭火区。从火区的进回风侧同时密闭，封闭火区时不保持通风。这种方法适用于氧气浓度低于瓦斯爆炸界限(小于12%)的火区。

(2) 通风封闭火区。在保持火区通风的条件下，同时构筑火区进回风两侧的密闭。

(3) 注惰气封闭火区。

三、火灾事故的应急避险

(1) 井下若发现烟气或明火等火灾灾情，应立即通知在附近工作的人员及调度室。

(2) 如果火灾范围不大，应立即组织力量扑灭。

(3) 如果火灾范围大或是火势凶猛，则应在撤出灾区人员、保证自身安全的前提下，采取稳定风流、控制火势发展、防止人员中毒和预防瓦斯或煤尘爆炸的措施，并随时保持与地面指挥部的联系，根据指挥部的命令行事。

(4) 见到火或突然接到火警通知，需要立即撤退人员，要在判明灾情和自己实际处境以及应采取的应急措施的前提下再采取行动。

四、发生火灾事故后安全撤离时的注意事项

发生火灾事故时，如果不能直接扑灭或控制灾情，应迅速撤离火灾现场，撤离时要注意以下事项：

(1) 要尽最大可能迅速了解或判明事故的性质、地点、范围和事故区域的巷道情况、通风系统、风流、火灾烟气蔓延的速度和方向,以及与自己所处巷道位置之间的关系,并根据矿井灾害预防与事故处理计划和现场实际情况确定撤退路线和避灾自救方法。

(2) 撤退时,任何人在任何情况下都不要惊慌、不能狂奔乱跑,应在现场负责人和有经验的老工人带领下有组织地撤退。位于火源进风侧的人员,应迎着新鲜风流撤退。位于火源回风侧的人员或是在撤退途中遇到烟气有中毒危险时,应迅速佩戴好自救器,尽快通过捷径绕到新鲜风流中去,或是在烟气没有到达之前顺着风流尽快从回风出口撤到安全地点;如果距火源较近而且越过火源没有危险时,也可迅速穿过火区撤到火源的进风侧。

(3) 如果在自救器有效作用时间内不能安全撤出,应在设有存储备用自救器的硐室换用自救器后再行撤退,或是寻找有压风管路系统的地点以压缩空气供呼吸之用。

(4) 撤退行动既要迅速果断又要快而不乱。撤退中应靠巷道有连通出口的一侧行进,避免错过脱离危险区的机会,同时还要随时注意观察巷道和风流的变化情况,谨防火风压可能造成的风流逆转。

(5) 如果是逆风或顺风撤退都无法躲避着火巷道或火灾烟气造成的危害,则应迅速进入避难硐室,没有避难硐室时应在烟气袭来之前选择合适的地点就地利用现场条件快速构筑临时避难硐室,进行避灾自救。

安全素质基本要求四
煤矿瓦斯事故的防治与应急避险

学习目标

1. 熟悉瓦斯爆炸及其预防相关内容。
2. 熟悉煤与瓦斯突出及其预防相关内容。

安全素质基本要求相关知识

在煤矿事故中与瓦斯有关的事故有5种，即瓦斯爆炸事故、瓦斯燃烧事故、瓦斯窒息事故、瓦斯喷出事故和煤与瓦斯突出事故。这5种事故通常都会造成重大人员伤亡，其中，瓦斯爆炸事故和煤与瓦斯突出事故发生频繁，危害最大。

一、瓦斯爆炸及其预防

瓦斯爆炸就是瓦斯(CH_4)在高温火源的作用下，与空气中的氧气发生剧烈的化学反应，生成二氧化碳和水蒸气，同时产生大量的热量，形成高温、高压，并以极高的速度向外冲击而产生的动力现象。

1. 瓦斯爆炸条件

瓦斯发生爆炸必须同时具备3个基本条件：一是瓦斯浓度在爆炸界限内，一般为5%～16%；二是混合气体中氧气的浓度不小于12%；三是有足够能量的点火源，温度在650～750 ℃。瓦斯爆炸的3个条件必须同时满足，缺一不可。

2. 预防瓦斯爆炸的措施

预防瓦斯爆炸应从瓦斯爆炸的3个条件入手，即设法防止瓦斯积聚和出现引燃火源；同时一旦出现瓦斯爆炸，还要设法防止爆炸事故扩大。

(1) 防止瓦斯积聚的措施。瓦斯积聚是指在0.5 m^3 及以上空间中瓦斯浓度达到2%及以上的现象。防止瓦斯积聚应落实瓦斯防治“十二字方针”，即先抽后采、监测监控、以风定产，从源头上消除瓦斯的危害。防止瓦斯积聚的基本方法如下：① 加强通风；② 加强瓦斯浓度和通风情况的检查；③ 及时处理局部积聚的瓦斯。

(2) 防止瓦斯引燃的措施：① 防止明火；② 防止电火花；③ 防止爆破引燃瓦斯；④ 防止机械摩擦、冲击火花。

(3) 限制瓦斯爆炸范围扩大的措施：

① 实行分区通风。

② 通风系统力求简单。

③ 装有主要通风机的出风井口应安装防爆门，以防止发生爆炸时通风机被毁坏，造成救灾和恢复生产困难。

④ 开采有煤尘、瓦斯爆炸危险的矿井，都必须用水棚或岩粉棚隔开。

⑤ 每个矿井每年必须由矿技术负责人组织编制矿井灾害预防和处理计划。

3. 发生瓦斯爆炸事故时的应急避险

(1) 当灾害发生时一定要镇静清醒，不要惊慌失措、乱喊乱跑。当听到或感觉到爆炸声响和空气冲击波时，应立即背朝声响和气浪传来的方向、脸朝下、双手置于身体下面、闭上眼睛迅速卧倒。头部要尽量低，有水沟的地方最好趴在水沟边上或坚固的障碍物后面。

(2) 立即屏住呼吸，用湿毛巾捂住口鼻，防止吸入有毒的高温气体，避免中毒和灼伤气管和内脏。

(3) 用衣服将自己身上的裸露部分尽量盖严，以防火焰和高温气体灼伤皮肉。

(4) 迅速戴好自救器，以防止吸入有毒气体。

(5) 高温气浪和冲击波过后应立即辨别方向，通过最短的距离进入新鲜风流中，并按照避灾路线尽快逃离灾区。

(6) 已无法逃离灾区时，应立即选择进入避难硐室中，充分利用现场的一切器材和设备来保护人员和自身安全。进入避难硐室后要注意安全，最好找到离水源近的地方，设法堵好硐口，防止有害气体进入。注意节约矿灯电量、食品和水，室外要做好标记，有规律地敲打连接外部的管子、轨道等，发出求救信号。

二、煤与瓦斯突出及其预防

煤与瓦斯突出是指在压力作用下，破碎的煤与瓦斯由煤体内突然向采掘空间大量喷出，它是一种瓦斯特殊涌出。

1. 煤与瓦斯突出的预兆

(1) 无声预兆。工作面顶板压力增大，使支架变形、煤壁外鼓、片帮、掉渣、顶板下沉或底板鼓起，煤层层理紊乱，煤暗淡无光泽，煤质变软，瓦斯涌出量异常或忽大忽小，煤壁发凉，打钻时有顶钻卡钻、喷瓦斯等现象。

(2)有声预兆。煤层在变形过程中发生劈裂声、闷雷声、机枪声、响煤炮,声音由远到近、由小到大,有短暂的、有连续的,间隔时间长短也不同,煤壁发生震动和冲击,顶板来压,支架发出断裂声。

特别注意:任何一次突出前,并不是所有预兆都出现,仅出现其中一种或数种,而且有的预兆还不明显;也有的预兆距发生突出的时间很短。因此,发现任何预兆,都要格外警惕,及时报告并躲避。

2. 煤与瓦斯突出的危害

大量的煤与瓦斯在短时间内向采掘空间突然喷出,突出的煤流或岩石流抛出会掩埋井下作业人员、堵塞巷道,造成风流逆转,破坏井下设施、设备和通风系统,井巷中充满高浓度瓦斯会引起人员缺氧窒息死亡。当突出瓦斯与新鲜风流汇合后,遇到火源还可能引发燃烧或爆炸使灾害事故扩大。

3. 煤与瓦斯突出事故的预防

防突工作必须坚持"区域综合防突措施先行、局部综合防突措施补充"的原则,按照"一矿一策、一面一策"的要求,实现"先抽后建、先抽后掘、先抽后采、预抽达标"。突出煤层必须采取两个"四位一体"综合防突措施,做到多措并举、可保必保、应抽尽抽、效果达标,否则严禁采掘活动。对于预防和治理煤与瓦斯突出的各种措施和方法,必须根据具体条件合理选择,并遵守以下各项规定:

(1) 在突出地点工作的人员,必须经过专门训练,掌握防治突出的基本知识,熟悉突出的各种预兆和井下的避灾路线。

(2) 突出煤层采掘工作面都必须有独立的通风系统,并设专人检查瓦斯。该区域要安设直通矿调度室的电话,发现有突出危险时,立即撤出人员。

(3) 在突出危险区工作的人员必须佩戴隔离式自救器。

(4) 在有突出危险的煤层中进行采掘作业时,在一个或相邻的两个采区中,同一煤层的同一区段禁止布置 2 个工作面同时相向回采、禁止 2 个工作面同时相向掘进。

(5) 在有突出危险煤层中的掘进工作面,应在其进风侧的巷道中设置 2 道坚固的反向风门，并保持回风巷道畅通无阻。

(6) 在突出煤层的采掘工作面附近的进风巷中，必须设置有供给压缩空气的避难硐室或压风自救装置。

4. 发生煤与瓦斯突出事故的应急避险

(1) 佩戴隔离式自救器保护自己。

(2) 寻找可避难的场所。

(3) 新鲜风流区域的人员主动、正确地参加救护工作。

5. “四位一体”综合防突措施

我国对煤与瓦斯突出的防治技术进行了长期的研究，总结出了一套行之有效的两个(区域、局部)“四位一体”综合防突措施，在煤矿生产实际应用中取得了较好的效果。

(1) 区域“四位一体”综合防突措施：区域突出危险性预测、区域防突措施、区域防突措施效果检验、区域验证。

(2) 局部“四位一体”综合防突措施：工作面突出危险性预测、工作面防突措施、工作面防突措施效果检验、安全防护措施。

安全素质基本要求五
煤矿煤尘事故的防治与应急避险

学习目标

1. 熟悉煤尘爆炸及其预防相关内容。
2. 熟悉煤尘爆炸预防措施。
3. 熟悉煤尘爆炸的应急避险相关内容。

安全素质基本要求相关知识

在采掘生产过程中，特别是采掘工作面在爆破、落煤、运输过程中都会产生大量煤尘。煤尘危害主要有两个方面：一是对人体的危害。二是煤尘爆炸危害。煤尘爆炸是煤矿最严重的灾害之一，严重威胁矿井安全生产。

一、煤尘爆炸及其预防

风速过高会引起采掘工作面和运输巷道煤尘飞扬，而风速过低会使产尘点产生的煤尘排不出去导致浮尘量增加。带式输送机、刮板输送机各转载点如不采取有效防尘措施，会造成煤尘飞扬。当煤尘含量达到爆炸临界点，遇电气设备漏电产生的火花、爆破产生的火焰等引爆火源时，就会发生煤尘爆炸事故。

1. 煤尘爆炸事故灾害类型

(1) 在采掘生产过程中，特别是采掘工作面在爆破、落煤、运输过程中都会产生大量煤尘，煤尘浓度可达到爆炸界限，当电气设备漏电产生火花、爆破产生火焰等引爆火源存在时，就会发生煤尘爆炸事故。

(2) 煤尘爆炸时会产生高温、高压、有毒有害气体，造成人员伤亡、机械设备和巷道的破坏，强大的冲击波会造成风流逆转、通风系统紊乱，还可能引起其他地点连续爆炸。

(3) 采掘工作面及其回风巷发生煤尘爆炸事故时，将影响本采区；当引起连续爆炸时，将扩大影响范围，直至影响整个矿井；进风井附近发生煤尘事故时，将影响其进风流中的所有工作地点，反风不及时将影响整个矿井。

2. 煤尘爆炸的条件

煤尘发生爆炸必须同时具备 3 个基本条件：一是煤尘本身具有爆炸性，而且浮游煤尘要达到一定浓度(下限为 45 g/m^3，上限为 1 500～2 000 g/m^3)；二是混合气体中氧气的浓度不小于 18%；三是有足够能量的点火源，温度在 610～1 050 ℃之间。

二、煤尘爆炸预防措施

(1) 矿井开采新水平、新煤层，要及时对煤层开展煤尘爆炸性鉴定工作，根据鉴定结果采取相应的安全措施，并将作业场所的煤尘降低到《煤矿安全规程》规定的浓度以下。

(2) 建立煤尘监测制度，加强采掘工作面和主要场所的煤尘监测，消除煤尘隐患。

(3) 加强巡查及管理，防止井下出现明火、爆破火焰、电气火花等引爆火源。

(4) 按照“源头治理、科学防治”的原则，认真落实减尘、捕尘、洗尘有关规定。完善防尘洒水系统，采取湿式钻眼，使用水炮泥，爆破前后冲洗煤壁，爆破时采用高压喷雾或压气喷雾降尘，采掘面回风巷按规定安设自动控制风流净化水幕，转载点采用自动喷雾降尘或密闭尘源除尘器抽尘净化等措施。

三、煤尘爆炸的应急避险

发生煤尘爆炸事故后的危险区域，救援人员只能在救人的情况下才能进入，且必须采取有效措施，保证救援人员的安全。

(1) 如果事故不能及时得到控制，或有扩大趋势，或抢救非常困难时，由指挥部决定是否请求外援。

(2) 井下发生煤尘爆炸事故时，一般有较大声响和较强的冲击波以及煤尘飞扬。如发生以上情况，立即采取如下措施：

① 无论任何人，凡发现灾害事故，不论灾害程度如何、波及范围大小，都应立即向矿调度室汇报，并详细说明事故发生的地点、时间、类别、事故现场情况、冲击波的方向及事故可能波及的地点。

② 事故现场的区队长或工程技术人员及通风、安检部门人员应立即组织在场人员采取一切有效措施进行自救和抢险救灾，将事故消灭在初发阶段。

③ 不能有效消除危险时，应立即组织灾区人员和受威胁区域的人员迅速沿避灾路线撤离。

④ 采煤工作面发生事故时，受灾人员要以事故区为中心，分别由上、下顺槽撤退，转入安全的进风巷道。

(3) 在发生煤尘爆炸事故灾区人员无法迅速撤离时，应考虑下述方法避灾：

① 避灾人员要戴上自救器或用湿毛巾堵住口鼻，以隔绝火焰和防止高温有害气体的伤害，待爆炸冲击波过去后，迅速撤到安全地点。

② 不能撤离的人员迅速转入独头巷道(最好是岩石巷道)等安全

地点，停止局部通风机，切断电源，断开风筒，堵住入口，防止有毒气体侵入，并在躲避地点巷道口悬挂矿灯、工具并定时敲打管子、铁轨等发出呼救信号，等待救援。

③ 避灾地点若有压风管，可设法打开压风管路，以便向避灾人员输送新鲜空气。

(4) 调度室接到井下灾情报告后，立即通知矿山救护队赶赴现场实施救援。

(5) 救护队伍到达现场后，要维持事故现场原状，经全面侦察后再采取措施。如果需要开动局部通风机供风，必须请示指挥部后再确定，不能贸然行事。

(6) 爆炸产生火灾，应同时进行灭火和救人，并应采取防止再次发生爆炸的措施。

(7) 井筒、井底车场或石门发生爆炸时，在侦察确定没有火源，无爆炸危险的情况下，应派遣 1 个小队救人，1 个小队恢复通风。如果通风设施损坏不能恢复，2 个小队应全部去救人。

(8) 爆炸事故发生在采煤工作面时，派 1 个小队沿回风侧、1 个小队沿进风侧进入救人，在此期间必须维持通风系统原状。

(9) 井筒、井底车场或石门发生爆炸时，为了排除爆炸产生的有毒、有害气体，抢救人员应在查清确无火源的基础上，尽快恢复通风。如果有害气体严重威胁回风流方向的人员，为了紧急救人，在进风方向的人员已安全撤退的情况下，可采取区域反风。之后，矿山救护队应进入原回风侧引导人员撤离灾区。

(10) 在救灾过程中，应采取措施防止局部火灾或瓦斯爆炸点燃被扬起的沉积煤尘引起二次爆炸。

(11) 根据事故的变化情况，由指挥部决定及时改变处理方案。

(12) 严格停送电措施，防止事故扩大。

(13) 医院急救人员根据情况迅速带齐物品进行现场急救。

(14) 需要矿井反风时，由总指挥下达反风命令。

安全素质基本要求六
生产安全事故及其防治基础知识

学习目标

1. 了解生产安全事故的概念及类型。
2. 了解生产安全事故的原因及预防。
3. 了解事故处理"四不放过"原则。

安全素质基本要求相关知识

一、生产安全事故的概念及类型

生产安全事故，是指生产经营单位在生产经营活动中发生的伤害人身安全和健康，或者损坏设备设施，造成经济损失，导致原生产经营活动暂时中止或永远终止的意外事件，包括造成人员死亡、伤害、职业病、财产损失或其他损失的所有意外事件。

1. 按《生产安全事故报告和调查处理条例》分类

根据《生产安全事故报告和调查处理条例》规定，生产安全事故一般分为特别重大事故、重大事故、较大事故和一般事故。造成 30 人及以上死亡的事故属于特别重大事故，造成 10～29 人死亡的事故属于重大事故，造成 3～9 人死亡的事故属于较大事故，造成 1～2 人死亡的事故属于一般事故。

2. 煤矿事故分类

(1) 顶板事故，是指冒顶、片帮、顶板掉矸、顶板支护垮倒、冲击地压、露天煤矿边坡滑移垮塌等，底板事故视为顶板事故。

(2) 瓦斯事故，是指瓦斯(煤尘)爆炸、燃烧，煤(岩)与瓦斯突出，中毒、窒息事故。

(3) 机电事故，是指机电设备(设施)导致的事故，包括运输设备在安装、检修、调试过程中发生的事故。

(4) 运输事故,是指运输设备(设施)在运输过程中发生的事故。

(5) 爆破事故,是指爆破崩人、触响瞎炮造成的事故。

(6) 火灾事故,是指煤与矸石自然发火和外因火灾造成的事故,其中煤层自燃未见明火、逸出有害气体中毒视为瓦斯事故。

(7) 水害事故,是指地表水、老空水、地质水、工业用水造成的事故及透黄泥、流砂导致的事故。

(8) 其他事故,是指以上7类事故以外的事故。

二、生产安全事故的原因及预防

任何事故的发生都是有原因的,生产安全事故也不例外。一般来讲,发生生产安全事故的原因,主要包括人的不安全行为、物的不安全状态和管理上的缺陷等。

1. 人的不安全行为

(1) 麻痹、侥幸心理,工作蛮干,在“不可能意识”的支配下,发生了安全事故。

(2) 精神疲惫、酒后上班、班中睡觉、擅自离岗、干与本职工作无关的事以及工作时注意力不集中、思想麻痹。

(3) 未正确佩戴或使用安全防护用品。

(4) 操作和作业时,违反安全规章制度和安全操作规程,未制定或执行相应的安全措施。

(5) 机器在运转时进行检修、调整、清扫等作业。

(6) 在有可能出现坠落物、吊装物的地方冒险通过、停留。

(7) 在作业和危险场所随意走、攀、坐、靠。

(8) 违规使用非专用工具、设备或用手代替工具作业。

2. 物的不安全状态

(1) 防护、保险、警示等装置缺失或存在缺陷。

(2) 机械、电气设备维护检修不到位,带“病”运转。

(3) 物体的固有性质和建造设计使其存在不安全状态。

(4) 设备安装不规范,或超期使用、部件老化。

3. 管理上的缺陷

(1) 管理人员在思想上对安全工作的重要性认识不足,将其视为可有可无，日常以麻木的心态和消极的行为对待安全工作，安全法律责任意识淡薄。

(2) 规章制度、安全技术操作规程、作业规程、安全技术措施、岗位责任制等，未建立、不健全或不完善。

(3) 管理人员不学习、不理解、不彻底落实企业的各种安全规章制度，只注重生产指标，忽视安全检查、安全教育和隐患排查治理。

(4) 管理人员安全知识不全面、安全管理能力差、安全管理执行力不强。

管理上的缺陷的主要预防措施为：

(1) 严格贯彻落实"安全第一，预防为主，综合治理"的安全生产方针。安全生产工作应当以人为本，坚持安全发展，坚持"安全第一，预防为主，综合治理"的方针，强化和落实生产经营单位的主体责任，建立健全生产经营单位负责、职工参与、政府监管、行业自律和社会监督的机制。

(2) 广泛开展安全教育和培训工作。通过安全教育和培训，不断提高从业人员的安全意识和安全素质，加强自主保安和相互保安，认真学习并贯彻落实《煤矿安全规程》、安全技术操作规程和作业规程等三大规程，杜绝违章指挥、违章作业、违反劳动纪律等"三违"行为。

(3) 认真贯彻落实岗位责任制。岗位责任制是企业根据法律法规建立的针对所有从业人员保证安全生产责任层层落实的制度。所有从业人员都按照岗位责任制的要求上标准岗、干标准活，工作中各负其责，才能搞好安全生产工作。

(4) 积极开展风险预控、隐患排查治理工作。煤矿作业过程中存在很多风险，因此要求作业人员在从事每项工作前，必须充分认识到作业过程中存在的各类风险，并提前采取有效措施，防止发生各类安全事故。同时，工作中还要经常进行隐患排查，发现问题立即解决或汇报，防止隐患演变成事故。

三、事故处理"四不放过"原则

发生事故后，必须按照"四不放过"的原则进行处理，其具体内容是：事故原因没有查清不放过，事故责任人没有受到处理不放过，事故责任人和广大群众没有受到教育不放过，没有采取防范措施不放过。

1. 事故原因没有查清不放过

发生事故后，必须查清事故的直接原因和间接原因，只有这样，才能根据事故原因制定相应的防范措施，杜绝类似事故再次发生。

2. 事故责任人没有受到处理不放过

发生事故后，或者对人员造成了伤害，或者造成了财产的损失，影响了生产经营单位的经济利益，因此必须严格按照安全事故责任追究的规定和有关法律法规的要求对事故责任人进行处理。对于触犯刑法的，还要依法追究其刑事责任。

3. 事故责任人和广大群众没有受到教育不放过

发生事故后，必须对事故责任者和广大群众进行安全教育，使事故责任者和广大群众了解事故发生的原因、造成的危害和防范措施，并认真吸取教训，防止类似事故在本岗位和其他相关岗位再次发生。

4. 没有采取防范措施不放过

发生事故后，必须根据事故原因，制定、采取相应的防范措施，以达到防止事故再次发生的目的。

模块五 自救、互救与现场急救

大量煤矿事故事实证明，当矿井发生灾害事故后，事故现场人员在万分危急的情况下，依靠自己的智慧和力量，积极正确地开展自救和互救工作，是最大限度地减少事故损失的重要环节。因此，每个入井人员都必须掌握自救、互救的基本方法。

安全素质基本要求一 自救器的使用

学习目标

1. 掌握化学氧自救器的使用。
2. 掌握压缩氧自救器的使用。

安全素质基本要求相关知识

自救器是入井人员在井下发生火灾，瓦斯、煤尘爆炸，煤与瓦斯突出等事故时防止有害气体中毒或缺氧窒息的一种随身携带的呼吸保护器具，其体积小、重量轻、便于携带。

煤矿必须使用隔离式自救器。隔离式自救器能防护所有的有害气体，它的作用包括提供氧气、防止窒息和防止有害气体中毒。隔离式自救器分类见表 1-3。

表 1-3　隔离式自救器分类

分类	压缩氧	化学氧
气源	压缩氧气	化学生氧
周期	反复使用	一次性
维护保养	复杂	简单
适用范围	有毒有害气体、缺氧环境	

一、化学氧自救器的使用

化学氧自救器是指利用化学生氧物质产生氧气的隔离式呼吸保护器。它用于灾区环境大气中缺氧或存在有毒有害气体的环境，供一般入井人员使用，只能使用 1 次。

以 ZH30D 化学氧自救器为例，其中字母 Z 代表自救器，H 代表化学氧，30 代表防护时间为 30 min，D 代表设计序号。

1. 化学氧自救器结构

化学氧自救器的结构如图 1-2 所示。

自救器的操作与使用（微信扫码观看）

2. 防护特点

（1）提供人员逃生时所需的氧气。

（2）呼吸在人体与自救器之间循环进行，与外界空气成分无关，能防护各种有毒气体。

（3）用于从火灾、爆炸、突出的灾区中逃生。

3. 使用方法

（1）佩戴位置。将专用腰带穿入自救器腰带环内，固定在背部右侧腰间，如图 1-3(a)所示。

（2）开启扳手。使用时先将自救器沿腰带转到右侧腹前，左手托底，右手拉护罩胶片，使护罩挂钩脱离壳体并丢掉，再用右手掰锁口带扳手至封印条断开后，丢开锁口带，如图 1-3(b)所示。

（3）去掉上外壳。左手抓住下外壳，右手将上外壳用力拔下、扔掉，如图 1-3(c)所示。

（4）套上挎带。将挎带套在脖子上，如图 1-3(d)所示。

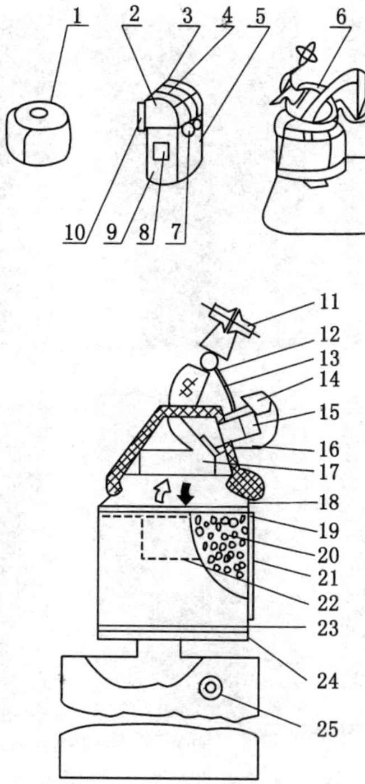

1—保护套；2—上外壳；3—前锁口带；4—封印条；5—使用注意牌；6—呼吸保护器；7—后封口带；8—铭牌；9—下外壳；10—皮带穿环；11—鼻夹；12—头带；13—鼻夹绳；14—口具；15—口具塞；16—降温网；17—口水挡板；18—生氧罐；19—上过滤装置；20—生氧剂；21—隔热底座；22—快速启动筒；23—下过滤装置；24—气囊；25—排气阀。

图 1-2　化学氧自救器结构图

(5) 提起口具并立即戴好。用力提起口具，此时气囊逐渐鼓起，立即拔掉口具塞并同时将口具塞入口中，口具片置于唇齿之间，牙齿紧紧咬住牙垫，紧闭嘴唇，如图 1-3(e)所示。若尼龙绳被拉断，气囊未鼓，可以直接拉启动环。

(6) 夹好鼻夹。两手同时抓住两个鼻夹垫的圆柱形把柄，将鼻夹拉开，此时佩戴人要憋住一口气，用鼻夹垫准确夹住鼻子。

(7) 调整挎带。如果挎带过长，抬不起头，可以拉动挎带上的大圆

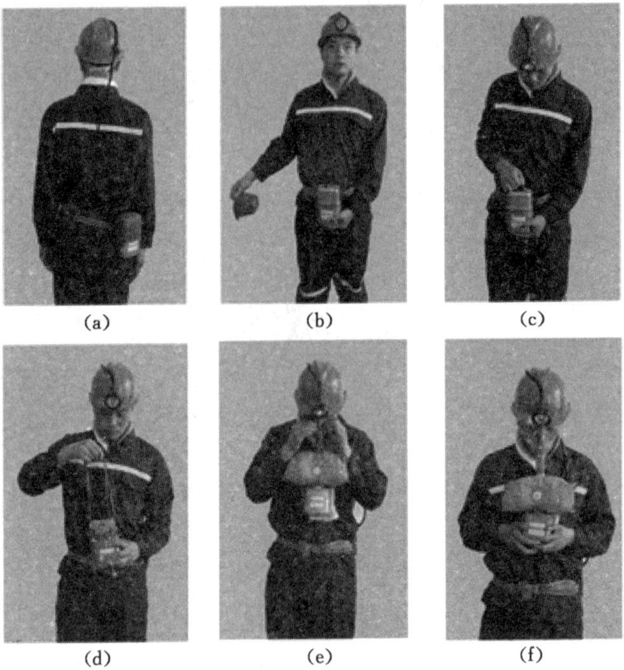

图 1-3 化学氧自救器的使用方法

环,使挎带缩短,长度适宜后,系在小圆环上,如图 1-3(f)所示。

(8) 退出灾区。上述操作完成后,开始撤离灾区。途中感到吸气不足时不要惊慌,应放慢脚步,做深呼吸,待气量充足后再快步行走。

4. 使用注意事项

(1) 每班携带自救器前,应检查自救器外壳有无损伤或松动,如发现不正常现象,应及时将自救器送到发放室检查校验。

(2) 携带自救器时,应避免碰撞、跌落,禁止将自救器当坐垫用;禁止用尖锐的器具猛砸外壳或药罐;禁止自救器接触带电体或浸泡在水中。

(3) 携带自救器时,任何场所不准随意打开自救器上外壳;如果自救器上外壳已意外开启,应立即停止携带,做报废处理。

(4) 在井下工作时,一旦发现事故征兆,应立即佩戴自救器后迅速撤离。佩戴自救器要求操作准确、迅速。

(5) 佩戴自救器撤离火区时，要冷静、沉着，最好匀速行走。

(6) 在整个逃生过程中，要注意把口具、鼻夹戴好，保证不漏气，严禁从嘴中取下口具说话。

(7) 吸气时，比平时正常吸气干、热一些，表明自救器在正常工作，对人体无害，此时千万不可取下自救器。

(8) 当发现呼气时气囊瘪而不鼓，并渐渐缩小时，表明自救器的使用时间已接近终点，要做好应急准备。

二、压缩氧自救器的使用

压缩氧自救器是指利用压缩氧气供氧的隔离式呼吸保护器。它用于灾区环境大气中缺氧或存在有毒有害气体的情况，是一种可反复多次使用的自救器，每次使用后只需要更换吸收二氧化碳的吸收剂和重新充装氧气即可重复使用。

1. 压缩氧自救器的结构

压缩氧自救器的结构如图 1-4 所示。

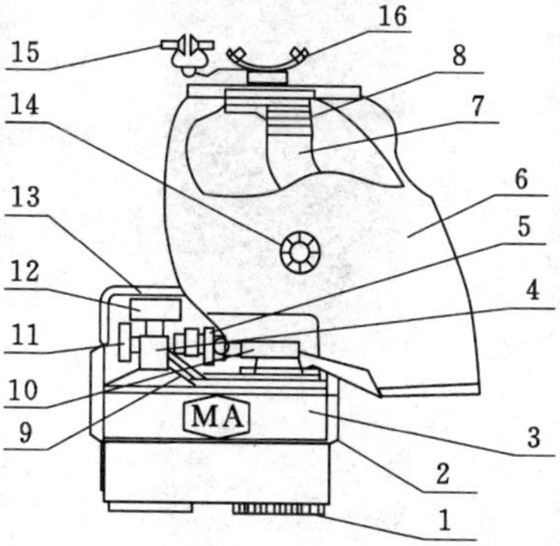

1—底盖；2—挂钩；3—清净罐；4—氧气瓶；5—减压阀；6—气囊；7—呼气软管；8—呼气阀；9—支架；10—补气压板；11—手轮开关；12—压力表；13—上盖；14—排气阀；15—鼻夹；16—口具。

图 1-4 压缩氧自救器的结构图

2. 防护特点

(1) 提供人员逃生时所需的氧气，能防护各种毒气。

（2）可反复多次使用。

（3）用于有毒气或缺氧的环境条件下。

（4）可用于压风自救系统的配套装备。

3. 使用方法

（1）携带时，挎在肩膀上或者挂在专用皮带上，如图 1-5(a)、(b)所示。

（2）使用时，先打开外壳封口带手把。

（3）打开上盖，然后左手抓住氧气瓶，右手用力向上提上盖，如图 1-5(c)所示；此时氧气瓶开关即可自动打开，随后将主机从下壳中拽出，如图 1-5(d)所示。

（4）摘下安全帽，挎上挎带，戴好安全帽。

（5）拔开口具塞，将口具放入口腔里，牙齿咬住牙垫，如图 1-5(e)所示。

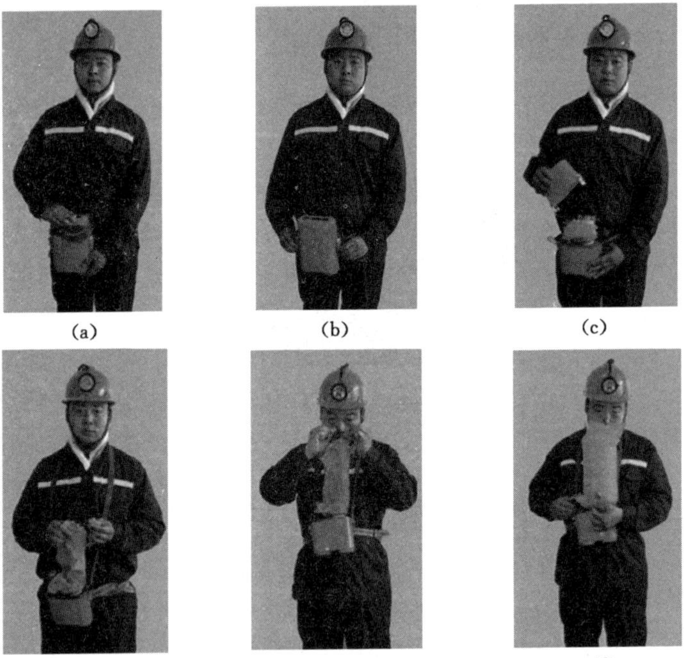

(a) (b) (c) (d) (e) (f)

图 1-5　压缩氧自救器的使用方法

(6) 将鼻夹夹在鼻子上,开始呼吸。

(7) 在呼吸的同时,按动补给按钮,1～2 s 气囊充满后立即停止(在使用过程中发现气囊供气不足时,也可按上述方法操作),如图 1-5(f)所示。

(8) 挂上腰钩。

4. 使用注意事项

(1) 使用符合《隔绝式氧气呼吸器和自救器用氢氧化钙技术条件》(MT 454)要求的 CO_2 吸收剂,每隔半年更换一次。

(2) 清净罐中的 CO_2 吸收剂,无论是否使用到额定防护时间,都必须清空后重新换装新药。

(3) 用于充填自救器的氧气应符合《医用及航空呼吸用氧》(GB 8982)的规定。

(4) 每隔 3 年要对氧气瓶做水压试验。

(5) 每隔半年检查一次气密性和氧气压力。

(6) 使用中要养成经常观察氧气瓶压力表的习惯,以掌握耗氧情况。

(7) 高压氧气瓶储装有 20 MPa 的氧气,携带过程中要防止撞击、磕碰和摔落,也不许把压缩氧自救器当坐垫使用。

(8) 呼气和吸气时都要慢而深(即深呼吸)。口与自救器的距离不能过近,以免气囊内的呼气软管打折,增加呼气阻力。

(9) 使用中应防止利器刺伤、划伤气囊。

(10) 在未达到安全地点时严禁摘下自救器。

安全素质基本要求二
避难硐室的自救避灾

学习目标

1. 掌握永久避难硐室相关规定。

2. 掌握临时避难硐室相关规定。

3. 掌握在避难硐室避难时应注意的相关事项。

安全素质基本要求相关知识

避难硐室是井下发生灾害事故后，人员无法撤离灾区时的避难场所。避难硐室分为事先构筑好的永久避难硐室和由避灾人员用身边现有材料建造的临时避难硐室。

一、永久避难硐室

永久避难硐室预先设在井底车场附近或采区工作地点安全出口的路线上，距工作点不能太远（即在自救器的有效工作时间内可到达）。避难硐室的容积原则上应能容纳采区的全体人员。硐室内应备有供避灾人员呼吸用的供气装备（如压风自救装置）、通信设备、自救器、药品、食物等。需要注意两个问题：一是硐室内的供气装置要有保障，即空气气源能长时间供气，遇险人员使用的呼吸装置要佩戴方便、迅速，呼吸自如舒畅。二是硐室内要存放一定数量的自救器，其防护时间要长一些（如 30 min 以上的化学氧和压缩氧自救器），确保遇险人员在条件允许时，佩戴自救器从避难硐室撤到安全地点或井上。进入避难硐室的流程如图 1-6 所示。

二、临时避难硐室

临时避难硐室是一旦出现灾变事故，遇险人员在等待救援的过程中利用现场的材料临时搭建的设施。临时避难硐室是利用独头巷道、硐室或两道风门之间的巷道，由避灾人员临时修建的，所以应在这些地点事先准备好所需的木板、木桩、风筒、黏土、砂子或砖等材料，还应装有带阀门的压气管。避灾时，若无构筑材料，避灾人员就用衣服和身边现有的材料临时构筑避难硐室，以减少有害气体的侵入。密闭应该设置两道，设置密闭时人应站在里面。

三、在避难硐室避难时的注意事项

（1）进入避难硐室前，应在硐室外留有矿灯、衣服、工具等明显标志，以便矿山救护队及时发现。

（2）避难人员在避难硐室中应保持安静、不急躁，尽量俯卧于巷道底部，避免不必要的体力和氧气消耗，以便延长避难时间。

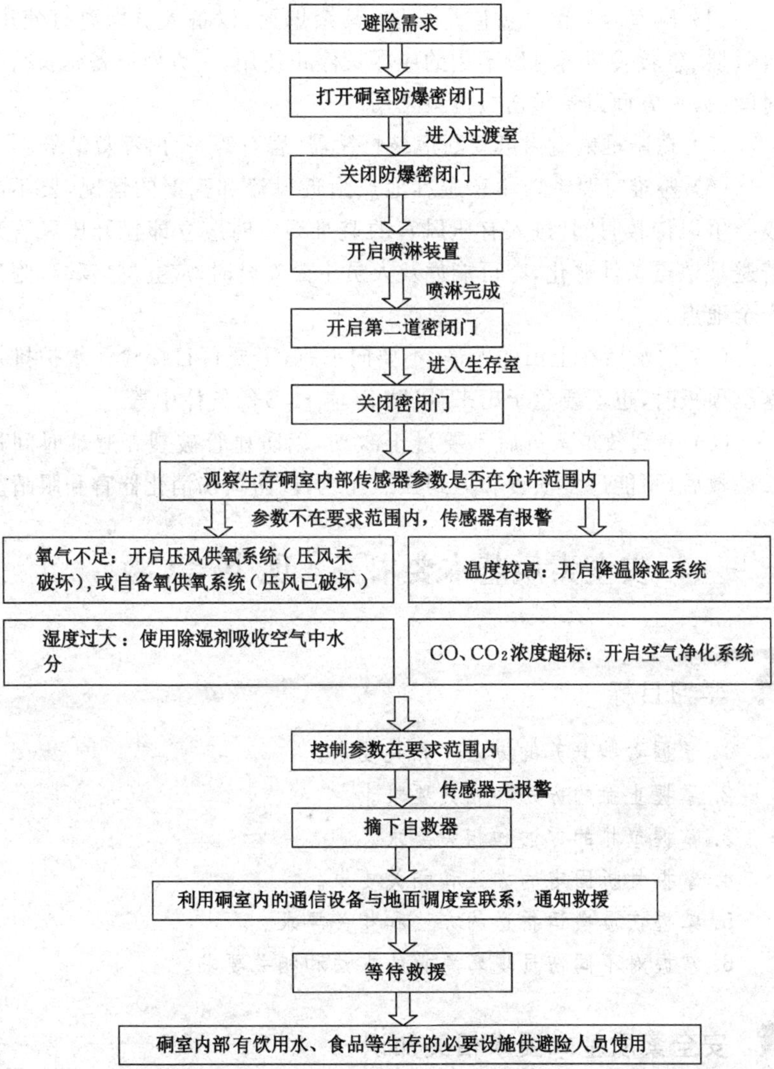

图 1-6　进入避难硐室的流程图

(3) 在避难中，要保持良好的精神状态和心理状态，坚持克服各种困难，坚定信心。

(4) 硐室内只留一盏矿灯照明,其余熄灭,以备人员撤离时使用。自救器、急救袋暂时可以不用的应尽量停止使用,一方面以备延长待救时间,另一方面以备重伤员抢救之用。

(5) 在避难硐室内可间断地敲打铁器、岩石等,发出呼救信号。

(6) 避难时要密切注意避难地点附近风流和瓦斯的情况,要不断改善争取待救时间(进入有压风管的避难硐室时应立即打开压风管)。若避难地点条件恶化,有可能危及人员生命安全时,应立即转移到附近安全地点。

(7) 被水堵在上山的人员,不要向下跑,不要盲目探险。水被排走露出顶板时,也不要急于出来,以防 SO_2、H_2S 等气体中毒。

(8) 看到救护队员后不要过于激动,以防血管破裂。避难时间过长被救后,不能过多饮食和见到强烈光线,以防损伤消化器官和眼睛。

安全素质基本要求三　现场急救

学习目标

1. 掌握心肺复苏的方法和相关要求。
2. 掌握止血的方法和相关要求。
3. 掌握包扎的方法和相关要求。
4. 掌握骨折固定的方法和相关要求。
5. 掌握伤员搬运护送的方法和相关要求。
6. 掌握对不同伤员现场急救的方法和相关要求。

安全素质基本要求相关知识

现场急救的关键在于“及时”,时间上突出一个“急”字,技术上突出一个“救”字。争取在最短的时间内有效地完成急救和安全转运任务。对伤员要快抢、快救和快运是事故伤员救治工作的第一步,这不但直接关系到伤员的生死,而且能为后续各级救治打下基础,必须及时、准确。

要做好伤员分类工作，优先抢救危重伤员，积极防止休克、感染等并发症。

现场互救必须遵守转运原则：初步确切止血、骨折简易固定、生命体征平稳、医护全程护送、边救边送、就近医院救治。

现场急救必须遵守“三先三后”的原则：

(1) 窒息(呼吸道完全堵塞)或心跳、呼吸骤停的伤员，必须先进行人工呼吸或心脏复苏后搬运。

(2) 对出血的伤员，先止血后搬运。

(3) 对骨折的伤员，先固定后搬运。

现场急救的方法包括心肺复苏、止血、创伤包扎、骨折临时固定和伤员搬运。

一、心肺复苏

煤矿井下每名职工都要掌握急救相关知识。一旦发现有人晕倒，应采取如下 4 个步骤措施：第一步判断意识；第二步呼救；第三步翻转体位；第四步胸外心脏按压。如图 1-7 所示。

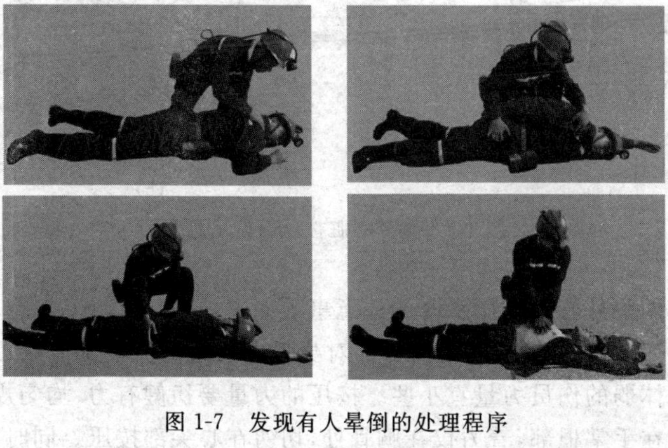

图 1-7　发现有人晕倒的处理程序

胸部正中，乳头连线水平(两乳头连线中点)，右手中、食指沿一侧肋弓向内上方滑动至胸骨下端，左手掌根靠紧食指，放于胸骨上，按压频率 100～120 次/min，按压深度 5～6 cm。如图 1-8(a)所示。

1. 胸外心脏按压

操作方法如下：

首先使伤员仰卧在木板上或地上，解开其上衣和腰带，脱掉其胶鞋。救护者位于伤员右侧，手掌面与前臂垂直，一手掌面压在另一手掌面上，使双手重叠置于伤员胸骨1/3处(其下方为心脏)，以双肘和臂肩之力有节奏地、冲击式地向脊柱方向用力按压，使胸骨下陷至少5～6 cm；按压后，迅速抬手使胸骨复位，以利于心脏的舒张。按压次数以每分钟100～120次为宜。按压过快，心脏舒张不够充分，心室内血液不能完全充盈；按压过慢，动脉压力低，效果也不好，如图1-8(b)所示。

心肺复苏操作步骤
（微信扫码观看）

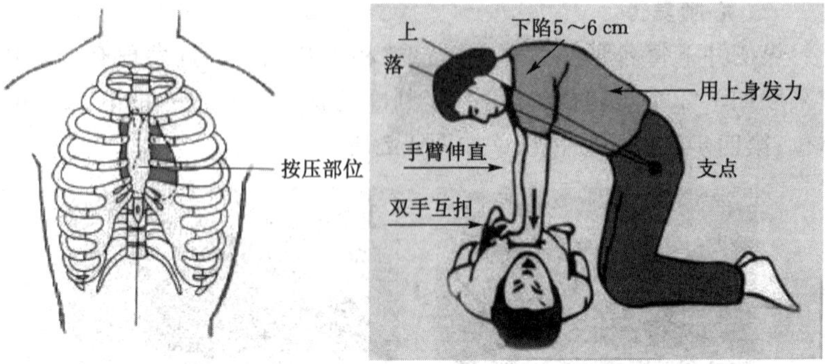

(a) (b)

图1-8 胸外心脏按压部位示意图

使用胸外心脏按压术时的注意事项如下：

① 按压的力量应因人而异。对身强力壮的伤员按压力量可大些；对年老体弱的伤员力量宜小些。按压的力量要稳健有力、均匀规则，重力应放在手掌根部，着力仅在胸骨处，切勿在心尖部按压。同时注意用力不能过猛，否则可致肋骨骨折、心包积血或引起气胸等。

② 胸外心脏按压与口对口吹气法最好同时施行，无论单人心肺复苏还是双人心肺复苏，均为每按压心脏30次，做口对口人工呼吸2次。

③ 按压显效时，可摸到颈总动脉、股动脉搏动，散大的瞳孔开始缩

小，皮肤转为红润。

2. 人工呼吸

适用于休克、溺水、有害气体中毒、窒息或外伤窒息等引起的呼吸停止、假死状态者。

在施行人工呼吸前，先要将伤员运送到安全、通风良好的地点，将伤员领口解开，注意保持体温，腰背部垫上软的衣服等。先清除口中脏物，把舌头拉出或压住，防止堵住喉咙、妨碍呼吸。各种有效的人工呼吸都必须在呼吸道畅通的前提下进行。常用的方法有口对口吹气法、仰卧压胸法和俯卧压背法 3 种。

① 口对口吹气法。它是效果最好、操作最简单的一种人工呼吸方法。操作前使伤员仰卧，救护者在其头的一侧，一只手托起伤员下颌，并尽量使其头部后仰，另一只手将其鼻孔捏住，以免吹气时从鼻孔漏气；救护者深吸一口气，紧贴伤员的口将气吹入，迫使伤员吸气，然后松开捏鼻的手，并用手压其胸部以帮助伤员呼气。如此有节律、均匀地反复进行，每分钟应吹气 14～16 次。注意吹气时切勿过猛、过短，也不宜过长，以占一次呼吸周期的 1/3 为宜。

② 仰卧压胸法。让伤员仰卧，救护者跨跪在伤员大腿两侧，两手拇指向内，其余四指向外伸出，平放在其胸部两侧乳头之下，借半身重力压伤员胸部，挤出伤员肺内空气；然后救护者身体后仰，除去压力，伤员胸部依其弹性自然扩张，使空气吸入肺内。如此有节律地进行，要求每分钟压胸 16～20 次。

此法不适用于胸部外伤或 SO_2、NO_2 中毒者，也不能与胸外心脏按压法同时进行。

③ 俯卧压背法。此法与仰卧压胸法操作大致相同，只是伤员俯卧，救护者跨跪在伤员大腿两侧。因为这种方法便于排出肺内水分，因而对溺水者急救较为适合。

二、止血

1. 少量出血的处理

表面伤口和擦伤，应用干净的水冲洗，用创可贴或干净的纱布、手绢包扎伤口。

2. 严重出血的止血方法

(1) 直接压迫止血,如图 1-9 所示。

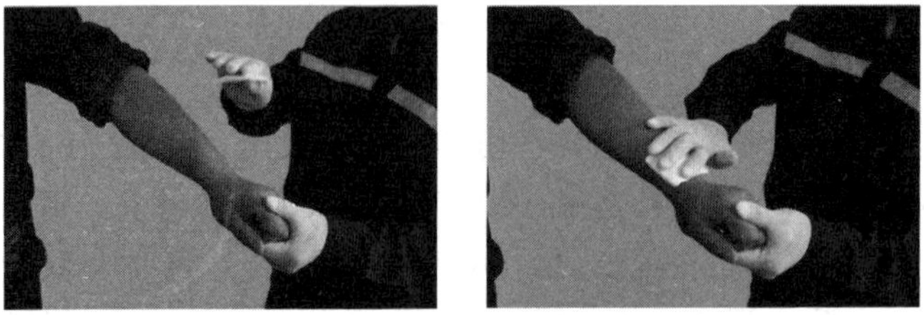

图 1-9　直接压迫止血示意图

(2) 加压包扎止血,如图 1-10 所示。

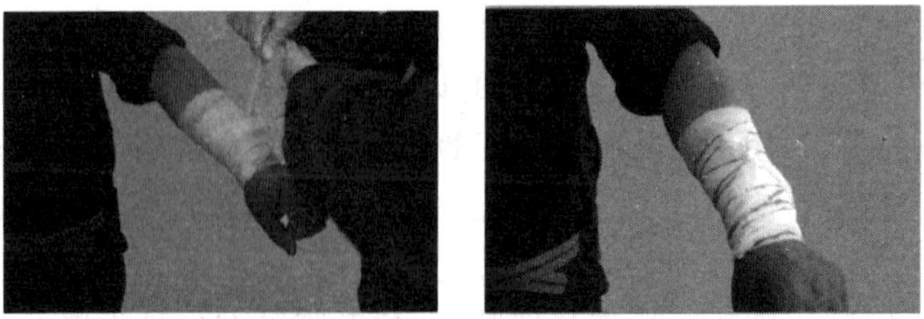

图 1-10　加压包扎止血示意图

(3) 止血带止血。

① 表带式止血带止血,如图 1-11 所示。

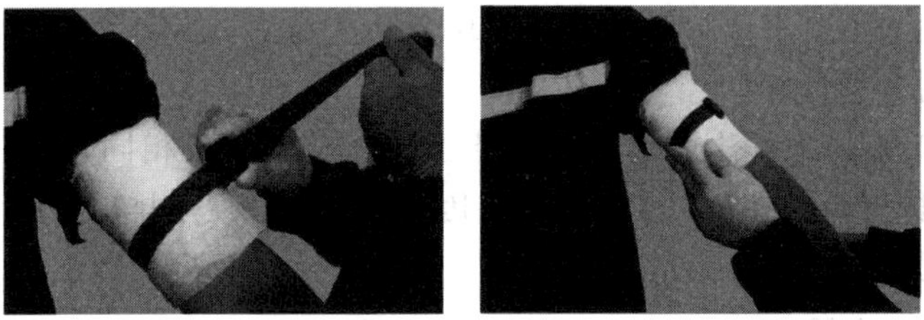

图 1-11　表带式止血带止血示意图

② 橡胶管止血带止血,如图 1-12 所示。

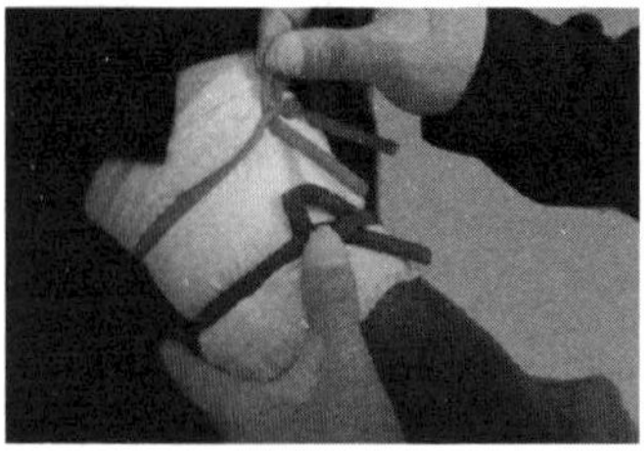

图 1-12　橡胶管止血带止血示意图

止血
（微信

③ 布带止血带止血，如图 1-13 所示。

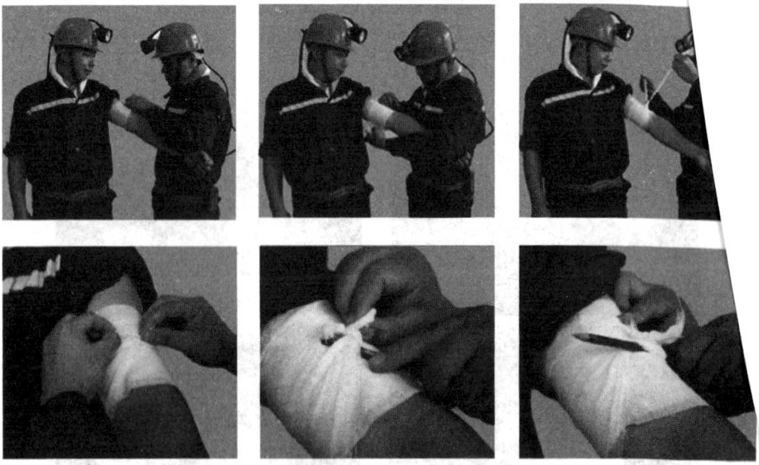

图 1-13　布带止血带止血示意图

上止血带的注意事项如下：

① 止血带不能直接缠在皮肤上。

② 上肢出血扎在上臂上 1/3 处，下肢出血扎在大腿中上部。

③ 松紧适度。

④ 做好明显标记。

⑤ 每隔 40～50 min 放松一次，每次放松 2～3 min。放松时，应采取指压止血。

⑥ 不能用铁丝、电线、绳索等代替止血带。

⑦ 结扎止血带的时间一般不应超过 2 h。

三、包扎

1. 包扎的目的

止血、保护伤口、防止感染、固定夹板和敷料。

2. 包扎的要求

轻、快、准、牢，先盖后包。

3. 包扎的材料

绷带、三角巾、四头带、多头带、就地取材。

4. 绷带包扎方法

(1) 环形包扎，如图 1-14 所示。

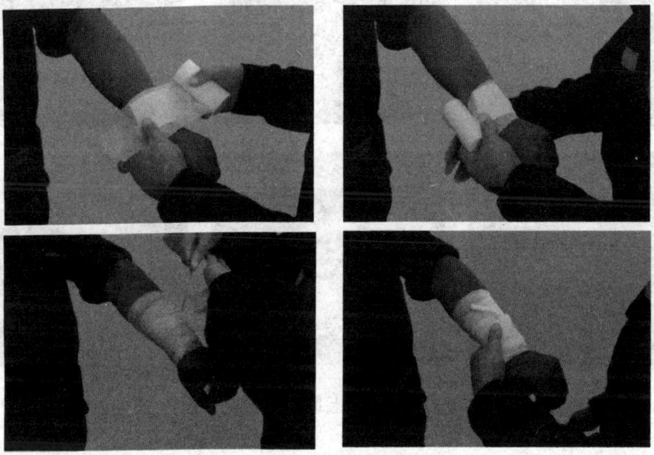

图 1-14　环形包扎示意图

(2) 螺旋包扎，如图 1-15 所示。

(3) 螺旋反折包扎，如图 1-16 所示。

(4) “8”字包扎，如图 1-17 所示。

(5) 三角巾包扎，如图 1-18 所示。

三角巾包扎法
(微信扫码观看)

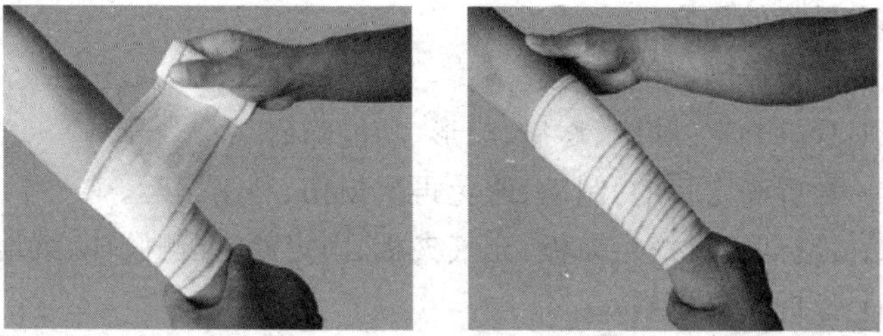

图 1-15　螺旋包扎示意图

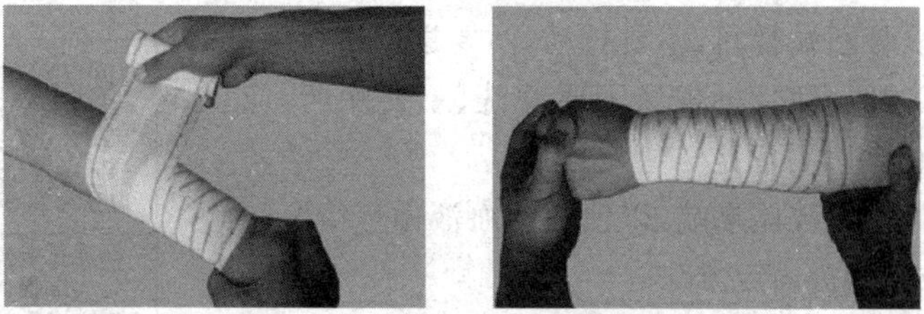

图 1-16　螺旋反折包扎示意图

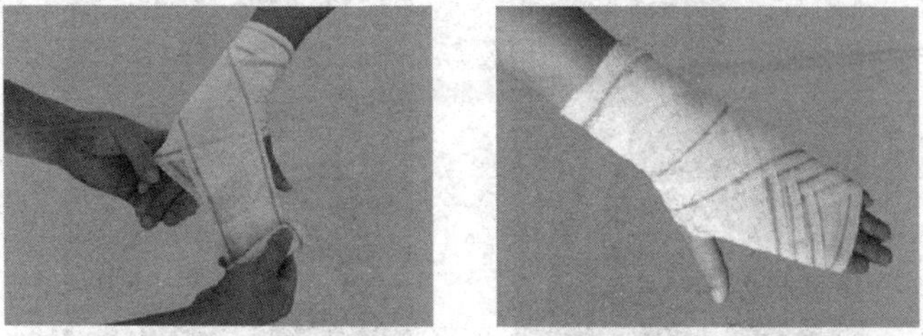

图 1-17　“8”字包扎示意图

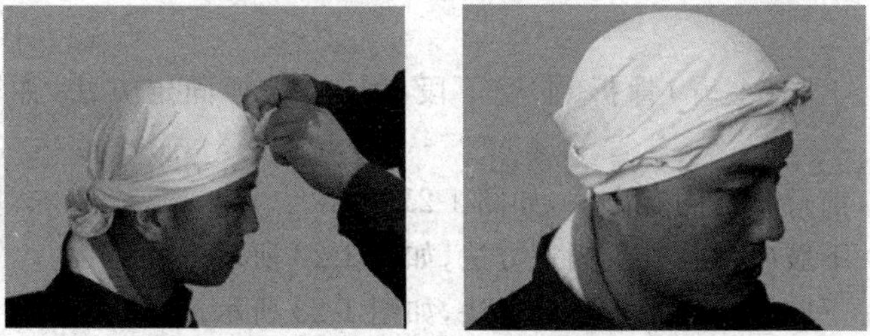

图 1-18　三角巾包扎示意图

四、骨折的固定

(1) 骨折原因:外力导致。

(2) 骨折判定:肿胀、疼痛、畸形、功能障碍。

(3) 骨折固定目的:制动、避免再次损伤、利于搬运。

(4) 骨折固定材料:夹板、充气夹板、固定架、健侧肢体、就地取材。

(5) 骨折固定原则:

① 首先检查意识、呼吸、脉搏及处理严重出血。

② 夹板的长度应能将骨折处的上下关节一同加以固定。

③ 骨断端暴露,不要拉动,不要送回伤口内。

④ 开放性骨折现场不要冲洗、不要涂药,应该先止血包扎,再固定。

⑤ 暴露肢体末端,以便观察血液循环情况。

骨折固定操作步骤
(微信扫码观看)

(6) 骨折固定方法:

① 锁骨骨折固定方法,如图 1-19 所示。

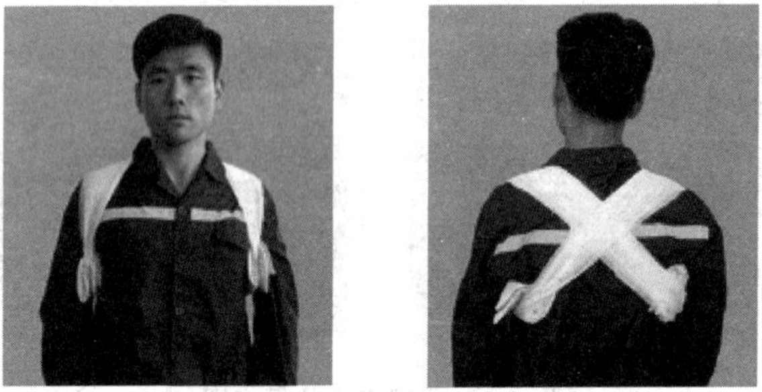

图 1-19　锁骨骨折固定方法

② 上肢(上臂)骨折、上臂下段(髁上)骨折固定方法,如图 1-20 所示。

③ 前臂骨折固定方法,如图 1-21 所示。

④ 下肢(大腿)骨折固定方法,如图 1-22 所示。

⑤ 下肢(小腿)骨折固定方法,如图 1-23 所示。

五、伤员的搬运护送

搬运时应尽量不增加伤员的痛苦,避免造成新的损伤及合并症。

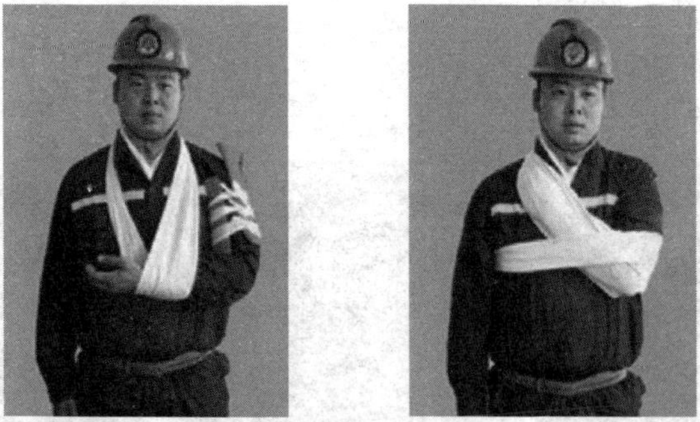

图 1-20　上肢骨折固定方法

图 1-21　前臂骨折固定方法

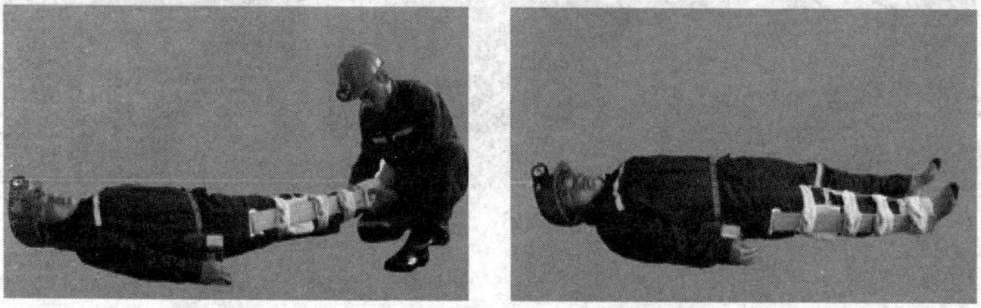

图 1-22　下肢(大腿)骨折固定方法

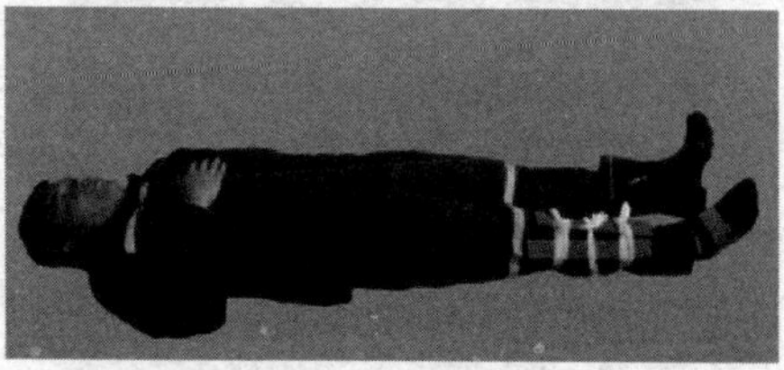

图 1-23　下肢(小腿)骨折固定方法

1. 单人徒手搬运法

(1) 扶行法,如图 1-24 所示。

(2) 背负法,如图 1-25 所示。

图 1-24　扶行法

图 1-25　背负法

(3) 拖行法(腋下拖行、衣服拖行、毛毯拖行),如图 1-26 所示。

图 1-26　拖行法

(4) 爬行法,如图 1-27 所示。

图 1-27　爬行法

2. 双人徒手搬运法

(1) 轿杠式,如图 1-28 所示。

图 1-28　轿杠式

(2) 椅拖式,如图 1-29 所示。

图 1-29　椅拖式

3. 三人徒手搬运法

三人徒手搬运法如图 1-30 所示。

图 1-30　三人徒手搬运法

4. 四人徒手搬运法

四人徒手搬运法如图 1-31 所示。

图 1-31　四人徒手搬运法

5. 担架搬运

担架搬运如图 1-32 所示。

图 1-32　担架搬运

六、对不同伤员的现场急救

1. 对中毒或窒息人员的急救

(1) 立即将伤员从危险区抢运到新鲜风流中,取平卧位。

(2) 立即将伤员口、鼻内的黏液、血块、泥土、碎煤等除去,解开上衣和腰带,脱掉胶鞋。

(3) 用衣服覆盖在伤员身上保暖。

(4) 根据心跳、呼吸、瞳孔等特征和伤员的神智情况,初步判定伤情的轻重。

(5) 当伤员出现眼红肿、流泪、畏光、喉痛、咳嗽、胸闷现象时,说明是二氧化硫中毒。当出现眼红肿、流泪、喉痛及手指、头发呈黄褐色现象时，说明是二氧化氮中毒。一氧化碳中毒的显著特征是嘴唇呈桃红色，两颊有红斑点。对二氧化硫、二氧化氮的中毒者只能进行口对口的人工呼吸，不能进行压胸或压背法的人工呼吸。

(6) 人工呼吸持续的时间以恢复自主性呼吸或到伤员真正死亡时为止。当救护队来到后，转由救护人员用苏生器苏生。

2. 对外伤人员的急救

对外伤人员、烧伤人员、出血人员和骨折人员的急救，应分别采用包扎创面、止血和骨折临时固定等急救措施，然后迅速送往地面，到医院救治。

3. 对溺水者的急救

突水中，人员溺水时，可能造成呼吸困难而窒息死亡。对溺水者应采取如下措施急救：

(1) 转送：把溺水者从水中救出后，立即送到比较温暖和空气流动的地方，松开腰带，脱掉湿衣服，盖上干衣服保暖。

(2) 检查：检查溺水者的口鼻，如果有泥水和污物堵塞，应迅速清除，擦洗干净，以保持呼吸道通畅。

(3) 控水：将溺水者取俯卧位，用木料、衣服等垫在其肚子下面；施救者左腿跪下，把溺水者的腹部放在右侧大腿上，使其头朝下；按压其背部，迫使水从体内流出。

(4) 上述控水效果不理想时，应立即做俯卧压背法人工呼吸或口对口吹气，或胸外心脏按压。

4. 对触电者的急救

(1) 立即切断电源，或使触电者脱离电源。

(2) 迅速观察伤员有无呼吸和心跳。如发现已停止呼吸或心音微弱，应立即进行人工呼吸或胸外心脏按压。

(3) 若呼吸和心跳都已停止，应同时进行人工呼吸和胸外心脏按压。

(4) 对遭受电击者，若有其他损伤，如跌伤、出血等，应做相应的急救处理。

5. 对冒顶埋压人员现场急救

(1) 扒伤员时须注意不要损伤人体。靠近伤员身边时，扒掘动作要轻巧稳重，以免对伤员造成伤害。

(2) 如果确知伤员头部位置，应先扒去其头部煤岩块，以使头部尽早露出外面。头部扒出后，要立即清除口腔、鼻腔的污物。与此同时扒身体其他部位。

(3) 此类伤员常常发生骨折，因此在扒掘与抬离时必须十分小心。严禁用手去拖拉伤员双脚或用其他粗鲁动作拖扒伤员，以免增加伤势。

(4) 当伤员呼吸困难或停止呼吸时，可进行口对口人工呼吸。

(5) 有大出血者，应立即止血。

(6) 有骨折者，应用夹板固定。如怀疑有脊柱骨折者，应该用硬板担架转运，千万不能由人扶持或抬运。

(7) 转运时须有医务人员护送，以便对发生的危险情况给予急救。

6. 对长期被困在井下人员的急救

(1) 严禁用矿灯照射遇险者的眼睛，应用毛巾、衣服片、纸张等蒙住其眼睛。

(2) 用棉花或纸张堵住遇险者双耳。

(3) 注意保暖。

(4) 不能立即升井，应将其放在安全地点逐渐适应环境和稳定情绪。待情绪稳定，体温、脉搏、呼吸及血压等稍有好转后，方可升井送医院。

(5) 搬运时要轻抬轻放、缓慢行走，注意伤情变化。

(6) 升井后和治疗初期，劝阻亲属探视，以免伤员过度兴奋发生意外。

(7) 不能让伤员吃过量或硬的食物，限量吃一些稀软、易消化的食物，以使肠胃功能逐渐恢复。

模块六　风险分级管控与隐患排查治理

安全技术基础知识一
安全风险分级管控基础知识

学习目标

1. 了解风险的概念。
2. 了解风险控制方法相关内容。

安全技术基础知识相关知识

一、风险的概念

风险是指事故发生的可能性与事故后果严重性的组合。在煤矿作业中，存在着各种各样的风险。例如，入井人员乘罐笼过程中，存在着提升钢丝绳断裂同时防坠器失效、罐笼坠入井底的风险；立井提升过程中，存在过卷、松绳、断绳等各类风险；斜井串车提升过程中，存在矿车掉道、矿车撞人和跑车的风险；井下水平巷道机车运输过程中，存在触电、掉道、撞人或撞坏支护设施的风险。

在一定的条件下，对现场岗位中的风险进行预先辨识、风险评估，继而采取有效措施，消除、减少、控制风险，使风险降到人们可接受程度的一系列活动，称为风险预控管理。

风险预控管理的基本原理是运用风险管理的技术，通过探求风险发生、变化的规律，认识、估计和分析风险对安全生产所造成的危害，运用计划、组织、指导、管制等一系列手段，实现“一切意外均可避免”“一切风险皆可控制”的风险管理目标。

二、风险控制方法

煤矿风险预控管理体系的基本内涵，是指在煤矿整个运营过程中，对煤矿各个生产系统、生产环节中的各种危险源进行预先辨识，对各种风险进行评价分析，继而采取有效措施消除、减少和控制风险，并在一定经济、技术条件下，通过“人、机、环、管”（即人员、机电设备、环境、管理）的最佳匹配，防止风险转化为事故，实现本质安全，做到安全生产。

煤矿作业现场风险预控，可以从以下几个方面进行控制：

（1）提高安全意识和安全素质。员工按规定参加安全培训，贯彻落实“以人为本”的指导思想，通过安全培训，提高煤矿从业人员的安全意识和技术水平，变“要我安全”为“我要安全”。

（2）落实各项规章制度。主要以各种制度规范煤矿从业人员的行为，如操作人员的手指口述、现场班组长验收签字、安全检查工检查等。

（3）落实操作程序。在现有安全技术操作规程的基础上，对每一个工种作业中的每一道工序都制定出详细的操作程序，不论任何人，在同一岗位上完成某一工序时，都按照规定的操作程序执行，这就避免了违章操作和误操作的发生，在很大程度上减小了风险发生的可能性。

（4）执行操作标准。以《煤矿安全规程》、安全技术操作规程为依据，对每一项工作都制定出操作标准，提高操作水平，降低事故发生的概率。

安全技术基础知识二
事故隐患排查治理基础知识

学习目标

1. 了解隐患的概念。
2. 了解隐患的分类。
3. 了解隐患排查管理制度。
4. 了解常见事故隐患的治理措施。

安全技术基础知识相关知识

一、隐患的概念

隐患，是指在生产活动中存在的可能导致不安全事件或事故发生的问题，包括人的不安全行为、物的不安全状态和管理上的缺陷。隐患从性质上分为一般安全隐患和重大安全隐患。

在煤矿作业现场，事故隐患如未能得到及时消除，往往会导致事故发生，现场作业人员必须予以高度重视。

二、隐患的分类

(1) 按隐患危害程度分类。

一般隐患：危险性不大，事故影响或损失较小的隐患。

重大隐患：危险性大，可能造成较大事故，造成人身伤亡或财产损失的隐患。它是煤矿企业建设和生产过程中存在的可能导致重大人身伤亡或者重大经济损失的危险性因素。

(2) 按隐患表现形式分类。人的隐患(认识隐患、行为隐患)、物的隐患、环境隐患和管理隐患。

(3) 按煤矿安全生产的专业分为一通三防、顶板(采掘)、机电运输、地测防治水、安全管理、爆破和其他隐患。

三、隐患排查管理制度

煤矿企业应当建立和完善以下各项事故隐患排查管理制度：

(1) 制定事故隐患定期排查治理制度，落实具体的排查时间、方法、人员、措施以及事故隐患的种类、等级等。

(2) 制定事故隐患排查治理责任制度，明确事故隐患排查治理工作的组织领导，整改资金的落实，治理效果的检查；明确具体的事故隐患排查治理工作要求；明确具体的事故隐患排查治理的管理程序；明确具体的事故隐患排查治理人员。

(3) 制定事故隐患分级管理制度，并明确事故隐患的分级范围、治理措施、要求及责任。

(4) 制定事故隐患的报告制度，煤矿企业应当将难以排除的事故隐患按照隶属关系和管理权限向煤炭管理部门报告，并报煤矿安全监察机构备案，不得不报、谎报或者拖延迟报。

四、常见事故隐患的治理措施

作业现场的隐患排查治理是围绕消除人的不安全行为、物的不安全状态和环境的不安全因素展开的，针对作业现场的常见事故隐患，要采取以下措施：

（1）规范操作人员的安全行为，结合班组的具体情况，以及国家的法律法规、相关规定和标准，制定规章制度和操作规程。

（2）正确穿戴和使用劳动防护用具、用品。

（3）严格执行煤矿安全规程、安全技术操作规程、作业规程的相关规定。

（4）加强对作业场所的安全检查，及早发现问题，及时妥善地整改。

（5）加强生产设备管理，尤其是设备的防爆管理，按规定做好设备、安全设施、防护装置的维护保养，使之始终保持完好状态。

（6）保证各种保护和监测系统灵敏、可靠，井下设备、电缆完好。

（7）设备布置、物料码放要尽可能地科学合理，保持通道畅通。

（8）及时清扫垃圾、废料，整理现场的原材料、产品和工具。

模块七 岗位“双述”基础知识

学习目标

1. 熟悉岗位描述相关内容。
2. 熟悉手指口述相关内容。

安全操作技能相关知识

岗位“双述”是指煤矿生产中，为确保操作安全，各岗位的职工在作业操作前，对工作环境和操作对象进行设备与环境描述、岗位主要风险描述及安全确认。主要包括岗位描述和手指口述。

一、岗位描述

岗位描述是一种对自我状况、安全责任、作业标准、作业环境、工艺流程、设备工具性能特点、协作配合等内容进行描述，从而逐步达到岗位作业本质安全水平的综合性知行训练。

岗位描述主要内容包括自我状况描述、设备与环境描述、岗位风险与安全确认、操作程序和避灾路线等几方面。

岗位描述的根本目标是进一步清晰岗位责任制，培养行家能手，锤炼岗位专家型职工队伍，但具体岗位、具体工种也可不拘泥于上述岗位描述的内容，各集团、各公司、各矿可根据实际情况进行岗位描述。

二、手指口述

手指口述就是要求现场作业人员在作业和操作中，运用心想、眼看、手指、口述等一系列行为，对与安全有关的每一道关键工序、每一处关键部位、每一个关键环节进行确认，使人员的注意力高度集中，避免操作失误，从而减少事故，实现安全操作。

手指口述的动作要求是上身保持直立姿势，眼睛紧紧注视着需要确认的对象，右手用力挥动手臂由上向下，食指指向需要确认的对象，刺激大脑思考，把最关键的话大声说出来。

手指口述的作用是：

(1) 促使操作者保持高度集中的注意力。

(2) 增强操作者的定力和稳定性，使操作者强制自己排除各种干扰。

(3) 快速启动作业，使操作者迅速进入作业状态，并把注意力稳定在作业状态。

(4) 强化对操作程序的记忆再现，增强作业的系统性、条理性及完整性。

(5) 实现记忆的清晰化，提高操作的精确度，减少误差。

(6) 严密地分析当前的作业状况，及时准确地作出判断，进行正确的选择。

(7) 提高作业者对操作行为的自信心。

(8) 有利于对关键性操作或问题、错误多发点的提醒。

手指口述简单易学，实用操作性强。手指口述操作法让我们在工作中少出错误、少出纰漏，是风险预控管理的重要方法，可为安全生产打下良好的基础。

第二部分　采煤作业

采煤作业安全技术基础知识
采煤作业安全操作技能
采煤作业典型事故案例

模块一　采煤作业安全技术基础知识

安全技术基础知识一
专业技术基础知识

学习目标

1. 了解煤矿生产技术相关内容。
2. 熟悉采煤工艺及支护技术相关内容。
3. 了解采煤新技术、新工艺。
4. 熟悉工作面支架安装、拆除相关内容。
5. 熟悉顶板管理与顶板事故防治相关内容。
6. 了解充填的基本知识。
7. 熟悉充填系统的构成及工作原理、工艺顺序。
8. 熟悉充填系统设备及管路布置相关规定。

安全技术基础知识相关知识

一、煤矿生产技术

采煤方法是指采煤工艺与回采巷道布置及其在时间上、空间上相互配合的总称。采煤方法包括采煤系统和采煤工艺两部分内容。

采煤系统是指采区巷道的布置方式，掘进和采煤顺序的合理安排以及由采区供电、通风、运输、排水等生产系统共同构成的、完整的煤炭开采系统。采煤工艺是指采煤工作面各工序所用方法、设备及其在时间、空间上的相互配合。

按采煤工艺、矿压控制特点和采煤系统构成情况，通常将采煤方法分为壁式体系采煤法和柱式体系采煤法两大类。

二、采煤工艺及支护技术

（一）综合机械化采煤工艺

综合机械化采煤工艺（简称综采工艺），是指用机械方法破煤和装煤，输送机运煤和液压支架支护的采煤工艺。综采工艺的特点是落煤、装煤、运输、支护、采空区处理等主要工序全部实现机械化。

1. 综采工作面设备

综采工作面设备主要包括滚筒采煤机（或刨煤机）、液压支架、可弯曲刮板输送机、桥式转载机、可伸缩带式输送机、乳化液泵站、供电设备、集中控制设备、单轨吊车以及其他辅助设备等。综采工作面布置如图 2-1 所示。

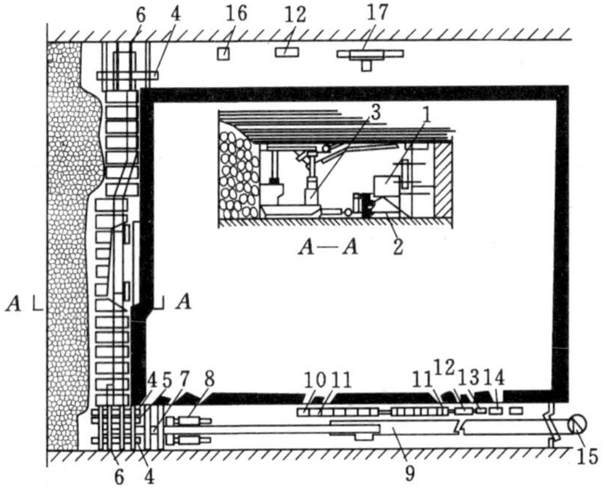

1—采煤机；2—可弯曲刮板输送机；3—工作面支架；4—端头支架；5—锚固支架；6—巷道棚梁；7—转载机；8—转载机推进装置；9—带式输送机；10—集中控制台；11—配电点；12—泵站；13—配电点及泵站的移动装置；14—移动变电站；15—煤仓；16—安全绞车；17—单轨运输吊车。

图 2-1　滚筒式采煤机综采工作面布置图

2. 采煤工艺

在采煤工作面中，综采工作面各种设备按一定的生产工艺流程协调地进行工作，发挥着各自的作用。

（1）落煤与装煤

综采落煤与装煤工作与机采相似，但在采煤机工作方式上有所区别。综采一般采用双向割煤、往返一次进两刀的割煤方式和斜切式进刀方式。

（2）运煤

采煤机采落的煤由工作面重型可弯曲刮板输送机运到工作面的下端，转载到工作面下端所铺设的桥式转载机上，经运输平巷中所铺设的可伸缩带式输送机，运到采区运输上山（下山）中的带式输送机上，然后运往采区煤仓。随着工作面向前推进，转载机和可伸缩带式输送机也不断交替推移前进。

（3）输送机和支架的移动

支架型式不同，则移架和推移输送机的方式也不同。整体式支架，移架和推移输送机共用一个液压千斤顶，连接支架底座和输送机槽，互为支点，进行推移输送机和前拉支架。迈步式自移支架的移动，依靠本身两框架互为支点，用一个千斤顶推拉两框架分别前移，用另一个千斤顶推移输送机。

（4）支护

综采工作面主要采用自移式液压支架来支撑顶板，维护工作空间。根据液压支架与围岩的相互作用方式，液压支架可分为支撑式、掩护式和支撑掩护式三种基本类型。

① 液压支架的支护方式。根据液压支架的型式、结构、移动方式和支护条件不同，可分为超前支护、及时支护和滞后支护三种。

② 液压支架的移架方式。综采工作面液压支架的移架方式主要有三种，如图 2-2 所示。

单架依次顺序式是支架沿采煤机的割煤方向依次前移，移动步距等于采煤机的截深。其优点是操作简单，容易保证支护质量；缺点是移架速度慢，工时长。它适用于不稳定顶板，应用范围广。

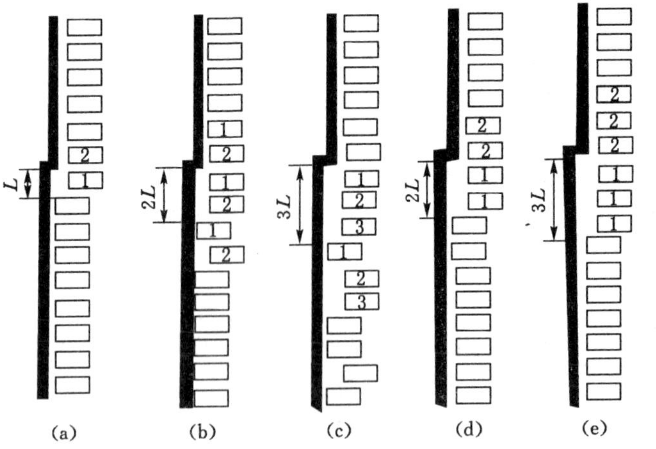

L—支架安设间距。

(a) 单架依次顺序式;(b)、(c) 分组间隔交错式;(d)、(e) 成组整体依次顺序式。

图 2-2　液压支架的移架方式

分组间隔交错式的支架移步方式是每组 2～3 架,组内按顺序前移,组间平行作业。其优点是移架速度快,能满足采煤机快速采煤的要求;缺点是支护质量差。它适用于较稳定的顶板。

成组整体依次顺序式的支架移步方式是每组 2～3 架,组内联动,组间按顺序前移。其优点是移架速度快;缺点是支护质量较差。它适用于地质条件好、顶板稳定的煤层,我国应用较少。

液压支架在工作面的移步方式通常归纳为顺序移步和交错移步两种。顺序移步包括单架依次顺序式、成组整体依次顺序式移步方式;交错移步即指分组间隔交错式移步方式。

③ 液压支架的支护速度与移架步距。通常把沿工作面长度方向上推移支架的速度称为液压支架的支护速度。就及时有效地控制顶板而言,支护速度越快对安全越有利。

液压支架的移架步距应该和采煤机截深及输送机的推移步距一致。当煤壁留有探头煤或因采煤机飘刀而留有底煤时,往往会使输送机和支架移不够规定的步距,使煤壁前的空顶距离加大,这时就可能造成顶板破碎、掉矸，甚至局部冒顶事故。

④ 综采工作面端头支护。综采工作面端头支护方式主要有端头支架支护、普通液压支架支护、采用外（内）注液式单体液压支柱支护三种：

a. 端头支架支护。这类支架的特点是加长顶梁、底座，可将转载机机尾置于支架底座上。一般多用于综采工作面上端头紧挨机巷上帮，与排头支架侧护板紧贴。该支护方式移动速度快，但对平巷条件适应性差。

b. 普通液压支架支护。这类支护多用于工作面的上、下端头，适用于煤层倾角较小的综采工作面，通常在机头（尾）处要滞后于工作面中间支架1个截深。

c. 采用外（内）注液式单体液压支柱支护。这类支护主要有组合大抬棚支护、外（内）注液式单体液压支柱配合十字铰接顶梁支护等。

(5) 采空区处理

综采工作面一般主要采用垮落法处理采空区。因液压支架具有切顶性能强（支撑式）、掩护作用好（掩护式）、种类多等特点，所以一般不采用局部充填和煤柱支撑法。对极坚硬顶板可采取高压注水软化顶板、爆破强制放顶等方法进行处理。

（二）综合机械化放顶煤采煤工艺

综合机械化放顶煤工艺，是对厚煤层用综采设备进行整层开采的采煤工艺，放顶煤采煤法可对特厚煤层（煤层厚度一般为6～12 m）进行整层开采。放顶煤采煤是在煤层底部或煤层某一厚度范围内的底部布置一个采高为2～3 m的长壁工作面，用常规采煤方法进行采煤，并利用矿山压力作用或辅以松动爆破等方法，将上部顶煤在工作面推进后破碎冒落，并将冒落顶煤利用放顶煤支架予以回收，由工作面后部刮板输送机运出。

1. 放顶煤采煤方法的分类

按照煤层赋存条件及相应的采煤工艺，放顶煤采煤法分为三种方法，如图2-3所示。

(1) 一次采全厚放顶煤。沿煤层底板布置综采放顶煤长壁工作

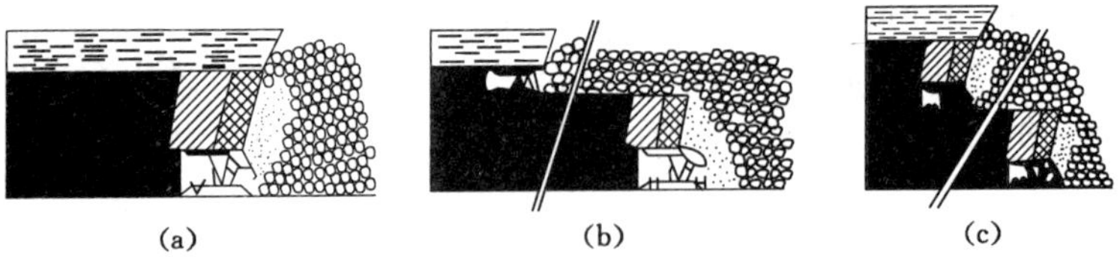

(a) 一次采全厚放顶煤；(b) 预采顶分层网下放顶煤；(c) 倾斜分层放顶煤。

图 2-3　放顶煤采煤工艺

面，一次采放出全部厚度煤层。

(2) 预采顶分层网下放顶煤。将煤层划分为两个分层，沿煤层顶板下先布置一个 2～3 m 的顶分层综采放顶煤长壁工作面。顶分层工作面采煤铺网后，再沿煤层底板布置一个与顶分层同样的综采放顶煤工作面进行常规采煤，并将两个工作面之间的顶煤放出。一般适用于煤层厚度大于 12～14 m，直接顶坚硬或煤层瓦斯含量高，需预先抽采瓦斯的缓斜煤层。

(3) 倾斜分层放顶煤。煤层厚度在 12～14 m 以上，将煤层沿倾斜分为两个以上厚度在 6～8 m 以上的倾斜分层，依次放顶煤开采。

2. 适用条件

综采放顶煤开采，一般应符合下列条件：

(1) 煤层倾角小于 15°或近水平。

(2) 煤质较松软，层节理发育，顶煤易于破碎冒落。中间没有不易破碎的夹石层及硬煤层($f<3.0$)。

(3) 直接顶较厚，且能随采随冒，自然发火期在 3 个月以上，无瓦斯突出等。

《煤矿安全规程》规定，严禁单体支柱放顶煤开采。

有下列情形之一的，严禁采用放顶煤开采：

(1) 缓倾斜、倾斜厚煤层的采放比大于 1∶3，且未经行业专家论证的；急倾斜水平分段放顶煤采放比大于 1∶8 的。

(2) 采区或者工作面采出率达不到矿井设计规范规定的。

(3) 坚硬顶板、坚硬顶煤不易冒落，且采取措施后冒放性仍然较差，顶板垮落充填采空区的高度不大于采放煤高度的。

(4) 放顶煤开采后有可能与地表水、老窑积水和强含水层导通的。

(5) 放顶煤开采后有可能沟通火区的。

3. 综采放顶煤的工艺特点

(1) 适用于厚度 5 m 以上、煤质较软、顶板易垮落的煤层。

(2) 简化巷道布置，减少巷道掘进工作量。

(3) 提高采煤工效、降低吨煤生产费用等。

(4) 采出率较低、煤炭自然发火控制比较困难。

4. 采煤工艺

(1) 工作面采煤

一般采用工作面端部斜切进刀的进刀方式，采用双向割煤往返一次进两刀的割煤方式，采煤机骑在可弯曲刮板输送机上沿工作面全长往复穿梭割煤，距采煤机 12～15 m 处推移输送机，完成一个综采循环。根据顶煤放落的难易程度，放顶煤工作在完成一个或几个综采循环以后，在检修班或放顶班进行检修。

(2) 放煤方式

工作面进行放煤操作的方式称为放煤方式。放煤方式分为顺序单轮放煤、顺序多轮放煤和间隔折返放顶煤。顺序单轮放煤的顺序是依次将上方顶煤一次全部放净，见矸时关闭放煤口。顺序多轮放煤的顺序是依次放各架顶煤，但不一次放净，而是每次只放顶煤全厚的 1/4、1/3 或 1/2，可在工作面全部放完一轮煤后再放下一轮，也可下一轮滞后第一轮一定距离同步进行。间隔折返放顶煤是指从工作面的一端开始，先从第一架开始(一般过渡支架及端头支架先不放煤)，每间隔一架依次放煤，放完奇数架后，再依次放偶数架的顶煤。

(3) 放煤步距

放煤步距分为初次放煤步距和循环放煤步距。初次放煤步距指从工作面开切眼开始至第一次放煤的工作面推进距离；循环放煤步距指从上一次放煤结束后到下一次放煤开始工作面推进的距离。

（三）采煤工作面正规循环作业

采煤工作面的循环作业是指采煤工作面在规定时间内保质、保量、安全地完成"采、装、运、支、处"这样一个采煤过程。对于普采和炮采采煤工作面以回柱放顶为标志，综采工作面以移架为标志。

采煤工作面的生产，按定员配备的工种和人数，在规定的时间内按既定的采煤工艺完成一个循环的全部工序和工作量称为正规循环。

目前，大、中型矿井多采用综采和综放两种采煤工艺，现对此两种采煤工艺的正规循环作业介绍如下。

1. 综采工作面正规循环作业

综采正常生产时工艺流程如下：进刀→割煤→移支架→推移刮板输送机。

(1) 采煤机进刀方式

割三角煤斜切进刀过程：

① 当采煤机割煤至工作面端头时，其后的输送机槽已移近煤壁，采煤机机身尚留有一段下部煤，如图 2-4(a)所示。

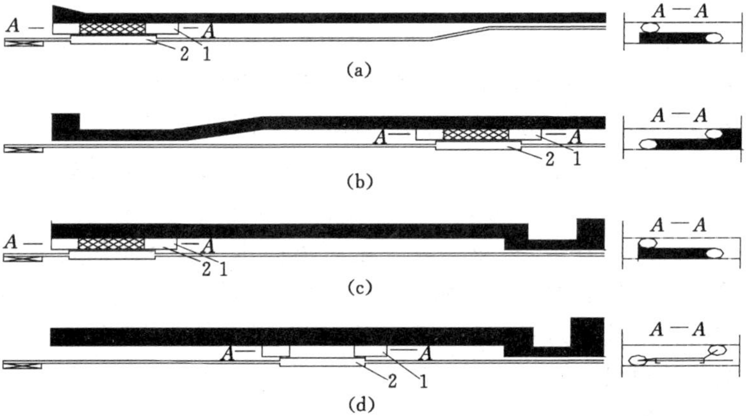

1—综采面双滚筒采煤机；2—刮板输送机。

(a) 起始；(b) 斜切并移直输送机；(c) 割三角煤；(d) 开始正常割煤。

图 2-4　综采工作面端部割三角煤斜切进刀

② 调换两滚筒上、下位置，前滚筒降下，后滚筒升起，然后沿输送机弯曲段反向割入煤壁，直至采煤机机身进入输送机直线段为止，这时采煤机已向煤壁推进了一个截深，然后将输送机移直，如图 2-4(b)所示。

③ 再调换两滚筒上、下位置，采煤机重新返回割煤至输送机机头处，将三角煤割掉，如图 2-4(c)所示。

④ 煤壁割直后，再次调换上、下滚筒位置，返回正常割煤，如图 2-4(d)所示。

(2) 割煤

正常情况下，采煤机前滚筒（前进方向的滚筒）割顶煤，后滚筒割底煤，依靠后滚筒转动自行装煤，剩余的煤由铲板在推溜时自行装入刮板输送机。

(3) 移支架（擦顶移架）

移支架的操作顺序为：收护帮板→降大柱（200 mm 以内）→移支架→升大柱→打开护帮板。

移架时，以能使支架前移为宜，大柱下降控制在 200 mm 以内，防止咬架或漏顶煤。如机道顶煤破碎，必须将支架伸缩梁伸出护住机道新露出的顶煤，防止机道漏顶。移架后，支架要呈一直线，并控制最小端面距不得大于 340 mm。升架时，支架必须接顶、升紧，初撑力达到 24 MPa。移架要滞后采煤机后滚筒 4～6 架开始操作，如果不在这个距离范围内必须停止采煤机割煤，等待移架距离达到此允许范围后方可开始操作。

(4) 推移刮板输送机

刮板输送机滞后采煤机后滚筒 15 m 以外推入，跟机分段推入，保证输送机呈一直线，弯曲段长度不得低于 15 m，不得出现急弯，以防出现断连接环、哑铃销或溜槽错口。

2. 综放工作面正规循环作业

综放正常生产时工艺流程如下：进刀→割煤→移支架→推前部输送机→放顶煤→拉后部输送机。

(1) 采煤机进刀方式

综放多采用端头割三角煤斜切进刀的进刀方式。

当采煤机将上一刀煤割通后，留 20 架支架停止追机作业，以防割前探梁；前滚筒下降割底煤，后滚筒上升割顶煤，退至距输送机机头 30 m处停机；将此段支架推前部输送机，放 4～20 架的顶煤，将采煤机前滚筒再次升起，后滚筒下降，采煤机向输送机头割煤；当割通后，调整前滚筒上升割顶煤，后滚筒下降割底煤，采煤机开始由溜头向尾方向正常割煤；当采煤机割到尾时，斜切进刀方式与溜头相同，如图 2-5 所示。

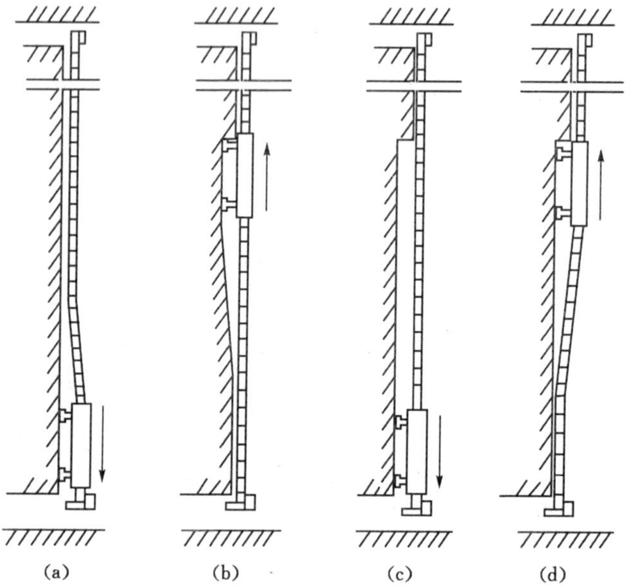

(a) 开始；(b) 上行进刀、移机头；(c) 下行割煤；(d) 移机头、上行割煤。

图 2-5　综放工作面采煤机开缺口作业方式

(2) 割煤

正常情况下，采煤机前滚筒(前进方向的滚筒)割顶煤，后滚筒割底煤，依靠后滚筒转动自行装煤，剩余的煤由铲板在推溜时自行装入前部输送机。割煤时严格控制采高、顶煤、底板，必须割平且不留底煤，将煤壁割成直线。采煤机割煤速度视后部输送机放煤量多少而定，防止前后输送机量过多，影响带式输送机运输。

(3) 移支架(擦顶移架)

移支架的操作顺序为：收前探梁→降主顶梁(200 mm 以内)→移支架→升主顶梁→伸前探梁。

移架时，以能使支架前移为宜，主顶梁下降控制在 200 mm 以内，防止咬架或漏顶煤。如机道顶煤破碎必须将支架前伸梁伸出护住机道新露出的顶煤，防止机道漏顶。移架后，支架要呈一直线，并控制最小端面距不得大于 340 mm。升架时，支架必须接顶、升紧，初撑力达到 24 MPa。移架滞后采煤机后滚筒不得超过 5 m，否则必须停机，等待移架。

(4) 推前部输送机

前部输送机滞后采煤机后滚筒 15 m 以外推入，跟机分段推入，保证输送机呈一直线，弯曲段长度不得低于 15 m，不得出现急弯，以防出现断连接环、哑铃销或溜槽错口。

(5) 放顶煤

放顶煤由支架反复支撑及尾梁的上下摆动等综合方式松动顶煤，支架尾梁摆动配合伸缩插板低位放顶煤。放顶煤支架位置由上、下端头第 4 架开始(上、下端头留 3 架不放)。工作面采用割一刀煤放一茬顶煤的作业方式，循环进度为 0.5 m。

放顶煤采用多轮间隔顺序放煤的方法，两个放煤工相距 5 架支架，第一个人放偶数(4#，6#，8#，…)，第二个人放奇数(5#，7#，9#，…)。放顶煤工序与割煤间距不小于 10 m。放顶煤工不得一次将回转梁收回最大角度，且放煤过程中，要相互配合，尽量不让或少让顶煤流出刮板输送机之外。当有大块煤卡在放煤口影响放煤时，则反复动作摆梁，使大块煤破碎；当发现矸石时，及时将回转梁伸出，防止矸石混入煤中。严格执行“见矸关窗”的原则。靠近端部的放顶煤工要根据后部输送机上的煤量适当控制放煤量。

(6) 拉后部输送机

放完煤后，拉后部输送机与推前部输送机相同，分段拉回，拉后部输送机后保证其呈一直线，不得出现急弯，以防出现断连接环、哑铃销或溜槽错口。放煤结束后可将后输送机收回,移设后输送机时要在运行中进行,防止后输送机被煤压死。

三、采煤新技术、新工艺简介

(一) 急倾斜煤层采煤法简介

我国煤矿使用过多种采煤方法开采急倾斜煤层。下面就对比较常用的几种方法作简要介绍。

1. 倒台阶采煤法

倒台阶采煤法的工作面沿倾斜方向呈倒台阶布置,其目的在于充分利用工作面长度,使工人在各个台阶阶檐的保护下,多点同时作业。工作面落煤一般采用风镐或炮采。落煤一般先从上隅角开始,然后逐次沿台阶面向下采。每班进 2～4 排柱,排距为 0.8～0.9 m。倒台阶工作面一般采用顺板棚,采空区处理多用全部垮落法。

当煤层不适宜用掩护支架开采时,厚度 2 m 以下的煤层也可采用倒台阶采煤法。

2. 正台阶采煤法

正台阶采煤法是在急倾斜煤层的阶段或区段内沿倾斜或伪斜方向布置正台阶形工作面并沿走向推进的采煤方法。沿伪斜方向布置正台阶工作面的正台阶采煤法又称伪斜短壁采煤法或斜台阶采煤法。

该采煤法是将一个在上下区段平巷之间的伪斜长壁工作面分为若干个短壁工作面,短壁工作面呈正台阶状布置。每个短壁工作面沿倾斜长 5 m 左右,沿层面与走向线 30°夹角的伪斜方向间距为 15～20 m。长壁工作面沿走向推进,始终保持沿倾斜方向的短壁工作面沿 30°伪斜方向推进。

3. 水平分层及斜切分层采煤法

(1) 水平分层采煤法

水平分层采煤法就是把煤层沿水平面划分成若干分层,并在每个分层中布置准备巷道及采煤工作面,然后顺次进行回采,采煤工作面一般沿走向推进。

水平分层采煤法分层间的开采顺序及采空区处理方法,有下行垮落法和上行(下行)充填法。

(2) 斜切分层采煤法

斜切分层和水平分层工作面的回采工作基本上是一样的，包括落煤、装煤、支架、铺设人工顶板、回柱放顶等工序。工作面落煤一般采用打眼爆破或用风镐。工作面支架多采用金属支柱和金属铰接顶梁，顶梁垂直工作面布置。人工顶板的铺设方法与倾斜分层下行垮落采煤法中所介绍的基本相同。人工顶板材料目前一般使用荆笆、竹笆，也可使用金属网。

4. 伪倾斜柔性掩护支架采煤法

伪倾斜柔性掩护支架采煤方法的特点是采煤工作面呈直线形，按伪倾斜方向布置，沿走向推进，用柔性掩护支架隔离采空区与回采空间，工作人员在掩护支架的保护下进行采煤工作。

5. 水平分段放顶煤采煤法

在急倾斜特厚煤层中，水平分段放顶煤采煤法类似于水平分层采煤法，其差别是按一定高度分段，在分段底部采用水平分层采煤法的落煤方法(机采或炮采)，分段上部的煤炭由采场后方放出运走。这样，各段依次自上而下采用放顶煤采煤工艺进行回采。

急倾斜煤层综采放顶煤的采煤工艺过程及其参数选择的原则与缓斜煤层放顶煤采煤法基本相同。采煤工艺过程为割煤、移架、推移输送机和放顶煤。

(二) 大采高一次采全厚采煤法

大采高一次采全厚采煤是采用大型机械一次性开采 3.5～6 m 厚的煤层的长壁采煤法。受工作面稳定性的限制，适用于倾角较小的煤层；受采高的限制，一般采用综合机械化采煤工艺。大采高一次采全厚采煤法的生产工序主要包括割煤、移架和推移输送机。

(三) “三下一上”采煤法

“三下一上”采煤是指建(构)筑物下、铁路下、水体下和承压水体上采煤。在建(构)筑物下和铁路下采煤时，既要保证建(构)筑物和铁路不受开采影响而破坏，又要尽量多采出煤炭。在水体下和承压水体上采煤时，要防止矿井发生突水事故，保证矿井安全生产。

（四）低透气性煤层群无煤柱煤与瓦斯共采关键技术

（1）沿空留巷围岩结构稳定性控制技术

沿空留巷内层支护围岩小结构如果只由巷道周围锚杆支护、巷旁充填墙体构成，该结构将在外层大结构形成过程中受到强烈的破坏，有可能不能自稳，由此提出阶段性辅助加强的创新思路，形成巷道组合锚杆支护、巷旁充填墙体、巷内辅助加强支架“三位一体”的沿空留巷围岩整体支护原理和一套新型“三高”锚杆支护与自移式强力控顶支架辅助补强的留巷支护技术体系。

“三高”锚杆支护技术以抗剪切的超高强度杆体、高预紧力、系统高刚度为核心，选择超强杆体、高刚度护网、超大托盘、超强大扭矩阻尼螺母，实施大扭矩高预应力，提升主动承载能力，并向围岩扩散，形成高强、主动、高阻、稳定的锚杆支护围岩承载结构。

（2）快速巷旁充填技术

留巷支护技术体系中采用的自移式辅助加强支架系自主研发，现已形成系列产品，可以成功解决不同开采条件下的采动影响期巷道围岩稳定控制问题。该支架采用液压支架结构设计，具有支护强度高、护顶面积大和自移功能。

（3）留巷钻孔法瓦斯抽采技术

① 首采关键层顶板采空区富集瓦斯抽采技术。

② 大间距上部远程煤层膨胀卸压瓦斯抽采技术。

③ 煤层群多层开采底板卸压瓦斯抽采技术。

④ 采空区埋管抽采瓦斯技术。

四、工作面支架安装、拆除

（一）支架的安装、拆除方式

1. 工作面安装方式

（1）按安装设备和运输方式不同分：胶轮特种车安装、轨道绞车安装、轨道特种车安装、单轨吊车安装。

（2）按工作面倾向与安装支架方向关系分：正山势安装、反山势安装。

（3）按支架与刮板输送机的安装顺序分：正顺序安装、反顺序安装。

(4) 按工作面切眼支护方式分:单切眼安装、双切眼安装。

(5) 按安装工作面与邻近工作面关系分:本工作面安装、邻近工作面安装。

(6) 按支架是否解体分:支架整体运输安装、支架解体运输组装安装。

2. 工作面拆除方式

(1) 按拆除设备和运输方式不同分:胶轮特种车拆除、轨道绞车拆除、轨道特种车拆除。

(2) 按工作面倾向与拆除支架方向关系分:正山势拆除、反山势拆除。

(3) 按拆除支架顶板支护方式分:掩护架拆除、高档支护拆除。

(4) 按工作面回撤通道形成方式分:自掘回撤通道、预掘回撤通道。

(5) 按支架回撤通道数量分:单回撤通道拆除、双回撤通道拆除。

(6) 按是否有上架平台分:有平台拆除、无平台拆除。

(二) 支架的安装

根据工作面的条件、支架型号、安装使用的设备,确定工作面的安装方式。轨道绞车安装方式是相对适应能力强、投资小,但效率相对低的一种安装方式,其他安装方式都有一定的条件限制。对于一个矿井来说,一般采用一种或两种安装方式,并且相对不变。

工作面液压支架的安装方法,根据工作面的具体条件,运输设备的不同和支护方式制定相应的安全技术措施。首先,根据工作面的运输条件、地质条件、设备条件等确定支架的后路运输及工作面切眼运输方案。其次,根据确定的运输方案,设计绞车布置的安装方案。最后,根据工作面切眼的地质条件、顶板条件、切眼运输方案、绞车布置安装方案确定切眼支架下车盘、安装和顶板支护方案。根据综合方案制定安装支架措施。

首架支架安装位置要根据安装技术措施具体要求进行定位,并标定切眼首架定位线、定向线。

（三）支架的回撤

根据工作面的条件、支架型号、回撤使用的设备，确定工作面的回撤方式。轨道绞车回撤方式是相对适应能力强、投资小，但效率相对低的一种回撤方式，其他回撤方式都有一定的条件限制。对于一个矿井来说，一般采用一种或两种回撤方式。

根据不同条件的工作面，选用相应的拆除方法，并制定相应的安全技术措施。

五、顶板管理与顶板事故防治

（一）采煤工作面的顶板管理

1. 采空区的处理方法

采空区的处理方法主要有垮落法、充填法、煤柱支撑法和缓慢下沉法等四种，如图 2-6 所示。

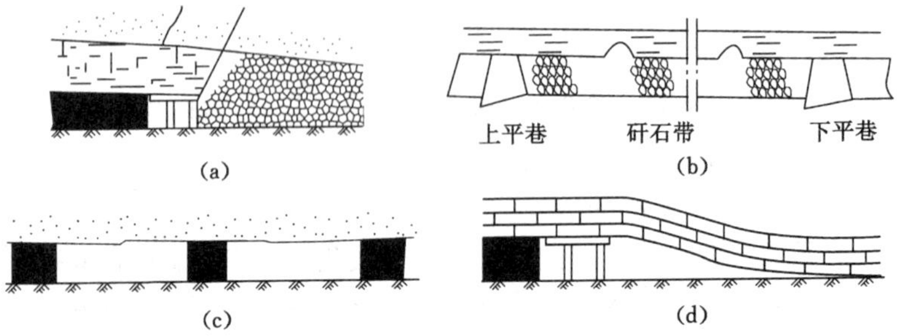

(a) 垮落法；(b) 充填法；(c) 煤柱支撑法；(d) 缓慢下沉法。

图 2-6　采空区处理方法

2. 采煤工作面顶板的支护管理

(1) 支护设备。工作面支架是控制矿压的一种支护结构物。按支架的组合形式，工作面支架可分为单体支架和自移式液压支架两类。除综采工作面使用自移式液压支架外，其他工作面都使用单体支架。

工作面支架，除上述单体支架和液压支架两类以外，在特殊情况下，如工作面冒顶、放顶、周期来压、遇到断层等，还可采用木垛、斜撑、抬棚、丛柱、排柱等特种支架。

(2)《煤矿安全规程》规定：采煤工作面必须存有一定数量的备用

支护材料。严禁使用折损的坑木、损坏的金属顶梁、失效的单体液压支柱。

（二）顶板事故及其防治

顶板事故主要是指在井下建设、生产过程中，因为顶板意外冒落、垮塌而造成的人员伤亡、设备损坏和生产停止事故。

1. 顶板事故的类型

按一次冒落的顶板范围和伤亡人员多少，常见的顶板事故可分为局部冒顶事故和大面积冒顶事故两大类。

(1) 局部冒顶事故

局部冒顶绝大部分发生在临近断层、褶曲轴部等地质构造部位，多数发生在基本顶来压前后，特别是在直接顶由强度较低、分层厚度较小的岩层组成的条件情况下。

采煤工作面局部冒顶易发生地点是放顶线、煤壁线、工作面上下出口和有地质构造变化的区域。

(2) 大面积冒顶事故

大面积冒顶事故的特点是冒顶面积大、来势凶猛、后果严重，不仅严重影响生产，还会导致重大人身伤亡事故。

2. 顶板冒顶的预兆及应急处置

(1) 顶板冒顶的预兆

顶板冒顶预兆有：响声、掉渣、片帮、漏顶、裂缝、脱层等。

① 响声。岩层下沉断裂、顶板压力急剧加大时，支架会发生很大声响；有时也能听到采空区内顶板发出断裂的闷雷声。

② 掉渣。顶板岩石已有裂缝和碎块，其中小矸石稍受震动就掉落。

③ 片帮。冒顶前煤壁所受压力增加，变得松软，片帮煤比平时多。

④ 漏顶。破碎的伪顶或直接顶，在大面积冒顶以前，有时因为背顶不严或支架不牢而出现漏顶。若不及时处理，会使棚顶托空，支架松动。顶板岩石继续冒落，就会造成没有声响的大冒顶。

⑤ 裂缝。顶板的裂缝张开，裂缝增多。

⑥ 脱层(离层)。检查顶板是否脱层要用“敲帮问顶”的方法，如果

声音清脆，表明顶板完好；如果顶板发出“空空”的响声，说明上下岩层已经脱离。

⑦ 瓦斯涌出量突然增大。

⑧ 顶板淋水增大。

（2）发现顶板冒顶预兆时的应急处置

① 迅速撤退到安全地点。

② 遇险时要靠煤帮贴身站立或到木垛处避灾。

③ 遇险后立即发出求救信号。

④ 遇险人员要积极开展自救和互救。

⑤ 被隔堵人员要积极配合外部营救工作。

3. 采煤工作面冒顶事故的防治

（1）工作面局部冒顶的防治措施

① 地质构造带附近的局部冒顶

地质构造带如向、背斜轴部，褶曲轴部，顶板岩石破碎带及断层附近容易发生局部冒顶。防治此类冒顶事故的主要措施如下：

a. 断层，向、背斜轴部，如果工作面与构造带轴线部平行应斜交通过。

b. 断层两侧加木垛，并尽可能迎着岩块可能下滑方向架设戗棚或戗柱。

c. 加强破碎带的支护。

② 上下出口附近局部冒顶

工作面上下出口是作业工人的安全出口，控顶范围比较大，输送机随工作面移动需拆除顺槽支架，重新架设支架，由于支架的初撑力较小，在采动的影响下，使直接顶下沉、松动、破坏，容易发生冒落造成局部冒顶。为此，应采取如下措施：

a. 工作面上下出口处要架设特种支架，如抬棚或木垛等。

b. 支架必须达到稳定性高、支撑力足够，以防基本顶来压时推垮支架。

③ 煤壁附近局部冒顶

工作面煤壁附近的局部冒顶原因有：一是由于采动、爆破后，顶板容易形成各种劈裂，造成游离岩块或遇破碎顶板，支护不及时而发生局部冒顶；二是在炮采工作面，因炮眼角度、装药量不当，崩倒支架发生局部冒顶；三是基本顶来压，因煤壁片帮形成局部无支护而发生局部冒顶。

④ 放顶线附近的局部冒顶

放顶线是顶板控制与垮落的交界，由于顶板垮落的不可预见因素较多，因此，支架的承压分布及受力方向是不均匀的和不同的。正常的受力情况下，当回撤压力大的支柱时，往往柱子一倒顶板就冒落，这种情况在回柱工作到收尾阶段最容易发生。

放顶线附近局部冒顶的防治措施有：

a. 严格执行作业规程，采用正确的回柱方法，尽量避免顶板压力集中在个别支柱上。

b. 在单体液压支柱工作面，出现直接顶或金属网上大块游离岩块推倒采场支架，应在大块岩石范围采用特种支护形式加强支护，待大块岩石全部处于放顶线以外，再开始回柱。

(2) 工作面大冒顶的防治措施

根据工作面大冒顶垮落类型，可将其分为推垮型、压垮型和漏垮型3种。

① 推垮型冒顶

推垮型冒顶，按顶板性质分为冲击推垮型冒顶和复合顶板推垮型冒顶。

冲击推垮型冒顶：当煤层顶板离层后，基本顶岩层断裂砸在已离层了的煤层顶板岩石上，导致的推垮型冒顶，如图2-7所示。

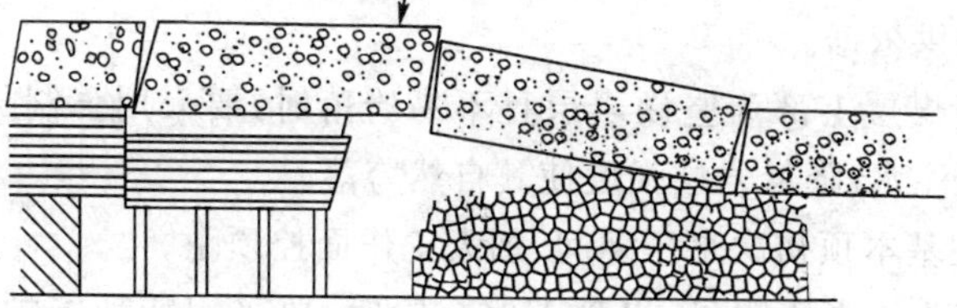

图2-7　冲击推垮型冒顶

冲击推垮型冒顶防治措施主要有：

a. 进行顶板动态监测，发现顶板离层，应采取相应的措施。

b. 提高支护质量，增强稳定性及水平抵抗力。

c. 工作面支护要及时，提高支架的初撑力，防止煤层顶板离层。

d. 尽可能控制采高，使软岩层冒落后接近硬顶。

e. 采掘工作不要破坏复合顶板。根据实际工作经验，应用伪俯斜工作面。

f. 戗柱和戗棚应迎着岩体可能移动的方向架设。

② 压垮型冒顶

在煤层上面为基本顶坚硬岩石时，基本顶来压后工作面矿山压力显现突出，特别是工作面初次来压和周期来压期间或基本顶断裂台阶下沉过程中，如果工作面支架质量不合格，强度不够，就会发生压垮型冒顶事故，如图 2-8 所示。

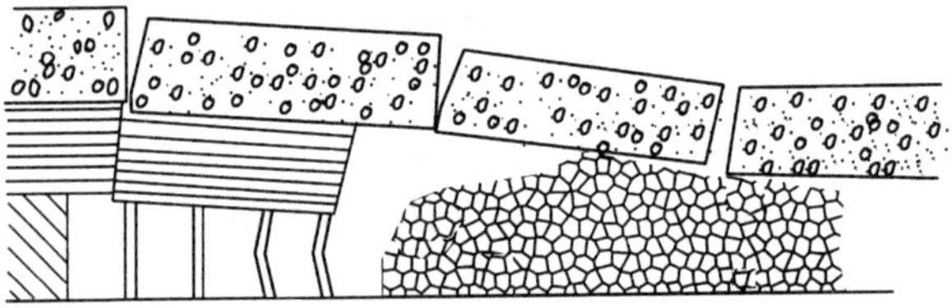

图 2-8　压垮型冒顶

压垮型冒顶防治措施有：

a. 当工作面发现有大冒顶明显预兆时，必须采取措施，如加强支护、停产观察等。

b. 有条件的矿井，应建立矿压观测和顶板动态监测系统，为工作面支护提供依据。

c. 当煤层上部为坚硬岩层且不易垮落时，要采用强制放顶，或对顶板高压注水，降低岩层强度使其自然垮落。

d. 在基本顶初次来压期间，加大工作面控顶距。

e. 工作面来压明显，出现下沉台阶时，要采用特种支护形式加强支护，等下沉范围岩石全部处于采空区后，再回柱放顶。

③ 漏垮型冒顶

漏垮型冒顶没有大冒顶发生时的明显预兆。当工作面直接顶非常破碎、煤层倾角较大时，工作面支护系统中会发生局部漏顶，局部直接顶全部漏空，造成支架失稳而发生漏垮型事故，如图 2-9 所示。

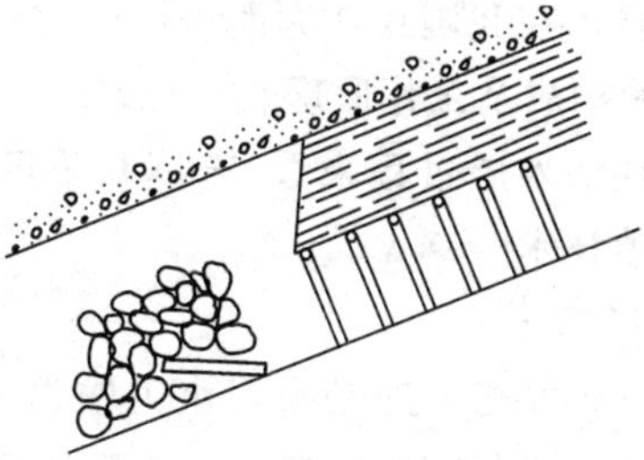

图 2-9 漏垮型冒顶

漏垮型冒顶防治措施有：

a. 严禁爆破、移刮板输送机等工序崩倒或推倒支架，影响直接顶，防止直接顶出现局部冒顶。

b. 爆破后，支护工作要及时，顶板必须背严背实。

c. 支护质量必须合格，且支架有足够的支撑力。

六、充填的基本知识

1. 煤矿充填开采的技术现状

进入 21 世纪，充填技术在不断改造与创新的过程中得到发展与进步。从 20 世纪 70～80 年代开始，胶结充填、膏体充填、高水速凝材料固结充填相继试验成功并开始在煤矿使用，但是这些技术都存在着某些缺点，如胶结充填采用水泥作为胶凝材料，其固结细粒的能力差，充填体初凝时需要少量脱水，造成料浆中水泥颗粒析出流失，污染井下作业环境，降低充填体的强度；膏体泵送充填输送技术难度高，一次性投资巨大；高水速凝材料固结充填存在着高水速凝材料来源少、成本高等问题。

2. 我国煤矿充填开采技术的发展趋势

煤矿充填开采技术是开采“三下”压煤的根本途径，是提高煤矿开采安全可靠性的一项重要举措，是具有我国自主知识产权的一项新技术，为矿山采出矸石、解决矸石山污染及安全、处理城市固体垃圾提供了一个新途径。充填开采消除了以往所谓的采空区，不仅可以安全地开采“三下”煤炭资源，而且解决了采空区瓦斯超限的安全问题，同时能处理大量的矸石和城市垃圾。因此，充填开采技术必将为煤炭企业带来巨大的利益。同时，以膏体充填、超高水材料充填、煤矿似膏体充填技术为代表的充填技术在我国正在大面积推广，技术逐步走向成熟。

七、充填系统的构成及工作原理、工艺顺序

从我国煤矿充填法发展过程来看，充填开采可分为传统煤矿充填工艺和现代煤矿充填技术。

1. 传统煤矿充填工艺

(1) 水力充填。水力充填法是采用水力输送方式，通过充填管路将充填料浆送入采空区进行充填的煤矿采空区充填工艺。

(2) 粉煤灰充填。

(3) 风力充填。风力充填采煤法是利用压缩空气的风压，将充填材料通过垂直管路输送到井下储料仓，然后由普通输送机输送到采空区风力充填机，风力充填机利用风压，通过充填管道将充填材料输送到采空区进行充填。

(4) 矸石自溜充填。该充填工艺是用单轨吊车、齿轨车或卡轨车等新型辅助运输工具把矸石由掘进工作面直接运输、倾卸到采空区。当煤层倾角较大时，采用矸石自溜充填法对采空区进行充填。

(5) 矸石带状充填。矸石带状充填是沿工作面开切眼或推进方向，每隔一定距离垒砌一个矸石带来支撑顶板，以达到减少地表下沉的目的。

2. 现代煤矿充填技术

(1) 注浆胶结充填技术。注浆胶结充填技术可分为两种，一种是采空区高浓度浆液充填技术，另一种是离层带注浆技术。

(2) 膏体充填技术。膏体充填技术是在煤层采出后顶板冒落前，将煤矸石、粉煤灰、劣质土等固体废物制作成无临界流速、不需脱水的膏状浆体，通过泵压或重力作用，经过管道输送到采煤工作面，对采空区的一部分空间进行充填，构筑相间的充填条带，靠充填条带支撑覆岩的绿色开采技术。膏体充填分胶结膏体充填和非胶结膏体充填。

(3) 超高水材料充填技术。超高水材料充填技术采用由中国矿业大学研制的ZKD型高水速凝充填材料(该材料由A、B料和A-A、B-B添加剂构成。材料掺水量较高,可达95%以上,大大减少了固体粉料用量)。其基本工艺流程如下:制作高水速凝充填材料,将材料送至泵,然后用泵送进行充填,并随时监控充填情况。

(4) 煤矿似膏体充填技术。煤矿似膏体充填技术是利用全砂土固结材料(选用工业废渣,如沸腾炉渣、钢渣、高炉水淬矿渣,再加入适量天然矿物及化学激发剂,经磨细、均化等工艺,制成的一种粉状物料)做胶结剂,工业垃圾或河砂等做骨料,骨料中配以15%～30%的细粒级砂(−37 μm),制成质量浓度为74%～76%,外观近似膏体一样的浆体(称之为"似膏体")进行充填。

3. 充填程序

检查准备→管道充水→灰浆推水→砂浆推灰浆→轮流充填→管道清洗→充填工作结束。

(1) 检查准备:隔离墙准备;干线充填管路检查;工作面主管阀检查(都关);布料管阀检查(都开);巷道充填阀、排水阀检查(都关);排气阀检查(都开);报告充填站。

(2) 管道充水:排气阀见水后关闭;报告充填站管道充满水。

(3) 灰浆推水:根据充填站要求打开巷道排水阀;见灰浆后报告充填站,要求其下砂浆。

(4) 砂浆推灰浆:正常见砂浆后,打开巷道充填阀,关闭巷道排水阀;充填区正常见砂浆后报告充填站。

(5) 轮流充填:充填区充填到一定程度后,打开本布料管处主管阀,然后关闭本布料管充填阀,进行下一布料管的充填;下一布料管充填20～30 min时,打开上一布料管充填阀,然后关闭上一布料管处主管阀;重复上述步骤,轮流充填;充填至最后1根布料管充填范围时,应随时分析待充填空间,充填40～50 m时及时通知充填站控制室控制充填量;最后1个布料管充填接近完成时,打开工作面主管路末端阀,见充满后关闭最后的布料管阀。

(6) 管道清洗:打水,出口见清水以后联系充填站,要求其打压风;不见风，并确认地面充填站停泵以后，关闭巷道充填阀，结束冲洗工作；工作面主管阀清洗；根据情况清洗布料管及其阀门。至此，充填工作结束。

八、充填系统设备及管路布置

1. 常用的充填系统及设备

常用的充填系统有巷道迎头抛矸机胶带充填系统与采空区架后刮板输送机漏矸充填系统。

(1) 巷道迎头抛矸机胶带充填系统。该充填系统采用最新的充填技术，工艺流程依据矿井条件设计。通常情况下，其具体操作步骤为：矸石经轨道大巷等流程后进入上部车场运到矸石仓上口，由推车机等将矸石翻入矸石仓。矸石在磨碎机中被磨碎，再利用给料机等运到充填巷。为了使矸石容易堆积，在干燥的情况下，充填与洒水同时进行。矸石在经胶带充填完成后再采用注浆法将其充填密实。充填注浆系统在输送机后面。矸石通过筛分设备后可得到粒径小于 5 mm 的粉末，这些粉末和黏结剂、水泥共同组成浆体物料，并回填到矸石中从而达到凝结作用。

(2) 采空区架后刮板输送机漏矸充填系统。该充填系统工作面采用走向长臂后退式采煤法，其生产工艺同综采工艺。在割煤和装煤过程中采用双滚筒采煤机，并采用充填液压支架后刮板输送机在矸石溜槽孔后进行填充。充填过程中为了保证充填效果，可采用在卸矸溜槽之间增加普通溜槽的方式来调整溜槽孔距。

2. 工作面充填管路布置

工作面充填系统中，把铺设在下巷内的充填管道称为干路充填管，干路充填管采用 ϕ203 mm×16 mm 的无缝钢管，管道外径 203 mm、壁厚 8 mm，内层为厚 8 mm 的耐磨层，管长6 m，铺设时每 2 根管道之间设 1 个高压法兰，以便发生堵管事故时能够快速及时进行处理。进入工作面的管道，称为工作面充填管，工作面充填管采用 ϕ168 mm×5 mm的无缝耐磨钢管，管长 2 m，铺设时每 2 根管道之间设 1 个快速接头；工作面充填管每隔一定距离安设 1 个法兰三通，并分支出来一路向充填点送料浆的充填管，称为布料管，每根布料管采用薄壁耐磨钢管制造，直径 168 mm、管长 2 m。

安全技术基础知识二　本岗位安全责任制

学习目标

1. 掌握超前处理工岗位安全责任制。
2. 掌握端头支护工岗位安全责任制。
3. 掌握工作面回采支护工岗位安全责任制。
4. 掌握工作面推移输送机工岗位安全责任制。
5. 掌握工作面综采移架工岗位安全责任制。
6. 掌握工作面回柱放顶工岗位安全责任制。
7. 掌握工作面放煤工岗位安全责任制。
8. 掌握工作面支架更换立柱工岗位安全责任制。
9. 掌握工作面钻眼工岗位安全责任制。
10. 掌握工作面装卸料工岗位安全责任制。
11. 掌握巷道维护工岗位安全责任制。
12. 掌握支架拆装维护工岗位安全责任制。
13. 掌握联网工岗位安全责任制。
14. 掌握打墙吊袋工岗位安全责任制。
15. 掌握充填工岗位安全责任制。
16. 掌握阀门操作工岗位安全责任制。
17. 掌握充填泵站司机岗位安全责任制。
18. 掌握背药工岗位安全责任制。
19. 掌握煤层注水工岗位安全责任制。
20. 掌握乳化液泵工岗位安全责任制。

安全技术基础知识相关知识

一、超前处理工岗位安全责任制

(1) 两巷超前支护工必须经过培训，并经考试合格方可上岗。

(2) 两巷超前支护工必须熟知作业规程,掌握操作规程。

(3) 去工字钢棚时,要两人配合作业,使用好临时支护;人员要确保站在安全的地方。

(4) 要严格按照作业规程规定的支架布置方式布置支架。

(5) 施工前要把管线放下,保护好,工作完毕时要及时吊挂整齐,不得砸伤管线。

(6) 负责及时更换超前支护失效的支柱和损坏的顶梁、十字架。

(7) 工作完毕后,经质量验收员验收完方可收工。

二、端头支护工岗位安全责任制

(1) 该工种必须学习本地区的作业规程,考试合格后方可上岗。

(2) 开工前准备好工具和本班所需的物料。

(3) 端头施工时必须两人配合作业,人员站在倾斜上方并使用好临时支护。

(4) 工作面上下安全出口,严格按作业规程要求架设支架。

(5) 负责更换上下端头处失效的支柱和损坏的金属顶梁。

(6) 负责清理工作地点的活煤和杂物。

(7) 负责工作地点的电缆及管线的吊挂。

(8) 未经质量验收员验收,严禁收工。

三、工作面回采支护工岗位安全责任制

(1) 对本段范围内的安全生产工作负责。

(2) 必须熟知本工作面的各项规程和安全措施,照章办事,严禁违章蛮干,杜绝事故发生。

(3) 发现有冒顶、掉渣、透水等恶性预兆时,首先向领导汇报,采取措施立即处理。

(4) 工作中,做好自保、互保和联保。严格执行手指口述、人机对话安全确认法。

(5) 分段大工对安全负主要责任,上班必须为下班打好基础。

(6) 时刻注意工作面刮板输送机中是否运有物料、点柱等,发现后及时发出停机信号。

四、工作面推移输送机工岗位安全责任制

(1) 推移输送机工必须经过培训,并经考试合格后,取得安全培训合格证,方准持证上岗。

(2) 推移输送机工必须掌握本地区的作业规程和支架操作规程。

(3) 推移输送机前要详细检查输送机连接部件是否完好无损。

(4) 推移输送机工执行好相关安全技术措施,防止刮板输送机下滑。

(5) 输送机要移成直线,不得出现“鼓肚”、高低不平现象。

(6) 推移输送机要正规操作,保持输送机完好工作状态。

(7) 对在生产过程中输送机存在的问题要及时向当班专职维修工汇报,遇有特殊情况要向当日值班领导亲自汇报。

五、工作面综采移架工岗位安全责任制

(1) 移架工必须经过培训,并经考试合格后,取得安全培训合格证,方准持证上岗。

(2) 移架工必须掌握本地区的作业规程和支架操作规程。

(3) 移架前要详细检查支架及零部件、液压表等是否完好无损。

(4) 严格支架管理,防止发生咬架、挤架、歪架、倒架、压架等。

(5) 移架工执行好相关安全技术措施,防止刮板输送机、支架下滑。

(6) 支架要移成直线,架间距不得超过规定,并要及时调整支架。

(7) 对松软煤层要采取追机擦顶移架或超前移架作业方式。

(8) 掌握平移支架的正规操作,保持支架良好的工作状态。

(9) 移架前应注意支架上下侧是否有人工作,后尾梁是否拌后部刮板输送机等。

(10) 移过支架要及时升紧,并保证支架初撑力。为防止片帮应及时使用护帮板。

(11) 移架时如果阻力过大,要及时查找原因进行处理,严禁硬拉、硬推。

(12) 顶(拉)前(后)部刮板输送机时要顶(拉)顺直,不得出现死弯脱节。

(13) 对在生产过程中支架存在的问题要及时向当班支架维修工汇报,遇有特殊情况要向当日值班领导亲自汇报。

六、工作面回柱放顶工岗位安全责任制

(1) 放顶工必须经过培训,并经考试合格后,取得安全培训合格证,方准持证上岗。

(2) 放顶工工作时必须遵守作业规程和操作规程。

(3) 放顶时,必须两人配合工作,先里后外,先柱后梁,先铁后木,一人观顶,一人放顶,放顶人员要听观顶人员指挥。

(4) 放顶前应先维护、清理好退路才能放顶。

(5) 做好材料回收,严禁埋压与丢失。

(6) 特殊时期、特殊地段放顶时严格执行作业规程和补充措施中的规定。

(7) 严禁进入老空内掏取物料,顶板来压时必须停止放顶,撤出所有人员。

(8) 采煤与放顶不得平行作业,做到自主保安。

七、工作面放煤工岗位安全责任制

(1) 放煤工必须经过培训,并经考试合格后,取得安全培训合格证,方准持证上岗。

(2) 放煤工必须掌握本地区作业规程。

(3) 放煤前要详细检查支架及零部件是否完好无损,后部刮板输送机是否运转正常,机头长短高低是否正常。

(4) 放煤前必须首先将喷雾打开,不开喷雾不得放煤。

(5) 放煤时必须采用两人多轮顺序放煤,第一轮粗放,第二轮细放,把煤放尽,见矸见网立即停放,加强煤炭回收。

(6) 放煤时必须掌握好煤量,防止压刮板输送机,后部刮板输送机运转不正常不得放煤。

(7) 放煤时应注意防止尾梁摆动伸入后部刮板输送机槽内造成事故。

(8) 放煤工在当班开车前必须对工作面支架的后尾梁情况全部检查一遍,对尾梁漏液的支架要及时采取措施。

(9) 放煤工在工作中发现支架上的问题及时向支架维护工反映并及时处理。

八、工作面支架更换立柱工岗位安全责任制

(1) 支架更换立柱工必须经过技术培训,并经考试合格后,取得安全培训合格证,方准持证上岗。

(2) 严格现场交接班,对遗留问题必须现场交接清楚,升坑填写日志。

(3) 支架零配件应样样齐全,做到上班用多少下班补多少。

(4) 支架要巡回检查,各种液压缸不得在井下拆卸和调整。

(5) 轻放支架上的各种管路的快速插头连接部分,必须使用U型销插紧插牢,严禁用其他材料代替U型销。

(6) 轻放支架上零部件必须性能可靠、动作灵活,各种阀、千斤顶和立柱,严禁在井下拆检;安全阀的调整值,严禁在井下调整。

(7) 拆卸时严禁敲打,以免损伤密封件及丝扣部分。

(8) 备用各种阀类软管、千斤顶等液压部件和管路连接部分,必须采取专用措施堵塞,只有在需要时方可在使用地点打开,用乳化液进行清洗。

(9) 更换立柱时,要在顶梁下支设支柱后方准更换,且更换时必须先卸载,在关闭截止阀的条件下进行。

(10) 拆卸管路时,高压软管必须管头朝下用尼龙绳拴牢、固定在支架上,以防止拆卸过程中高压管头甩伤人员。

(11) 认真填写支架质量评估表。

九、工作面钻眼工岗位安全责任制

(1) 钻眼工必须经过培训,并经考试合格后,取得安全培训合格证,方准持证上岗。

(2) 钻眼工必须按操作规程操作,按作业规程爆破说明书布置钻眼。

(3) 钻眼工作时,必须扎好衣服袖口、裤腿,戴好矿灯、自救器、防尘口罩。

(4) 钻眼工必须坚持敲帮问顶,吊挂好电缆、风管、水管。

(5) 钻眼结束后,应把电缆、风管、水管盘挂好。

(6) 负责升井不能使用的风钻、钻杆,往井下带新钻杆。

(7) 完成班长交给的临时任务。

十、工作面装卸料工岗位安全责任制

(1) 装卸料工必须经过培训,并经考试合格后,取得安全培训合格证,方准持证上岗。

(2) 装卸料工作时必须遵守作业规程和操作规程。

(3) 装卸料时,必须两人配合作业,施工人员必须站在施工地点的倾斜上方,下方严禁有人。

(4) 装卸料时,两人要喊好口号,动作一致,防止出现磕碰伤人。

(5) 半坡装卸料时,坡底必须有把钩工站岗,同时挂上“正在施工,禁止通行”字样的牌板,防止人员通过出现伤人事故。

(6) 装卸料工,对卸的物料要按标准码放整齐,严禁随意码放。

(7) 装卸料工,对装的物料、小件要按措施捆绑牢固,防止运输出现滑脱现象。

十一、巷道维护工岗位安全责任制

(1) 巷道维护工必须经过培训,并经考试合格后,取得安全培训合格证,方准持证上岗。

(2) 巷道维护工必须执行巷道维护安全技术措施,按章作业。

(3) 巷道维护工施工时确保质量达标,杜绝不合格品。

(4) 巷道维护工按时完成安排的维护任务。

(5) 在巷道维护时,严格执行敲帮问顶及围岩观测制度,严防顶板掉渣事故,出现问题及时采取措施,并汇报调度室。

(6) 在巷道维护时,从外向里逐架进行,严防堵截后路。

(7) 在维护或回收过程中,要注意节约材料,不得任意丢弃,回收的材料要运到指定地点,分类码放整齐,保证巷道整洁卫生。

(8) 确保主要巷道失修率不超过规定。

十二、支架拆装维护工岗位安全责任制

1. 支架安装工安全生产责任制

(1) 严格执行作业规程和安全技术措施,严禁冒险作业;搞好自主保安和联保、互保。

(2) 坚持安全生产确认制度;支架安装前,要先检查所安装支架地点的顶板情况、支护情况,发现问题及时处理,不得带隐患作业。

(3) 轨道铺设质量要符合要求。

(4) 绞车安装位置合理,地锚打设合格。

(5) 支架安装要依序依次进行,保持道路畅通。

(6) 安装范围内,保持清洁,台棚稳固,支护完好,有良好的作业环境。

(7) 安装所用的绞车设备完好、稳固,绞车绳完好无损。

(8) 支架安装完毕后必须保证各部件安装齐全到位,符合支架完好要求。

(9) 下支架必须与支架调向人员用信号联系清楚,否则不允许下支架。

(10) 履行法律法规规定的其他安全生产职责。

2. 支架拆除工安全生产责任制

(1) 严格执行作业规程和安全技术措施,严禁冒险作业;搞好自主保安和联保、互保。

(2) 坚持安全生产确认制度;支架拆除前,要先检查所拆支架范围的顶板情况、支护情况,发现问题及时处理,不得带隐患作业。

(3) 轨道铺设质量要符合要求。

(4) 绞车安装位置合理,地锚打设合格。

(5) 支架拆装要依序依次进行,保持后路畅通。

(6) 整理现场环境,将备用件、单体柱、物料清理运走,保证有良好的作业空间。

(7) 拆除掉的小件(轴、销、液压小件)交点柱点件工集中管理,避免丢失。

(8) 注意保护好支架的结构件及液压件免遭损坏。

(9) 履行法律法规规定的其他安全生产职责。

3. 支架维护工安全生产责任制

(1) 认真学习有关支架维修技术和安全技术操作规程,杜绝违章现象。

(2) 熟练掌握各种型号支架的结构性能原理及技术特征,及时掌握支架运行状态,及时保养维护,做好支架的定期检修。做好维修及拆除支架检修工作,并做好检修记录,确保支架处于良好状态。

(3) 积极认真学习业务技术、安全知识。

(4) 对维护支架所用的工具、材料、配件做到心中有数,备用备品、备件要准备齐全、存放整齐、挂牌管理。

(5) 注意保护好支架的结构件及液压件免遭损坏。

十三、联网工岗位安全责任制

(1) 坚持安全生产确认制度。

(2) 开工前必须按进度准备好需要的塑料网(金属网)、联网绳(铁丝)或螺套穿条及联网工具。

(3) 铺网前,对周围环境进行认真检查,发现问题及时处理。

(4) 联网前,要对工作面输送机停电闭锁后方可进入煤墙侧作业。

(5) 联网前,要把施工地点附近的液压支架手把打到零位,并使用好闭锁。

(6) 铺网时,不准擅自进入机道内工作,如需进入必须将设备停电闭锁。

(7) 联网时,网扣、网丝规格、联网搭接、班后剩余网长度必须符合规程要求。

(8) 联网结束后要把多余的网片、联网绳(铁丝)等收拾干净,防止进入煤流系统。

十四、打墙吊袋工岗位安全责任制

(1) 坚持安全生产确认制度。

(2) 开工前必须按措施要求对材料进行配比,满足要求。

(3) 开工前必须按照要求检查所需工器具是否齐全完好。

(4) 施工前,对周围环境进行认真检查,发现问题及时处理。

(5) 施工时,不准擅自进入打墙作业范围内,如需进入必须停止施工,登高作业要有人监护并系安全带。

(6) 打墙厚度、宽度、高度必须符合规程要求。

(7) 施工结束后回收多余的材料,做到文明施工。

十五、充填工岗位安全责任制

(1) 充填工必须严格遵守作业规程、操作规程,牢固树立“安全第一,预防为主”的思想。

(2) 熟悉充填泵的基本构造、性能及操作规程,有问题能及时处理。

(3) 工作期间严禁脱岗,必须保证充填泵运转时有人看管。

(4) 按时交接班,认真填写工作记录、交接记录,保管好注浆泵专用工具。

(5) 经常测试充填泵是否灵敏可靠。

(6) 经常保持润滑部位不缺油,合理使用油脂,保持泵清洁卫生。

(7) 在不充填期间,要及时对各台充填泵进行检修,必须保证注浆泵台台完好。

(8) 充填过程中发现泵有异常声音、上水量小、水箱溢水时,要及时检查处理。

(9) 每次充填完毕,对泵头部位要全部拆卸清理、涂油、保养,待泵上水正常后方可停泵以备下次使用。

(10) 保持室内、室外文明卫生,注浆结束后及时清理现场。

十六、阀门操作工岗位安全责任制

(1) 阀门操作工上岗前必须经过培训,并经考试合格后,取得安全培训合格证,方准持证上岗。

(2) 牢固树立“安全第一”的思想,搞好自保、互保,不伤及他人、保护好自己。

(3) 熟悉本队设备性能和工作原理,具备设备操作维修技能,了解本队其他工种的有关知识。

(4) 熟知本岗位的危险源,作业过程中做好事故防范工作,保证作业安全。

(5) 工作时思想集中,注意信号,严格执行巡回检查制度和包机制度,杜绝“三违”现象发生。

(6) 认真执行“三大规程”,对阀门进行定期维护和检修,确保安全运转,发现隐患及时处理和汇报。完好率和事故率达到要求。

(7) 及时备好易损部件和专用工具。

(8) 设备维护和检修，必须认真执行安全技术措施，防止发生设备和人身事故。

(9) 认真填写检修记录。

十七、充填泵站司机岗位安全责任制

(1) 充填泵站司机必须经过培训，并经考试合格后，取得安全培训合格证，方准持证上岗。

(2) 认真学习业务技术知识，熟练掌握充填泵的“结构、性能、基本原理”，做到“会使用、会维护、会保养、会处理一般性故障”。

(3) 上岗前必须佩戴好安全帽、防尘口罩等劳动防护用品，做好个人防护。

(4) 了解本班生产任务，熟悉现场作业环境，完成好本班工作任务。

(5) 认真执行《煤矿安全规程》、操作规程和作业规程，坚守工作岗位、爱护设备、集中精力、谨慎操作。

(6) 对操作的充填泵及其周围安全工作负责，不违章操作，有权制止任何违章作业行为。

(7) 检查巡视充填泵的运行情况，查看作业现场安全状况，发现隐患及时处理，不安全不生产。

(8) 负责本班充填泵的维护和管理，及时对充填泵进行维护，配合检修人员搞好设备的检修和验收。

(9) 负责本班充填泵及周围环境的文明卫生，做到无浮煤、无积尘、无油渍、无闲杂物品。

(10) 严格执行交接班制度，认真填写交接班记录。

十八、背药工岗位安全责任制

(1) 牢固树立“安全第一，预防为主”的思想，搞好自主保安和互相保安。不伤害自己、不伤害他人和不被他人伤害。必须经过培训，并经考试合格后，取得安全培训合格证，方准持证上岗。按时参加班前会和各种安全技术培训。

(2) 进入药库必须出示上岗证或相关证明。

(3) 按要求领取炸药，炸药必须装入专用药箱并加锁。

(4) 只准支领炸药，严禁同时支领雷管。

(5) 领药后必须直接送至使用地点，严禁停留。

(6) 中途不能在人集中或运输频繁的地点休息。

(7) 任何时候严禁坐药箱上。

(8) 两人以上送药时，前后间隔不应小于 10 m、不应大于 30 m。

(9) 行走中要防止冲撞、摩擦，避免与电缆、金属导体接触。

(10) 炸药必须存放在支护完好、无淋水的地点，远离电缆和电气设备，并有专职人员看管。

(11) 服从当班班组长分配，坚守岗位，按质按量完成任务。

(12) 杜绝“三违”事故和各类人为责任事故，保证安全生产。

(13) 本班剩余炸药当班及时按规定交火药库。

(14) 积极参加矿培训部门组织的年度职业卫生培训，提高对职业病的认识，强化对职业病危害的防范能力，并做到培训合格，持证上岗。

(15) 在使用新技术、新工艺、新设备、新材料导致职业危害因素发生变化时，要及时参加相关职业卫生培训，提高职业病防治能力。

十九、煤层注水工岗位安全责任制

(1) 负责煤层注水工作，对注水的安全工作负责。

(2) 负责煤层注水封孔工作，封孔必须按作业规程的要求进行，确保封孔不漏水。

(3) 负责注水干管与支管的连接，并要达到质量标准。

(4) 按作业规程规定对煤层进行注水，对各钻孔必须完成设计注水量。

(5) 管好、用好注水设备，并负责回收工作。

(6) 认真学习安全知识、遵守各项安全管理规章制度，确保自身安全无事故。

(7) 工作期间，牢固树立安全第一的思想，做好自保、互保和联保，不违章作业，拒绝违章指挥，制止他人违章作业，发现隐患及时处理或报告，做到不安全不生产。

(8) 积极参加矿培训部门组织的年度职业卫生培训，提高对职业病的认识，强化对职业病危害的防范能力，并做到培训合格，持证上岗。

（9）在使用新技术、新工艺、新设备、新材料导致职业危害因素发生变化时，要及时参加相关职业卫生培训，提高职业病防治能力。

二十、乳化液泵工岗位安全责任制

（1）乳化液泵工必须熟悉乳化泵性能及构造原理，会维护保养，会处理一般故障。经过培训考试合格，取得安全培训合格证后，方可持证上岗。

（2）必须坚守工作岗位，按工作要求及时开泵、停泵，严禁脱岗。

（3）必须保证乳化液浓度始终符合规定要求（3%～5%），每 2 h 检查一次乳化液浓度，并做好记录。保证乳化液泵的输出压力，综采工作面不小于 30 MPa，严禁随意调整乳化液泵的输出压力。

（4）工作期间，不违章作业，拒绝违章指挥，制止他人违章作业，发现隐患及时处理或报告，做到不安全不生产。

（5）随时注意观察泵站的运转情况和各设备部位的温度，检查水位、油位、压力、声音等是否正常，发现问题及时处理。

（6）按照操作规程规定，定期清洗过滤器及乳化液泵箱，保证乳化液清洁。

（7）乳化液泵工在接到开泵指令后，必须经喊话停泵人员安全确认后，方可开泵。

（8）乳化液泵工必须熟知本岗位危险源，严格按照操作规程操作，严禁违章作业。

（9）停机后，打扫设备卫生，认真填写交接班记录，如实反映本班设备存在的问题。

（10）积极参加矿培训部门组织的年度职业卫生培训，提高对职业病的认识，强化对职业病危害的防范能力，并做到培训合格，持证上岗。

安全技术基础知识三　本岗位风险及控制

学习目标

1. 掌握超前处理工岗位风险及控制。
2. 掌握端头支护工岗位风险及控制。

3. 掌握工作面回采支护工岗位风险及控制。
4. 掌握工作面推移输送机工岗位风险及控制。
5. 掌握工作面综采移架工岗位风险及控制。
6. 掌握工作面回柱放顶工岗位风险及控制。
7. 掌握工作面放煤工岗位风险及控制。
8. 掌握工作面支架更换立柱工岗位风险及控制。
9. 掌握工作面钻眼工岗位风险及控制。
10. 掌握工作面装卸料工岗位风险及控制。
11. 掌握巷道维护工岗位风险及控制。
12. 掌握支架拆装维护工岗位风险及控制。
13. 掌握联网工岗位风险及控制。
14. 掌握打墙吊袋工岗位风险及控制。
15. 掌握充填工岗位风险及控制。
16. 掌握阀门操作工岗位风险及控制。
17. 掌握充填泵站司机岗位风险及控制。
18. 掌握背药工岗位风险及控制。
19. 掌握煤层注水工岗位风险及控制。
20. 掌握乳化液泵司机岗位风险及控制。

安全技术基础知识相关知识

一、超前处理工岗位风险及控制

1. 超前处理工岗位风险

(1) 顶帮是否有掉渣、片帮危险。

(2) 点柱是否歪扭。

(3) 点柱初撑力是否符合要求。

(4) 巷帮受力外鼓是否造成弯柱。

(5) 巷帮背顶是否严实。

(6) 瓦斯、煤尘是否有爆炸危险。

2. 超前处理工岗位风险的控制

(1) 严格执行敲帮问顶及围岩观测制度，严格控制控顶距，严禁空顶作业。

(2) 按规程规定打好点柱,点柱初撑力要符合要求。发现不符合要求的及时更换维护。

(3) 处理顶帮掉渣、片帮危险前,将要处理的顶帮周围支护先加固,人员站在有掩护的安全地点,用长柄工具将顶上松动的煤或矸石找下,施工时必须打好护帮板。

(4) 安全出口与巷道连接处 20 m 范围内,综合机械化采煤工作面巷道高度不低于 1.8 m,其他采煤工作面不低于 1.6 m。

(5) 超前支护主要是提高采煤工作面超前压力范围内的巷道支护强度,减少巷道变形量,确保上下安全出口的高度、宽度符合规定。因此,超前支护不得小于 20 m,初撑力必须符合《煤矿安全规程》规定。

(6) 加大瓦斯、煤尘的检查力度,严禁瓦斯超限作业,做好综合防尘工作,搞好通风管理,把瓦斯、煤尘控制在规程规定的浓度以下,确保安全生产。

二、端头支护工岗位风险及控制

1. 端头支护工岗位风险

(1) 顶板是否掉渣,煤壁是否片帮。

(2) 使用设备、点柱、工具是否完好。

(3) 管路连接是否牢固。

(4) 施工人员站位是否正确。

(5) 支护是否完好,强度是否满足要求。

(6) 瓦斯、煤尘是否有爆炸危险。

2. 端头支护工岗位风险的控制

(1) 严格执行敲帮问顶及围岩观测制度,严格控制控顶距,严禁空顶作业。

(2) 施工前认真检查设备、工具是否完好。

(3) 认真检查各管路连接是否正常,U 形卡使用安装到位。

(4) 处理顶帮掉渣、片帮危险前,先加固将要处理的顶帮周围支护,人员站在有掩护的安全地点,用长柄工具将顶上松动的煤或矸石找下,施工时必须打好护帮板。

(5) 端头支护主要是提高采煤工作面端头处的支护强度，减少顶板变形量，确保上下安全出口的高度、宽度符合规定，因此端头支护初撑力必须符合《煤矿安全规程》规定。

(6) 加大瓦斯、煤尘的检查力度，严禁瓦斯超限作业，做好综合防尘工作，搞好通风管理，把瓦斯、煤尘控制在规程规定的浓度以下，确保安全生产。

三、工作面回采支护工岗位风险及控制

1. 工作面回采支护工岗位风险

(1) 顶板是否掉渣，煤壁是否片帮。

(2) 支架是否完好，有无损坏。

(3) 支架管路连接是否牢固。

(4) 施工人员站位是否正确。

(5) 进入煤帮工作，采煤机、输送机是否开动。

(6) 瓦斯、煤尘是否有爆炸危险。

2. 工作面回采支护工岗位风险的控制

(1) 严格执行敲帮问顶及围岩观测制度，严格控制控顶距，严禁空顶作业。

(2) 检查支架各液压系统是否正常，各销子连接是否可靠。

(3) 支架各高压胶管及液压系统连接是否可靠。

(4) 处理顶帮掉渣、片帮危险前，先加固将要处理的顶帮周围支护，人员站在有掩护的安全地点，用长柄工具将顶上松动的煤或矸石找下，施工时必须打好护帮板。

(5) 注意机械设备的运转情况，保持安全距离，做到安全生产。

(6) 加大瓦斯、煤尘的检查力度，严禁瓦斯超限作业，做好综合防尘工作，搞好通风管理，把瓦斯、煤尘控制在规程规定的浓度以下，确保安全生产。

四、工作面推移输送机工岗位风险及控制

1. 工作面推移输送机工岗位风险

(1) 操作范围顶板是否掉渣。

(2) 输送机是否完好。

（3）人员站位是否正确。

（4）刮板输送机是否完好，连接环是否损坏、松动。

（5）输送机机头、机尾是否固定牢固，接口螺丝是否松动。

（6）瓦斯、煤尘是否有爆炸危险。

2. 工作面推移输送机工岗位风险的控制

（1）严格执行敲帮问顶及围岩观测制度，严格控制控顶距，严禁空顶作业。

（2）按规程规定打好点柱，点柱初撑力要符合要求，加强输送机机头、机尾的支护，使其牢固可靠。

（3）处理顶帮掉渣、片帮危险前，先加固将要处理的顶帮周围支护，人员站在有掩护的安全地点，用长柄工具将顶上松动的煤或矸石找下，施工时必须打好护帮板。

（4）移机头、机尾前，必须将机头、机尾过渡槽处的活煤、杂物清理干净，先去掉障碍柱和压戗柱，需改点柱时必须坚持“先支后回”的原则，移到预定位置后及时补齐支柱，以防止机头、机尾飘起和损坏过渡槽柱。

（5）加强施工人员的责任心，要注意工作面中电缆管线的保护工作，严格按操作规程进行作业。

（6）加大瓦斯、煤尘的检查力度，严禁瓦斯超限作业，做好综合防尘工作，搞好通风管理，把瓦斯、煤尘控制在规程规定的浓度以下，确保安全生产。

五、工作面综采移架工岗位风险及控制

1. 工作面综采移架工岗位风险

（1）顶帮是否有片帮、掉渣危险。

（2）压力是否符合要求。

（3）移架站位是否正确。

（4）阀组是否完好，高压管路是否完好。

（5）各类销子固定是否牢固。

（6）瓦斯、煤尘是否有爆炸危险。

2. 工作面综采移架工岗位风险的控制

（1）严格执行敲帮问顶及围岩观测制度，严格控制控顶距，严禁空顶作业。

（2）按规程规定打好点柱，点柱初撑力要符合要求，发现不符合要求的及时维护。

（3）处理顶帮掉渣、片帮危险前，先加固将要处理的顶帮周围支护，人员站在有掩护的安全地点，用长柄工具将顶上松动的煤或矸石找下，施工时必须打好护帮板。

（4）移架工要熟知支架的性能、结构、原理，能迅速处理一般事故，操作准确、迅速。

（5）支架的零部件要齐全可靠、连接紧固，高压管路完好，坚持带压移架，严防咬架或损坏侧护板。

（6）加大瓦斯、煤尘的检查力度，严禁瓦斯超限作业，做好综合防尘工作，搞好通风管理，把瓦斯、煤尘控制在规程规定的浓度以下，确保安全生产。

六、工作面回柱放顶工岗位风险及控制

1. 工作面回柱放顶工岗位风险

（1）顶帮是否有掉渣、片帮危险。

（2）施工地点人员站位是否正确。

（3）挡矸装置是否齐全有效。

（4）工具是否符合要求。

（5）后路是否畅通。

（6）瓦斯、煤尘是否有爆炸危险。

2. 工作面回柱放顶工岗位风险的控制

（1）严格执行敲帮问顶及围岩观测制度，严格控制控顶距，严禁空顶作业。

（2）处理顶帮掉渣、片帮危险前，先加固将要处理的顶帮周围支护，人员站在有掩护的安全地点，用长柄工具将顶上松动的煤或矸石找下，施工时必须打好护帮板。

（3）戗棚点柱支设要迎山有力，挡矸装置齐全有效，工具符合要求。

（4）施工前要认真检查工器具是否完好齐全。

(5) 回柱放顶必须由里向外依次进行,严防顶板冒落堵塞巷道,保持后路畅通。

(6) 加大瓦斯、煤尘的检查力度,严禁瓦斯超限作业,做好综合防尘工作,搞好通风管理,把瓦斯、煤尘控制在规程规定的浓度以下,确保安全生产。

七、工作面放煤工岗位风险及控制

1. 工作面放煤工岗位风险

(1) 支架各种管路是否完好。

(2) 阀组连接是否跑液、漏液。

(3) 防尘设施是否完好。

(4) 放煤时要观察好周围环境。

(5) 施工人员站位是否正确。

(6) 瓦斯、煤尘是否有爆炸危险。

2. 工作面放煤工岗位风险的控制

(1) 支架各高压胶管及液压系统连接是否可靠。

(2) 放煤前要首先检查有关液压系统、管路是否正常,确认无问题后,方可进行放煤作业;后部刮板输送机不开不得放煤,放煤必须控制好煤量,防止压死后部刮板输送机。

(3) 放煤时,必须打开支架尾梁喷雾,不喷雾不得放煤。

(4) 放煤时,上下各组支架后面严禁有人进入。

(5) 增强施工作业人员的安全防护意识,现场防护措施不到位不施工,站位要正确。

(6) 加大瓦斯、煤尘的检查力度,严禁瓦斯超限作业,做好综合防尘工作,搞好通风管理,把瓦斯、煤尘控制在规程规定的浓度以下,确保安全生产。

八、工作面支架更换立柱工岗位风险及控制

1. 工作面支架更换立柱工岗位风险

(1) 施工地段顶板是否掉渣,煤壁是否片帮。

(2) 支架下是否打好支撑点柱。

(3) 施工人员站位是否正确。

（4）支架拆卸的立柱，拆卸前是否捆绑好，防止倾倒伤人。

（5）施工人员是否正规操作。

（6）瓦斯、煤尘是否有爆炸危险。

2. 工作面支架更换立柱工岗位风险的控制

（1）严格执行敲帮问顶及围岩观测制度，严格控制控顶距，严禁空顶作业。

（2）按规程规定打好点柱，点柱初撑力要符合要求，发现不符合要求的及时更换维护。

（3）处理顶帮掉渣、片帮危险前，先加固将要处理的顶帮周围支护，人员站在有掩护的安全地点，用长柄工具将顶上松动的煤或矸石找下，施工时必须打好护帮板。

（4）支架拆卸的立柱，拆卸前要捆绑好，防止倾倒伤人。

（5）加强施工人员的责任心，严格按操作规程进行作业。

（6）加大瓦斯、煤尘的检查力度，严禁瓦斯超限作业，做好综合防尘工作，搞好通风管理，把瓦斯、煤尘控制在规程规定的浓度以下，确保安全生产。

九、工作面钻眼工岗位风险及控制

1. 工作面钻眼工岗位风险

（1）施工地段顶板是否掉渣，煤壁是否片帮。

（2）钻机支设是否稳固。

（3）施工人员站位是否正确。

（4）施工人员是否扎好衣服领口、袖口、裤腿，是否佩戴好劳保用品。

（5）钻机是否完好，钻机管路连接是否完好、无松口。

（6）施工人员是否正规操作。

（7）瓦斯、煤尘是否有爆炸危险。

2. 工作面钻眼工岗位风险的控制

（1）严格执行敲帮问顶及围岩观测制度，严格控制控顶距，严禁空顶作业。

（2）按规程规定打好点柱，点柱初撑力要符合要求，发现不符合要求的及时更换维护。

(3) 处理顶帮掉渣、片帮危险前,先加固将要处理的顶帮周围支护,人员站在有掩护的安全地点,用长柄工具将顶上松动的煤或矸石找下,施工时必须打好护帮板。

(4) 增强施工作业人员的安全防护意识,领口、袖口、裤腿等必须扎好;施工人员站位要正确并佩戴好劳保用品。

(5) 注意钻机的运转情况,钻机管路连接要完好、无松口,做到安全生产。

(6) 加强施工人员的责任心,严格按操作规程进行作业。

(7) 加大瓦斯、煤尘的检查力度,严禁瓦斯超限作业,做好综合防尘工作,搞好通风管理,把瓦斯、煤尘控制在规程规定的浓度以下,确保安全生产。

十、工作面装卸料工岗位风险及控制

1. 工作面装卸料工岗位风险

(1) 施工地段顶板是否掉渣,煤壁是否片帮。

(2) 施工人员站位是否正确。

(3) 施工人员是否佩戴好劳动防护用品。

(4) 装卸物料时罐、车盘是否固定牢固。

(5) 运输装卸物料时是否捆绑牢固,无松口。

(6) 装卸物料时是否使用专用起吊锚杆。

(7) 瓦斯、煤尘是否有爆炸危险。

2. 工作面装卸料工岗位风险的控制

(1) 严格执行敲帮问顶及围岩观测制度,严格控制控顶距,严禁空顶作业。

(2) 处理顶帮掉渣、片帮危险前,先加固将要处理的顶帮周围支护,人员站在有掩护的安全地点,用长柄工具将顶上松动的煤或矸石找下,施工时必须打好护帮板。

(3) 施工人员要正确佩戴劳动防护用品。

(4) 装卸料时罐、车盘要固定牢固,防止车辆前后走动伤人或者物料倾斜伤人。

(5) 运输装卸物料时,要捆绑牢固,无松口,所装卸料采取平放方式，按照长（大）在下、矮（小）在上、重在下、轻在上的原则，保持重心稳定。

(6) 装卸物料时应使用专用起吊锚杆，严禁用其他锚杆代替。

(7) 加大瓦斯、煤尘的检查力度，严禁瓦斯超限作业，做好综合防尘工作，搞好通风管理，把瓦斯、煤尘控制在规程规定的浓度以下，确保安全生产。

十一、巷道维护工岗位风险及控制

1. 巷道维护工岗位风险

(1) 顶板是否掉渣，煤壁是否片帮。

(2) 施工人员站位是否正确。

(3) 巷道维护所需的材料是否齐全，使用工具是否完好。

(4) 施工地段后路是否畅通。

(5) 施工人员是否按照规程要求进行作业。

(6) 瓦斯、煤尘是否有爆炸危险。

2. 巷道维护工岗位风险的控制

(1) 严格执行敲帮问顶及围岩观测制度，严格控制控顶距，严禁空顶作业。

(2) 处理顶帮掉渣、片帮危险前，先加固将要处理的顶帮周围支护，人员站在有掩护的安全地点，用长柄工具将顶上松动的煤或矸石找下，施工时必须打好护帮板。

(3) 巷道维护所需的材料要齐全，使用工具要完好。

(4) 按规程规定进行作业，发现不符合要求的要及时对巷道进行维护，保证施工地段的后路畅通。

(5) 加强施工人员的责任心，严格按操作规程进行作业。

(6) 加大瓦斯、煤尘的检查力度，严禁瓦斯超限作业，做好综合防尘工作，搞好通风管理，把瓦斯、煤尘控制在规程规定的浓度以下，确保安全生产。

十二、支架拆装维护工岗位风险及控制

1. 支架拆装工岗位风险

(1) 施工地段顶板是否掉渣，煤壁是否片帮。

(2) 轨道铺设质量是否符合要求。

(3) 绞车安装位置是否合理,地锚打设是否合格。

(4) 施工点后路是否畅通。

(5) 支架拆装前后 5 m 范围内是否有人工作。

(6) 瓦斯、煤尘是否有爆炸危险。

2. 支架拆装工岗位风险的控制

(1) 严格执行敲帮问顶及围岩观测制度,严格控制控顶距,严禁空顶作业。处理施工地段掉渣、片帮危险前,先加固将要处理的施工地段支护,人员站在有掩护的安全地点,用长柄工具将顶上松动的煤或矸石找下,施工时必须打好护帮板。

(2) 轨道铺设质量要符合要求。

(3) 绞车安装位置合理,地锚打设合格。

(4) 支架拆装必须依序依次进行,严防顶板冒落堵塞巷道,保持后路畅通。

(5) 支架拆装前后 5 m 范围内无人工作,方可进行施工。

(6) 加大瓦斯、煤尘的检查力度,严禁瓦斯超限作业,做好综合防尘工作,搞好通风管理,把瓦斯、煤尘控制在规程规定的浓度以下,确保安全生产。

十三、联网工岗位风险及控制

1. 联网工岗位风险

(1) 顶帮是否有片帮、掉渣危险。

(2) 联网站位是否正确;采煤机是否打开离合手把并停电。

(3) 联网质量是否满足规程要求。

(4) 网片搭接是否合理。

(5) 联网前,采煤机、刮板输送机是否停电闭锁。

(6) 施工人员是否佩戴好劳动防护用品。

(7) 瓦斯、煤尘是否有爆炸危险。

2. 联网工岗位风险的控制

(1) 严格执行敲帮问顶及围岩观测制度,严格控制控顶距,严禁空顶作业。

(2) 处理顶帮掉渣、片帮危险前,先加固将要处理的顶帮周围支护,人员站在有掩护的安全地点,用长柄工具将顶上松动的煤或矸石找下,施工时必须打好护帮板。

(3) 联网必须网边对接,网要铺平,不得出现网兜。

(4) 网与网之间用联网绳联好,扣距 100 mm,联网绳必须每扣打死结,不得逐孔缠绕。

(5) 采煤机打开离合手把并停电,附近不能有人移动支架,工作面刮板输送机要停电闭锁,严禁开动工作面刮板输送机。

(6) 施工人员佩戴好劳动防护用品。

(7) 加大瓦斯、煤尘的检查力度,严禁瓦斯超限作业,做好综合防尘工作,搞好通风管理,把瓦斯、煤尘控制在规程规定的浓度以下,确保安全生产。

十四、打墙吊袋工岗位风险及控制

1. 打墙吊袋工岗位风险

(1) 顶帮是否有片帮、掉渣危险。

(2) 打墙站位是否正确。

(3) 施工人员是否佩戴好劳保用品。

(4) 打墙吊袋使用材料、工具是否完好、齐全。

2. 打墙吊袋工岗位风险的控制

(1) 严格执行敲帮问顶及围岩观测制度,严格控制控顶距,严禁空顶作业。

(2) 处理顶帮掉渣、片帮危险前,先加固将要处理的顶帮周围支护,人员站在有掩护的安全地点,用长柄工具将顶上松动的煤或矸石找下,施工时必须打好护帮板。

(3) 增强打墙人员的安全防护意识,正确佩戴劳动防护用品。

(4) 加强打墙人员的责任心,严格按操作规程进行作业,材料、工具要齐全。

十五、充填工岗位风险及控制

1. 充填工岗位风险

(1) 顶帮是否有片帮、掉渣危险。

(2) 人员站位是否正确。

(3) 充填材料配比是否符合规程要求。

(4) 充填期间泵站压力是否符合要求。

(5) 瓦斯、煤尘是否有爆炸危险。

2. 充填工岗位风险的控制

(1) 严格执行敲帮问顶及围岩观测制度，严格控制控顶距，严禁空顶作业。

(2) 处理顶帮掉渣、片帮危险前，先加固将要处理的顶帮周围支护，人员站在有掩护的安全地点，用长柄工具将顶上松动的煤或矸石找下，施工时必须打好护帮板。

(3) 充填材料必须搅拌均匀，配比合理。

(4) 充填期间压力符合要求，充填空间要严实，不得出现空白区域。

(5) 加大瓦斯、煤尘的检查力度，严禁瓦斯超限作业，做好综合防尘工作，搞好通风管理，把瓦斯、煤尘控制在规程规定的浓度以下，确保安全生产。

十六、阀门操作工岗位风险及控制

1. 阀门操作工岗位风险

(1) 顶帮是否有片帮、掉渣危险。

(2) 人员站位是否正确。

(3) 施工人员离开岗位是否关闭阀门。

(4) 施工人员是否佩戴好劳动防护用品。

(5) 阀门是否完好。

2. 阀门操作工岗位风险的控制

(1) 严格执行敲帮问顶及围岩观测制度，严格控制控顶距，严禁空顶作业。

(2) 处理顶帮掉渣、片帮危险前，先加固将要处理的顶帮周围支护，人员站在有掩护的安全地点，用长柄工具将顶上松动的煤或矸石找下，施工时必须打好护帮板。

(3) 阀门工离开工作岗位时要停电，并关闭阀门。

(4) 施工人员要正确佩戴劳动防护用品。

(5) 检查阀门,确认完好。

十七、充填泵站司机岗位风险及控制

1. 充填泵站司机岗位风险

(1) 泵站压力是否满足要求。

(2) 司机离开岗位后是否停电。

(3) 充填物料是否齐全且与充填泵相适应。

(4) 施工人员是否佩戴好劳动防护用品。

2. 充填泵站司机岗位风险的控制

(1) 严格检查充填泵是否完好,各个管路及泵箱、电机是否完好、运转是否正常。

(2) 司机离开岗位后要停电闭锁,防止误操作。

(3) 开机前仔细检查物料是否与充填泵相适应,防止损坏泵站。

(4) 施工人员正确佩戴使用劳动防护用品。

十八、背药工岗位风险及控制

1. 背药工岗位风险

(1) 炸药数量是否与票单数量一致。

(2) 药量丢失或失效。

(3) 背药工行走期间是否稳定,经过风门的地点是否撞风门。

(4) 炸药和雷管的距离是否符合要求。

(5) 炸药存放地点淋水、顶板不好等。

(6) 装药时是否认真检查瓦斯及通风状况。

2. 背药工岗位风险的控制

(1) 严格按照票据上开的炸药量进行领取。

(2) 严格执行领送药制度,多余炸药要及时回收并上交。

(3) 背药期间经过风门、乘坐车辆等要缓慢,防止产生振动。

(4) 背药期间炸药和雷管的距离严格按照要求执行。

(5) 炸药背到位后存放地点要无淋水、顶板完好、通风良好。

(6) 加大瓦斯、煤尘的检查力度,严禁瓦斯超限作业,做好综合防尘工作,搞好通风管理,把瓦斯、煤尘控制在规程规定的浓度以下,确保安全生产。

十九、煤层注水工岗位风险及控制

1. 煤层注水工岗位风险

(1) 顶帮是否有片帮、掉渣危险。

(2) 注水人员站位是否正确。

(3) 刮板输送机是否停电闭锁。

(4) 支架操作手把是否闭锁。

(5) 注水使用的材料、工具是否完好、齐全;是否按照要求注水。

(6) 施工地点是否通风良好,是否有瓦斯积聚。

2. 煤层注水工岗位风险的控制

(1) 严格执行敲帮问顶及围岩观测制度,严格控制控顶距,严禁空顶作业。

(2) 处理顶帮掉渣、片帮危险前,先加固将要处理的顶帮周围支护,人员站在有掩护的安全地点,用长柄工具将顶上松动的煤或矸石找下,施工时必须打好护帮板。

(3) 打孔、注水期间要对刮板输送机停电闭锁。

(4) 打孔、注水地点支架要闭锁,防止人员操作。

(5) 加强打孔、注水人员的责任心,严格按操作规程进行作业。

(6) 加大瓦斯、煤尘的检查力度,严禁瓦斯超限作业,做好综合防尘工作,搞好通风管理,把瓦斯、煤尘控制在规程规定的浓度以下,确保安全生产。

二十、乳化液泵司机岗位风险及控制

1. 乳化液泵司机岗位风险

(1) 顶帮是否有片帮、掉渣危险。

(2) 施工人员站位是否正确。

(3) 乳化液泵司机离开岗位后是否停电。

(4) 各高压胶管是否连接到位。

(5) 乳化液配比是否满足要求。

2. 乳化液泵司机岗位风险的控制

(1) 严格执行敲帮问顶及围岩观测制度。

(2) 处理顶帮掉渣、片帮危险前,先加固将要处理的顶帮周围支护，人员站在有掩护的安全地点，用长柄工具将顶上松动的煤或矸石找下，施工时必须打好护帮板。

(3) 乳化液泵司机离开岗位后要停电，坚持好谁停泵谁开泵的原则，防止因误开泵造成人员受伤。

(4) 仔细检查各高压胶管连接情况，发现有管路损坏或连接不到位的地方及时处理，防止其脱落伤人。

(5) 乳化液配比符合要求（浓度在 3%～5%），压力符合要求（不低于 30 MPa）。

安全技术基础知识四
本岗位事故隐患排查治理

学习目标

1. 掌握超前处理工岗位隐患排查与治理。
2. 掌握端头支护工岗位隐患排查与治理。
3. 掌握工作面回采支护工岗位隐患排查与治理。
4. 掌握工作面推移输送机工岗位隐患排查与治理。
5. 掌握工作面综采移架工岗位隐患排查与治理。
6. 掌握工作面回柱放顶工岗位隐患排查与治理。
7. 掌握工作面放煤工岗位隐患排查与治理。
8. 掌握工作面支架更换立柱工岗位隐患排查与治理。
9. 掌握工作面钻眼工岗位隐患排查与治理。
10. 掌握工作面装卸料工岗位隐患排查与治理。
11. 掌握巷道维护工岗位隐患排查与治理。
12. 掌握支架拆装工岗位隐患排查与治理。
13. 掌握联网工岗位隐患排查与治理。
14. 掌握打墙吊袋工岗位隐患排查与治理。
15. 掌握充填工岗位隐患排查与治理。
16. 掌握阀门操作工岗位隐患排查与治理。

17. 掌握充填泵站司机岗位隐患排查与治理。

18. 掌握背药工岗位隐患排查与治理。

19. 掌握煤层注水工岗位隐患排查与治理。

20. 掌握乳化液泵司机岗位隐患排查与治理。

安全技术基础知识相关知识

一、超前处理工岗位隐患排查与治理

1. 隐患内容

(1) 有铰接梁未铰接或钢梁折断。

(2) 支柱钻底超过规定而未穿柱鞋。

(3) 点柱直线率差,不迎山,支柱间排距超过 100 mm。

(4) 在用点柱未拴柱头或拴不牢,点柱未拴双道防倒绳。

(5) 工作面安全出口处控顶面积大。

(6) 顶板大量下沉,高度不符合规定。

(7) 机头、机尾处顶板破碎,煤壁片帮,瓦斯、煤尘浓度超限。

2. 隐患治理

(1) 对出现铰接梁未铰接或折断的要铰接好或更换钢梁。

(2) 对出现支柱钻底超过规定而未穿柱鞋的要穿好柱鞋。

(3) 对出现点柱直线率差,不迎山,支柱间排距超过 100 mm 的,要求改点柱使其直线率达标、迎山有力。

(4) 对出现在用点柱未拴柱头或拴不牢,点柱未拴双道防倒绳的要拴好柱头和防倒绳。

(5) 工作面机头、机尾和其他设备体积大,在移动设备时,反复打设支柱撤柱,其结果使顶板更加破碎,要加强支护。特别在工作面超前支撑的压力作用下,顶板大量下沉,要加强支护。

(6) 安全出口与巷道连接处 20 m 范围内,综合机械化采煤工作面巷道高度不低于 1.8 m,其他采煤工作面不低于 1.6 m,要加强支护。超前支护主要是提高采煤工作面超前压力范围内的巷道支护强度,减少巷道变形量,确保上下安全出口的高度、宽度符合规定,因此超前支护不得小于 20 m,初撑力必须符合《煤矿安全规程》规定。

(7) 超前处理工的施工地点必须严格执行敲帮问顶及围岩观测制度，找净煤帮及顶板的活煤、活渣，严禁瓦斯超限作业，做好综合防尘工作，搞好通风管理，将瓦斯、煤尘控制在规程规定浓度以下，确保人员安全。

二、端头支护工岗位隐患排查与治理

1. 隐患内容

(1) 顶板掉渣，煤壁片帮，瓦斯、煤尘浓度超限。

(2) 安全出口支护不符合要求。

(3) 上下安全出口高度不够。

(4) 工作面两端第一组支架与巷道支护超过 0.5 m。

(5) 支柱钻底超过规定而未穿柱鞋。

(6) 支柱、支架初撑力不符合规定。

2. 隐患治理

(1) 端头支护工的施工地点必须严格执行敲帮问顶及围岩观测制度，找净煤帮及顶板的活煤、活渣，严禁瓦斯超限作业，做好综合防尘工作，搞好通风管理，将瓦斯、煤尘控制在规程规定浓度以下，确保人员安全。

(2) 安全出口支护必须符合作业规程规定要求，如有变动需及时编制更换支护专项措施。

(3) 安全出口畅通，行人道宽度不应低于 0.8 m，综采(放)工作面安全出口高度不应小于 1.8 m，其他不应小于 1.6 m。

(4) 工作面内排头支架与巷道支护间距不应大于 0.5 m，超过 0.5 m时应及时加强支护；单体支护初撑力符合规定。

(5) 对出现支柱钻底超过规定而未穿柱鞋的要给支柱穿好柱鞋。

(6) 工作面切顶排支护必须符合作业规程要求，初撑力不得小于 11.5 MPa。

三、工作面回采支护工岗位隐患排查与治理

1. 隐患内容

(1) 顶板掉渣，煤壁片帮，瓦斯、煤尘浓度超限。

(2) 工作面煤壁有大块矸石、煤块、架缝超宽、护帮板不贴帮。

(3) 煤壁侧临时支护不符合作业规程规定。

(4) 支架误差超过规定。

(5) 工作面煤壁伞檐超过规定。

2. 隐患治理

(1) 工作面回采支护工的施工地点必须严格执行敲帮问顶及围岩观测制度，找净煤帮及顶板的活煤、活渣，严禁瓦斯超限作业，做好综合防尘工作，搞好通风管理，将瓦斯、煤尘控制在规程规定浓度以下，确保人员安全。

(2) 正确使用支架护帮板，必要时可以拉超前支架。

(3) 液压支架(支柱)初撑力必须达到作业规程要求，同时要有相应的阻力监测系统和制度。

(4) 液压支架(支柱)的中心距(支柱间排距)误差不超过100 mm，侧护板正常使用，错差不超过侧护板高度的 2/3，架间间隙不超过 100 mm(支柱－50～50 mm)；支架不超高使用。

(5) 液压支架(支柱顶梁)端面距符合作业规程规定；要做到“三直一平”，液压支架(支柱)排成一条直线，其偏差不得超过 50 mm。工作面伞檐长度大于 1 m 时，其最大突出部分，薄煤层不超过150 mm，中厚以上煤层不超过 200 mm；工作面伞檐长度在 1 m 以下时，其最大突出部分，薄煤层不超过 200 mm，中厚以上煤层不超过 250 mm。

四、工作面推移输送机工岗位隐患排查与治理

1. 隐患内容

(1) 割煤与推前刮板输送机间距小于 15 m。

(2) 拉后刮板输送机滞后放煤间距小于 15 m。

(3) 工作面煤壁有点柱推移刮板输送机。

(4) 支架推移顶镐连接不好就推移刮板输送机。

(5) 支架后拉镐连接不好而拉刮板输送机。

(6) 顶板掉渣，煤壁片帮，瓦斯、煤尘浓度超限。

2. 隐患治理

(1) 工作面刮板输送机推移点与采煤机后滚筒距离不少于15 m，并满足设备使用要求。推移刮板输送机必须在运行状态下进行，整机推移完毕应成一条直线。

(2) 移输送机要由一端向另一端依次进行,不准任意分段或由两端向中间进行移设。倾角较大工作面移输送机时,必须从下向上逐渐推移。

(3) 综采支架利用本身推移装置推移刮板输送机,高档工作面必须使用液压移溜器。

(4) 综采工作面推移输送机时,应把电缆、管线摆放好,防止挤压电缆、水管。工作人员应站在架箱内作业,防止挤伤。推移输送机距移架的距离不得小于6 m。

(5) 推移机头、机尾前,必须将影响推移机头煤壁侧支柱改好,将机头和过渡槽处的浮煤、杂物清理干净,要清到底板,以防机头上飘及留底煤,移后要支设平稳并及时补齐支柱,与顺槽转载机(刮板输送机)的搭接高度控制在300～500 mm之间。

(6) 工作面推移输送机工的施工地点必须严格执行敲帮问顶及围岩观测制度,找净煤帮及顶板的活煤、活渣,严禁瓦斯超限作业,做好综合防尘工作,搞好通风管理,将瓦斯、煤尘控制在规程规定浓度以下,确保人员安全。

五、工作面综采移架工岗位隐患排查与治理

1. 隐患内容

(1) 顶板破碎、掉渣,瓦斯、煤尘浓度超限。

(2) 支架全部卸载后拉架。

(3) 架前浮煤未清净。

(4) 支架挤架时强拉硬拽。

2. 隐患治理

(1) 带有伸缩梁的支架,割煤后应立即伸出伸缩梁支护顶板,防止在割煤后移架前顶板冒落。

(2) 降柱幅度低于邻架侧护板时,升架前应先收回邻架侧护板,待升柱后再伸出邻架侧护板。

(3) 移架支护与采煤机后滚筒、刮板输送机推移的相互距离,应在作业规程中明确规定;操作中发现动作失灵和其他故障时,应按检修操

作有关规定及时查明原因正确处理，不准盲目拆卸，乱敲乱砸。移架时，如阻力过大，应及时查找原因进行处理，严禁硬拉、硬推。

（4）使用防滑千斤顶的工作面，移架前先松开防滑千斤顶，检查防滑千斤顶链条是否有卡绊支架情况，所有问题处理好后再进行移架；正确选择适宜的移架方式，顶板破碎时要进行超前移架支护，并采用带压擦顶移架。

六、工作面回柱放顶工岗位隐患排查与治理

1. 隐患内容

（1）顶板掉渣，煤壁片帮，瓦斯、煤尘浓度超限。

（2）未按照从里向外的顺序操作。

（3）没有做好临时支护。

2. 隐患治理

（1）回柱时必须两人配合作业，一人回柱，一人观察顶板。观察顶板人员应站在安全地点，除帮助回柱外不得兼做其他工作，回柱人员严格听从观察顶板人员指挥；回柱前要先检查周围顶板、支架是否完好，必须将一切安全隐患处理好以后方可开始工作。

（2）回柱必须严格遵守由下往上、由里往外、先柱后梁的放顶顺序。分段回柱时，必须选择顶板好的地方分界，各段分界处必须挡好斜口。各段收尾回收孤支柱时，必须先支设好临时支柱或斜撑棚，严禁强行回柱。分段接茬处应在采空区已冒落的顶板完整处；有断层、破碎带地点应分在同一段内回收。

（3）回孤支柱时，要先在其外侧打好临时支柱后再回孤支柱，最后回临时支柱。

七、工作面放煤工岗位隐患排查与治理

1. 隐患内容

（1）放煤工作距采煤机间距不够。

（2）尾梁插板没有升起。

（3）顶板掉渣，煤壁片帮，瓦斯、煤尘浓度超限。

2. 隐患治理

（1）放煤时，放煤工应站在能看清放煤口及本架后刮板输送机运

转情况的地点，不得站在架间及刮板输送机上进行操作。

(2) 放煤时应逐渐将插板收回，根据煤量大小控制好放煤口大小，摆动尾梁进行放煤；放煤停止，必须升起尾梁，伸出插板，插板伸出要与后部刮板输送机保持一定距离，防止绊后部刮板输送机。

(3) 工作面放煤工的施工地点必须严格执行敲帮问顶及围岩观测制度，找净煤帮及顶板的活煤、活渣，严禁瓦斯超限作业，做好综合防尘工作，搞好通风管理，将瓦斯、煤尘控制在规程规定浓度以下，确保人员安全。

八、工作面支架更换立柱工岗位隐患排查与治理

1. 隐患内容

(1) 顶板掉渣，煤壁片帮，瓦斯、煤尘浓度超限。

(2) 支架下没有打点柱。

(3) 更换立柱时有人员通过。

(4) 拆管子时没有关闭本架进液阀门。

2. 隐患治理

(1) 工作面支架更换立柱工的施工地点必须严格执行敲帮问顶及围岩观测制度，找净煤帮及顶板的活煤、活渣，严禁瓦斯超限作业，做好综合防尘工作，搞好通风管理，将瓦斯、煤尘控制在规程规定浓度以下，确保人员安全。

(2) 换立柱前要在支架下方打设点柱。

(3) 工作面支架更换立柱时严禁行人通过。

(4) 更换、拆卸各类液压元件必须在泄压并关闭本架及邻架截止阀后进行操作，使支架限位装置处于常闭状态。

九、工作面钻眼工岗位隐患排查与治理

1. 隐患内容

(1) 顶板掉渣，煤壁片帮，瓦斯、煤尘浓度超限。

(2) 钻眼不开喷雾。

(3) 机尾没有悬挂便携式甲烷检测报警仪。

(4) 刮板输送机未停电闭锁。

(5) 施工人员领口、袖口、裤腿未扎紧。

2. 隐患治理

(1) 工作面钻眼工的施工地点必须严格执行敲帮问顶及围岩观测制度,找净煤帮及顶板的活煤、活渣,严禁瓦斯超限作业,做好综合防尘工作,搞好通风管理,将瓦斯、煤尘控制在规程规定浓度以下,确保人员安全。

(2) 钻眼时要坚持湿式钻眼,如用湿式钻眼有困难时,必须在打眼时洒水,打开喷雾,搞好灭尘工作。

(3) 在机尾处和钻眼地点上方要悬挂便携式甲烷检测报警仪,甲烷超限,停止作业,立即处理。

(4) 钻眼时至少两人配合作业,严防与钻眼无关的人员进入,刮板输送机要停电闭锁。

(5) 施工前,施工人员要把袖口、裤腿扎好,严禁戴手套作业。

十、工作面装卸料工岗位隐患排查与治理

1. 隐患内容

(1) 顶板掉渣,煤壁片帮,瓦斯、煤尘浓度超限。

(2) 车辆未停稳蹬车卸料。

(3) 车辆未使用专用掩车器。

(4) 人员站位不正确。

2. 隐患治理

(1) 工作面装卸料工的施工地点必须严格执行敲帮问顶及围岩观测制度,找净煤帮及顶板的活煤、活渣,严禁瓦斯超限作业,做好综合防尘工作,搞好通风管理,将瓦斯、煤尘控制在规程规定浓度以下,确保人员安全。

(2) 要在运输物料的车辆停稳后再蹬车卸料。

(3) 斜坡装卸物料时,要使用专用的掩车器。

(4) 装卸料工要根据现场情况确定装卸料时的站位,装卸物件的倾斜下方严禁站人。

十一、巷道维护工岗位隐患排查与治理

1. 隐患内容

(1) 顶板掉渣,煤壁片帮,瓦斯、煤尘浓度超限。

(2) 在用点柱未拴柱头。

(3) 铰接顶梁未铰接或折断。

(4) 点柱初撑力达不到要求。

(5) 支柱钻底量超过规定未穿柱鞋。

2. 隐患治理

(1) 巷道维护工的施工地点必须严格执行敲帮问顶及围岩观测制度,找净煤帮及顶板的活煤、活渣,严禁瓦斯超限作业,做好综合防尘工作,搞好通风管理,将瓦斯、煤尘控制在规程规定浓度以下,确保人员安全。

(2) 巷道维护时对点柱未拴柱头的要拴好。

(3) 巷道维护时对铰接顶梁未铰接或折断的要更换铰接顶梁。

(4) 巷道维护时对点柱初撑力达不到要求的,要使点柱初撑力不低于 11.5 MPa。

(5) 巷道维护时对支柱钻底量超过规定未穿柱鞋的要穿好柱鞋。

十二、支架拆装工岗位隐患排查与治理

1. 隐患内容

(1) 顶板掉渣,煤壁片帮,瓦斯、煤尘浓度超限。

(2) 拆装支架地点未拉警戒绳。

(3) 拆装支架工站位不正确。

(4) 使用的导链与起吊物重量不匹配。

2. 隐患治理

液压支架安装隐患治理:

(1) 支架安装工的施工地点必须严格执行敲帮问顶及围岩观测制度,找净煤帮及顶板的活煤、活渣,严禁瓦斯超限作业,做好综合防尘工作,搞好通风管理,将瓦斯、煤尘控制在规程规定浓度以下,确保人员安全。

(2) 拖运支架时,绳头与支架必须连接可靠,绳道内不得有人;变向拖运时,必须使用导向滑轮,同时三角区内严禁有人,并拉好警戒绳。

(3) 使用单体液压支柱调整支架时,必须采用远方操作,支柱支设在合适位置,柱头要垫板皮并拴好单体液压支柱;拖运支架过程中,钢

丝绳道内禁止有人，如出现啃底、歪斜、拉不动等异常现象，立即停止牵引，检查处理。

(4) 支架在工作面调向时，必须采取防止支架倾倒的措施。倾角较大时应采用两台绞车配合，一台绞车防止支架倾倒，另一台绞车调向。支架接顶前防侧倒绞车绳应处于预紧状态。

液压支架拆除隐患治理：

(1) 支架拆除工的施工地点必须严格执行敲帮问顶及围岩观测制度，找净煤帮及顶板的活煤、活渣，严禁瓦斯超限作业，做好综合防尘工作，搞好通风管理，将瓦斯、煤尘控制在规程规定浓度以下，确保人员安全。

(2) 拖运支架时，绳头与支架必须连接可靠，绳道内不得有人；变向拖运时，必须使用导向滑轮，同时三角区内严禁有人，并拉好警戒绳。

(3) 拖运支架过程中，钢丝绳道内禁止有人，如出现啃底、歪斜、拉不动等异常现象，立即停止牵引，检查处理。

(4) 支架在工作面调向时，必须采取防止支架倾倒的措施。倾角较大时应采用两台绞车配合，一台绞车防止支架倾倒，另一台绞车调向。支架接顶前防侧倒绞车绳应处于预紧状态。

十三、联网工岗位隐患排查与治理

1. 隐患内容

(1) 顶板掉渣，煤壁片帮，瓦斯、煤尘浓度超限。

(2) 工作面刮板输送机未停电闭锁。

(3) 采煤机距施工地点小于 25 m。

(4) 作业地点 15 m 范围内有人动架。

2. 隐患治理

(1) 施工地点必须严格执行敲帮问顶及围岩观测制度，找净煤帮及顶板的活煤、活渣，严禁瓦斯超限作业，做好综合防尘工作，搞好通风管理，将瓦斯、煤尘控制在规程规定浓度以下，确保人员安全。

(2) 联网施工前要将工作面刮板输送机停电闭锁。

(3) 联网施工前要将采煤机停在合适位置。

(4) 联网地点 15 m 范围内不得有人动架。

十四、打墙吊袋工岗位隐患排查与治理

1. 隐患内容

(1) 顶板掉渣，煤壁片帮，瓦斯、煤尘浓度超限。

(2) 人员登高作业未系保险绳。

(3) 作业地点下有人员通过。

2. 隐患治理

(1) 施工地点必须严格执行敲帮问顶及围岩观测制度，找净煤帮及顶板的活煤、活渣，严禁瓦斯超限作业，做好综合防尘工作，搞好通风管理，将瓦斯、煤尘控制在规程规定浓度以下，确保人员安全。

(2) 施工需要登高作业时要系好保险绳。

(3) 施工前在施工地点做好警戒工作，防止人员误入作业地点。

十五、充填工岗位隐患排查与治理

1. 隐患内容

(1) 顶板掉渣，煤壁片帮，瓦斯、煤尘浓度超限。

(2) 充填时高压胶管脱落。

(3) 充填不实，垮落。

2. 隐患治理

(1) 施工地点必须严格执行敲帮问顶及围岩观测制度，找净煤帮及顶板的活煤、活渣，严禁瓦斯超限作业，做好综合防尘工作，搞好通风管理，将瓦斯、煤尘控制在规程规定浓度以下，确保人员安全。

(2) 施工前检查各高压胶管连接情况及管路完好情况，发现问题及时处理。

(3) 施工前按照规定要求，配置充填物材料或比例。

十六、阀门操作工岗位隐患排查与治理

1. 隐患内容

(1) 顶板掉渣，煤壁片帮，瓦斯、煤尘浓度超限。

(2) 人员离开未关闭阀门。

(3) 阀门操作不灵活或漏水。

(4) 压力超过规定损坏阀门。

(5) 管路连接不牢固,造成漏液或管路脱落。

2. 隐患治理

(1) 施工地点必须严格执行敲帮问顶及围岩观测制度,找净煤帮及顶板的活煤、活渣,严禁瓦斯超限作业,做好综合防尘工作,搞好通风管理,将瓦斯、煤尘控制在规程规定浓度以下,确保人员安全。

(2) 人员离开工作地点要及时关闭阀门。

(3) 及时更换损坏或锈蚀严重的阀门。

(4) 按照规定调整压力值。

(5) 施工前认真检查管路完好情况及各部位连接情况,发现问题应及时处理。

十七、充填泵站司机岗位隐患排查与治理

1. 隐患内容

(1) 顶板掉渣,煤壁片帮,瓦斯、煤尘浓度超限。

(2) 人员离开未停电闭锁。

(3) 充填物配比浓度不够。

(4) 管路连接不牢固,造成漏液或管路脱落。

2. 隐患治理

(1) 施工地点必须严格执行敲帮问顶及围岩观测制度,找净煤帮及顶板的活煤、活渣,严禁瓦斯超限作业,做好综合防尘工作,搞好通风管理,将瓦斯、煤尘控制在规程规定浓度以下,确保人员安全。

(2) 人员离开工作地点要及时停电闭锁。

(3) 按照要求配制充填材料。

(4) 施工前认真检查管路完好情况及各部位连接情况,发现问题及时处理。

十八、背药工岗位隐患排查与治理

1. 隐患内容

(1) 顶板掉渣,煤壁片帮,瓦斯、煤尘浓度超限。

(2) 炸药和雷管的距离太近。

(3) 炸药存放地点有淋水。

（4）炸药丢失。

2. 隐患治理

（1）施工地点必须严格执行敲帮问顶及围岩观测制度，找净煤帮及顶板的活煤、活渣，严禁瓦斯超限作业，做好综合防尘工作，搞好通风管理，将瓦斯、煤尘控制在规程规定浓度以下，确保人员安全。

（2）运输期间，要按照要求把炸药和雷管分开运输。

（3）炸药存放地点顶板完好、无淋水。

（4）按照规定领取炸药，未用完的炸药要及时回收并上交。

十九、煤层注水工岗位隐患排查与治理

1. 隐患内容

（1）顶板掉渣，煤壁片帮，瓦斯、煤尘浓度超限。

（2）注水器不通畅。

（3）压力不符合要求。

（4）注水时间或水量少。

2. 隐患治理

（1）施工地点必须严格执行敲帮问顶及围岩观测制度，找净煤帮及顶板的活煤、活渣，严禁瓦斯超限作业，做好综合防尘工作，搞好通风管理，将瓦斯、煤尘控制在规程规定浓度以下，确保人员安全。

（2）及时更换不畅通的注水器。

（3）注水压力要符合要求。

（4）按照规定的时间和水量进行注水。

二十、乳化液泵司机岗位隐患排查与治理

1. 隐患内容

（1）顶板掉渣，煤壁片帮，瓦斯、煤尘浓度超限。

（2）人员离开未停电闭锁。

（3）阀门操作不灵活或漏水。

（4）压力超过规定损坏阀门。

（5）管路连接不牢固，造成漏液或管路脱落。

2. 隐患治理

（1）乳化液泵工的施工地点必须严格执行敲帮问顶及围岩观测制

度，找净煤帮及顶板的活煤、活渣，严禁瓦斯超限作业，做好综合防尘工作，搞好通风管理，将瓦斯、煤尘控制在规程规定浓度以下，确保人员安全。

(2) 人员离开工作地点要及时停电闭锁。

(3) 及时更换损坏或锈蚀严重的阀门。

(4) 按照规定调整压力值。

(5) 施工前认真检查管路完好情况及各部位连接情况，发现问题及时处理。

安全技术基础知识五
《煤矿安全规程》及安全生产标准化的相关规定

学习目标

1. 熟悉《煤矿安全规程》的相关规定。
2. 熟悉安全生产标准化的相关要求。

安全技术基础知识相关知识

一、《煤矿安全规程》相关规定

《煤矿安全规程》中涉及采煤、支护的超前处理、端头支护、工作面回采支护、工作面推移输送机、工作面综采移架、工作面回柱放顶、工作面放煤、工作面支架更换立柱、工作面钻眼、工作面装卸料、巷道维护、支架拆装、联网等有关条款共18条，具体如下：

第九十五条　一个矿井同时回采的采煤工作面个数不得超过3个，煤(半煤岩)巷掘进工作面个数不得超过9个。严禁以掘代采。

采(盘)区开采前必须按照生产布局和资源回收合理的要求编制采(盘)区设计，并严格按照采(盘)区设计组织施工，情况发生变化时及时修改设计。

一个采(盘)区内同一煤层的一翼最多只能布置1个采煤工作面和

2个煤(半煤岩)巷掘进工作面同时作业。一个采(盘)区内同一煤层双翼开采或者多煤层开采的,该采(盘)区最多只能布置2个采煤工作面和4个煤(半煤岩)巷掘进工作面同时作业。

在采动影响范围内不得布置2个采煤工作面同时回采。

下山采区未形成完整的通风、排水等生产系统前,严禁掘进回采巷道。

严禁任意开采非垮落法管理顶板留设的支承采空区顶板和上覆岩层的煤柱,以及采空区安全隔离煤柱。

采掘过程中严禁任意扩大和缩小设计确定的煤柱。采空区内不得遗留未经设计确定的煤柱。

严禁任意变更设计确定的工业场地、矿界、防水和井巷等的安全煤柱。

严禁开采和毁坏高速铁路的安全煤柱。

第九十六条 采煤工作面回采前必须编制作业规程。情况发生变化时,必须及时修改作业规程或者补充安全措施。

第九十七条 采煤工作面必须保持至少2个畅通的安全出口,一个通到进风巷道,另一个通到回风巷道。

采煤工作面所有安全出口与巷道连接处超前压力影响范围内必须加强支护,且加强支护的巷道长度不得小于20 m;综合机械化采煤工作面,此范围内的巷道高度不得低于1.8 m,其他采煤工作面,此范围内的巷道高度不得低于1.6 m。安全出口和与之相连接的巷道必须设专人维护,发生支架断梁折柱、巷道底鼓变形时,必须及时更换、清挖。

采煤工作面必须正规开采,严禁采用国家明令禁止的采煤方法。

高瓦斯、突出、有容易自燃或者自燃煤层的矿井,不得采用前进式采煤方法。

第九十八条 采煤工作面不得任意留顶煤和底煤,伞檐不得超过作业规程的规定。采煤工作面的浮煤应当清理干净。

第九十九条 台阶采煤工作面必须设置安全脚手板、护身板和溜煤板。倒台阶采煤工作面,还必须在台阶的底脚加设保护台板。

阶檐的宽度、台阶面长度和下部超前小眼的个数，必须在作业规程中规定。

第一百条 采煤工作面必须存有一定数量的备用支护材料。严禁使用折损的坑木、损坏的金属顶梁、失效的单体液压支柱。

在同一采煤工作面中，不得使用不同类型和不同性能的支柱。在地质条件复杂的采煤工作面中使用不同类型的支柱时，必须制定安全措施。

单体液压支柱入井前必须逐根进行压力试验。

对金属顶梁和单体液压支柱，在采煤工作面回采结束后或者使用时间超过 8 个月后，必须进行检修。检修好的支柱，还必须进行压力试验，合格后方可使用。

采煤工作面严禁使用木支柱(极薄煤层除外)和金属摩擦支柱支护。

第一百零一条 采煤工作面必须及时支护，严禁空顶作业。所有支架必须架设牢固，并有防倒措施。严禁在浮煤或者浮矸上架设支架。单体液压支柱的初撑力，柱径为 100 mm 的不得小于 90 kN，柱径为 80 mm的不得小于 60 kN。对于软岩条件下初撑力确实达不到要求的，在制定措施、满足安全的条件下，必须经矿总工程师审批。严禁在控顶区域内提前摘柱。碰倒或者损坏、失效的支柱，必须立即恢复或者更换。移动输送机机头、机尾需要拆除附近的支架时，必须先架好临时支架。

采煤工作面遇顶底板松软或者破碎、过断层、过老空区、过煤柱或者冒顶区，以及托伪顶开采时，必须制定安全措施。

第一百零四条 严格执行敲帮问顶及围岩观测制度。

开工前，班组长必须对工作面安全情况进行全面检查，确认无危险后，方准人员进入工作面。

第一百零五条 采煤工作面用垮落法管理顶板时，必须及时放顶。顶板不垮落、悬顶距离超过作业规程规定的，必须停止采煤，采取人工强制放顶或者其他措施进行处理。

放顶的方法和安全措施，放顶与爆破、机械落煤等工序平行作业的安全距离，放顶区内支架、支柱等的回收方法，必须在作业规程中明确规定。

放顶人员必须站在支架完整，无崩绳、崩柱、甩钩、断绳抽人等危险的安全地点工作。

回柱放顶前，必须对放顶的安全工作进行全面检查，清理好退路。回柱放顶时，必须指定有经验的人员观察顶板。

采煤工作面初次放顶及收尾时，必须制定安全措施。

第一百零六条　采煤工作面采用密集支柱切顶时，两段密集支柱之间必须留有宽 0.5 m 以上的出口，出口间的距离和新密集支柱超前的距离必须在作业规程中明确规定。采煤工作面无密集支柱切顶时，必须有防止工作面冒顶和矸石窜入工作面的措施。

第一百零七条　采用人工假顶分层垮落法开采的采煤工作面，人工假顶必须铺设完好并搭接严密。

采用分层垮落法开采时，必须向采空区注浆或者注水。注浆或者注水的具体要求，应当在作业规程中明确规定。

第一百一十四条　采用综合机械化采煤时，必须遵守下列规定：

（一）必须根据矿井各个生产环节、煤层地质条件、厚度、倾角、瓦斯涌出量、自然发火倾向和矿山压力等因素，编制工作面设计。

（二）运送、安装和拆除综采设备时，必须有安全措施，明确规定运送方式、安装质量、拆装工艺和控制顶板的措施。

（三）工作面煤壁、刮板输送机和支架都必须保持直线。支架间的煤、矸必须清理干净。倾角大于 15°时，液压支架必须采取防倒、防滑措施；倾角大于 25°时，必须有防止煤（矸）窜出刮板输送机伤人的措施。

（四）液压支架必须接顶。顶板破碎时必须超前支护。在处理液压支架上方冒顶时，必须制定安全措施。

（五）采煤机采煤时必须及时移架。移架滞后采煤机的距离，应当根据顶板的具体情况在作业规程中明确规定；超过规定距离或者发生冒顶、片帮时，必须停止采煤。

（六）严格控制采高，严禁采高大于支架的最大有效支护高度。当煤层变薄时，采高不得小于支架的最小有效支护高度。

（七）当采高超过 3 m 或者煤壁片帮严重时，液压支架必须设护帮板。当采高超过 4.5 m 时，必须采取防片帮伤人措施。

（八）工作面两端必须使用端头支架或者增设其他形式的支护。

（九）工作面转载机配有破碎机时，必须有安全防护装置。

（十）处理倒架、歪架、压架，更换支架，以及拆修顶梁、支柱、座箱等大型部件时，必须有安全措施。

（十一）在工作面内进行爆破作业时，必须有保护液压支架和其他设备的安全措施。

（十二）乳化液的配制、水质、配比等，必须符合有关要求。泵箱应当设自动给液装置，防止吸空。

（十三）采煤工作面必须进行矿压监测。

第一百一十五条　采用放顶煤开采时，必须遵守下列规定：

（一）矿井第一次采用放顶煤开采，或者在煤层（瓦斯）赋存条件变化较大的区域采用放顶煤开采时，必须根据顶板、煤层、瓦斯、自然发火、水文地质、煤尘爆炸性、冲击地压等地质特征和灾害危险性进行可行性论证和设计，并由煤矿企业组织行业专家论证。

（二）针对煤层开采技术条件和放顶煤开采工艺特点，必须制定防瓦斯、防火、防尘、防水、采放煤工艺、顶板支护、初采和工作面收尾等安全技术措施。

（三）放顶煤工作面初采期间应当根据需要采取强制放顶措施，使顶煤和直接顶充分垮落。

（四）采用预裂爆破处理坚硬顶板或者坚硬顶煤时，应当在工作面未采动区进行，并制定专门的安全技术措施。严禁在工作面内采用炸药爆破方法处理未冒落顶煤、顶板及大块煤（矸）。

（五）高瓦斯、突出矿井的容易自燃煤层，应当采取以预抽方式为主的综合抽采瓦斯措施，保证本煤层瓦斯含量不大于 6 m^3/t，并采取综合防灭火措施。

（六）严禁单体支柱放顶煤开采。

有下列情形之一的，严禁采用放顶煤开采：

（一）缓倾斜、倾斜厚煤层的采放比大于1∶3，且未经行业专家论证的；急倾斜水平分段放顶煤采放比大于1∶8的。

（二）采区或者工作面采出率达不到矿井设计规范规定的。

（三）坚硬顶板、坚硬顶煤不易冒落，且采取措施后冒放性仍然较差，顶板垮落充填采空区的高度不大于采放煤高度的。

（四）放顶煤开采后有可能与地表水、老窑积水和强含水层导通的。

（五）放顶煤开采后有可能沟通火区的。

第一百二十一条　使用刮板输送机运输时，必须遵守下列规定：

（一）采煤工作面刮板输送机必须安设能发出停止、启动信号和通信的装置，发出信号点的间距不得超过15 m。

（二）刮板输送机使用的液力偶合器，必须按所传递的功率大小，注入规定量的难燃液，并经常检查有无漏失。易熔合金塞必须符合标准，并设专人检查、清除塞内污物；严禁使用不符合标准的物品代替。

（三）刮板输送机严禁乘人。

（四）用刮板输送机运送物料时，必须有防止顶人和顶倒支架的安全措施。

（五）移动刮板输送机时，必须有防止冒顶、顶伤人员和损坏设备的安全措施。

第一百二十六条　井筒大修时必须编制施工组织设计。

维修井巷支护时，必须有安全措施。严防顶板冒落伤人、堵人和支架歪倒。

扩大和维修井巷时，必须有冒顶堵塞井巷时保证人员撤退的出口。在独头巷道维修支架时，必须保证通风安全并由外向里逐架进行，严禁人员进入维修地点以里。

撤掉支架前，应当先加固作业地点的支架。架设和拆除支架时，在一架未完工之前，不得中止作业。撤换支架的工作应当连续进行，不连续施工时，每次工作结束前，必须接顶封帮。

维修锚网井巷时，施工地点必须有临时支护和防止失修范围扩大的措施。

维修倾斜井巷时，应当停止行车；需要通车作业时，必须制定行车安全措施。严禁上、下段同时作业。

更换巷道支护时，在拆除原有支护前，应当先加固邻近支护，拆除原有支护后，必须及时除掉顶帮活矸和架设永久支护，必要时还应当采取临时支护措施。在倾斜巷道中，必须有防止矸石、物料滚落和支架歪倒的安全措施。

第一百二十七条 修复旧井巷时，必须首先检查瓦斯。当瓦斯积聚时，必须按规定排放，只有在回风流中甲烷浓度不超过1.0%、二氧化碳浓度不超过1.5%、空气成分符合本规程第一百三十五条的要求时，才能作业。

第一百三十五条 井下空气成分必须符合下列要求：

（一）采掘工作面的进风流中，氧气浓度不低于20%，二氧化碳浓度不超过0.5%。

（二）有害气体的浓度不超过表2-1规定。

表2-1 矿井有害气体最高允许浓度

名　称	最高允许浓度/%
一氧化碳 CO	0.002 4
氧化氮（换算成 NO_2）	0.000 25
二氧化硫 SO_2	0.000 5
硫化氢 H_2S	0.000 66
氨 NH_3	0.004

甲烷、二氧化碳和氢气的允许浓度按本规程的有关规定执行。

矿井中所有气体的浓度均按体积百分比计算。

第二百三十一条 冲击地压矿井巷道布置与采掘作业应当遵守下列规定：

（一）开采冲击地压煤层时，在应力集中区内不得布置2个工作面同时进行采掘作业。2 个掘进工作面之间的距离小于 150 m 时，采煤工作面与掘进工作面之间的距离小于 350 m 时，2 个采煤工作面之间的距离小于 500 m 时，必须停止其中一个工作面。相邻矿井、相邻采区之间应当避免开采相互影响。

（二）开拓巷道不得布置在严重冲击地压煤层中，永久硐室不得布置在冲击地压煤层中。煤层巷道与硐室布置不应留底煤，如果留有底煤必须采取底板预卸压措施。

（三）严重冲击地压厚煤层中的巷道应当布置在应力集中区外。双巷掘进时 2 条平行巷道在时间、空间上应当避免相互影响。

（四）冲击地压煤层应当严格按顺序开采，不得留孤岛煤柱。在采空区内不得留有煤柱，如果必须在采空区内留煤柱时，应当进行论证，报企业技术负责人审批，并将煤柱的位置、尺寸以及影响范围标在采掘工程平面图上。开采孤岛煤柱的，应当进行防冲安全开采论证；严重冲击地压矿井不得开采孤岛煤柱。

（五）对冲击地压煤层，应当根据顶底板岩性适当加大掘进巷道宽度。应当优先选择无煤柱护巷工艺，采用大煤柱护巷时应当避开应力集中区，严禁留大煤柱影响邻近层开采。巷道严禁采用刚性支护。

（六）采用垮落法管理顶板时，支架（柱）应当有足够的支护强度，采空区中所有支柱必须回净。

（七）冲击地压煤层掘进工作面临近大型地质构造、采空区、其他应力集中区时，必须制定专项措施。

（八）应当在作业规程中明确规定初次来压、周期来压、采空区“见方”等期间的防冲措施。

（九）在无冲击地压煤层中的三面或者四面被采空区所包围的区域开采和回收煤柱时，必须制定专项防冲措施。

（十）采动影响区域内严禁巷道扩修与回采平行作业、严禁同一区域两点及以上同时扩修。

二、安全生产标准化的相关要求

煤矿采煤标准化评分表如表 2-2 所示。

表 2-2　煤矿采煤标准化评分表

项目	项目内容	基本要求	标准分值	评分方法	得分
一、基础管理（15分）	监测	1. 采煤工作面实行顶板动态和支护质量监测；进、回风巷实行围岩变形观测，锚杆支护有顶板离层监测。 2. 监测观测有记录，记录数据符合实际。 3. 异常情况有处理意见并落实。 4. 对观测数据进行规律分析，有分析结果	3	查现场和资料。未监测或观测不得分；其余不符合要求1处扣0.5分	
	规程措施	1. 作业规程符合《煤矿安全规程》等要求；采煤工作面地质条件发生变化时，及时修改作业规程或补充安全技术措施。 2. 矿总工程师至少每两个月组织对作业规程及贯彻实施情况进行复审，且有复审意见。 3. 工作面安装、初次放顶、强制放顶、收尾、回撤、过地质构造带、过老巷、过煤柱、过冒顶区、过钻孔、过陷落柱等，以及托伪顶开采时，制定安全技术措施并组织实施。 4. 作业规程中支护方式的选择、支护强度的计算有依据。 5. 作业规程中各种附图完整规范。 6. 放顶煤开采工作面开采设计制定有防瓦斯、防灭火、防水等灾害治理专项安全技术措施，并按规定进行审批和验收	5	查现场和资料。内容不全缺1项扣1分，1项不符合要求扣0.5分	

表 2-2(续)

项目	项目内容	基本要求	标准分值	评分方法	得分
一、基础管理(15分)	管理制度	1. 有工作面顶板管理制度,有支护质量检查、顶板动态监测和分析制度。 2. 有采煤作业规程编制、审批、复审、贯彻、实施制度。 3. 有工作面机械设备检修保养制度,乳化液泵站管理制度,文明生产管理制度,工作面支护材料、设备、配件备用制度等	3	查资料。制度不全缺 1 项扣 1 分,1 项不符合要求扣0.5分	
	支护材料	支护材料有管理台账,单体液压支柱完好,使用 8 个月应进行检修和压力试验,记录齐全;现场备用支护材料和备件符合作业规程要求	2	查现场和资料。不符合要求1 处扣0.5分	
	采煤机械化	采煤工作面采用机械化开采	1.5	查现场。未使用机械化开采不得分	
	系统优化	采用"一井一面"或"一井两面"生产模式	0.5	查现场。未采用不得分	
二、质量与安全(50分)	顶板管理	1. 工作面液压支架初撑力不低于额定值的 80%,现场每台支架有检测仪表;单体液压支柱初撑力符合《煤矿安全规程》要求	4	查现场。沿工作面均匀选 10 个点现场测定,1 点不符合要求扣 0.5 分	

表 2-2(续)

项目	项目内容	基本要求	标准分值	评分方法	得分
二、质量与安全(50分)	顶板管理	2. 工作面支架中心距(支柱间排距)误差不超过 100 mm,侧护板正常使用,架间间隙不超过 100 mm(单体支柱间距误差不超过 100 mm);支架(支柱)不超高使用,支架(支柱)高度与采高相匹配,控制在作业规程规定的范围内,支架的活柱行程不小于 200 mm(企业特殊定制支架、支柱以其技术指标为准)	4	查现场。沿工作面均匀选 10 个点现场测定,1 点不符合要求扣 1 分	
		3. 液压支架接顶严实,相邻支架(支柱)顶梁平整,无明显错茬(不超过顶梁侧护板高的 2/3),支架不挤不咬;采高大于 3.0 m 或片帮严重时,应有防片帮措施;支架前梁(伸缩梁)梁端至煤壁顶板垮落高度不大于 300 mm。高档普采(炮采)工作面机道梁端至煤壁顶板垮落高度不大于 200 mm,超过 200 mm时采取有效措施	2	查现场和资料。不符合要求 1 处扣 1 分	
		4. 支架顶梁与顶板平行,最大仰俯角不大于 7°(遇断层、构造带、应力集中区在保证支护强度条件下,应满足作业规程或专项安全措施要求);支架垂直顶底板,歪斜角不大于 5°;支柱迎山角符合作业规程规定	2	查现场和资料。不符合要求 1 处扣 0.5 分	

表 2-2(续)

项目	项目内容	基本要求	标准分值	评分方法	得分
二、质量与安全(50分)	顶板管理	5. 工作面液压支架(支柱顶梁)端面距符合作业规程规定。工作面“三直一平”,液压支架(支柱)排成一条直线,其偏差不超过 50 mm。工作面伞檐长度大于 1 m 时,其最大突出部分,薄煤层不超过 150 mm,中厚以上煤层不超过 200 mm;伞檐长度在 1 m 及以下时,最突出部分薄煤层不超过 200 mm,中厚煤层不超过 250 mm	4	查现场和资料。不符合要求 1 处扣 1 分	
		6. 工作面内液压支架(支柱)编号管理,牌号清晰	2	查现场。不符合要求 1 处扣 0.5 分	
		7. 工作面内特殊支护齐全;进回风巷工作面端头处及时退锚;顶板不垮落、悬顶距离超过作业规程规定的,停止采煤,采取人工强制放顶或者其他措施进行处理	2	查现场和资料。1 处不符合要求不得分	
		8. 不随意留顶煤、底煤开采,留顶煤、托夹矸开采时,制定专项措施	2	查现场和资料。不符合要求 1 处扣 0.5 分,无专项措施不得分	
		9. 工作面因顶板破碎或分层开采,需要铺设假顶时,按照作业规程的规定执行	2	查现场和资料。不符合要求 1 处扣 0.5 分	

表 2-2(续)

项目	项目内容	基本要求	标准分值	评分方法	得分
二、质量与安全(50分)	顶板管理	10. 工作面控顶范围内顶底板移近量按采高不大于 100 mm/m;底板松软时,支柱应穿柱鞋,钻底小于 100 mm;工作面顶板不应出现台阶式下沉	2	查现场。不符合要求 1 处扣 0.5 分	
		11. 坚持开展工作面工程质量、顶板管理、规程落实情况的班评估工作,记录齐全,并放置在井下指定地点	2	查现场和资料。未进行班评估不得分,记录不符合要求的 1 处扣 0.5 分	
	安全出口与端头支护	1. 工作面安全出口畅通,人行道宽度不小于 0.8 m,综采(放)工作面安全出口高度不低于 1.8 m,其他工作面不低于 1.6 m。工作面两端第一组支架与巷道支护间距不大于 0.5 m,单体支柱初撑力符合《煤矿安全规程》规定	4	查现场。1 处不符合要求不得分	
		2. 冲击地压矿井使用工作面端头支架、两巷超前支护液压支架和吸能装置	1	查现场。1 处不符合要求不得分	
		3. 进、回风巷超前支护距离不小于 20 m,支柱柱距、排距允许偏差不大于 100 mm,支护形式符合作业规程规定;进、回风巷与工作面放顶线放齐(沿空留巷除外),控顶距应在作业规程中规定;挡矸有效	4	查现场和资料。超前支护距离不符合要求不得分,其他不符合要求 1 处扣 0.5 分	

表 2-2(续)

项目	项目内容	基本要求	标准分值	评分方法	得分
二、质量与安全(50分)	安全出口与端头支护	4. 架棚巷道采用超前替棚的，超前替棚距离，锚杆、锚索支护巷道退锚距离符合作业规程规定	2	查现场和资料。不符合要求1处扣0.5分	
	安全设施	1. 各转载点有喷雾灭尘装置，带式输送机机头、乳化液泵站、配电点等场所消防设施齐全	3	查现场。1处不符合要求扣0.5分	
		2. 设备转动外露部位、溜煤眼及煤仓上口等人员通过的地点有可靠的安全防护设施	2	查现场。1处不符合要求不得分	
		3. 单体液压支柱有防倒措施；工作面倾角大于15°时，液压支架有防倒、防滑措施，其他设备有防滑措施；倾角大于25°时，有防止煤(矸)窜出伤人的措施	3	查现场。不符合要求1处扣1分	
		4. 行人通过的刮板输送机机尾设盖板；带式输送机行人跨越处有过桥；工作面刮板输送机信号闭锁符合要求	2	查现场。不符合要求1处扣0.5分	
		5. 破碎机安全防护装置齐全有效	1	查现场。不符合要求不得分	

表 2-2(续)

项目	项目内容	基本要求	标准分值	评分方法	得分
三、机电设备(20分)	设备选型	1. 支护装备(泵站、支架及支柱)满足设计要求	2	查现场和资料。不符合要求不得分	
		2. 生产装备选型、配套合理,满足设计生产能力需要	2	查现场和资料。不符合要求不得分	
		3. 电气设备满足生产、支护装备安全运行的需要	2	查现场和资料。不符合要求不得分	
	设备管理	1. 泵站: (1) 乳化液泵站完好,乳化液泵压力综采(放)工作面不小于 30 MPa,炮采、高档普采工作面乳化液泵压力不小于 18 MPa,乳化液(浓缩液)浓度符合产品技术标准要求,并在作业规程中明确规定。 (2) 液压系统无漏、窜液,部件无缺损,管路无挤压,连接销使用规范;注液枪完好,控制阀有效。 (3) 采用电液阀控制时,净化水装置运行正常,水质、水量满足要求。 (4) 各种液压设备及辅件合格、齐全、完好,控制阀有效,耐压等级符合要求,操纵阀手把有限位装置	4	查现场和资料。不符合要求1处扣1分	

表 2-2(续)

项目	项目内容	基本要求	标准分值	评分方法	得分
三、机电设备(20分)	设备管理	2. 采(刨)煤机： (1) 采(刨)煤机完好。 (2) 采煤机有停止工作面刮板输送机的闭锁装置。 (3) 采(刨)煤机设置甲烷断电仪或者便携式甲烷检测报警仪，且灵敏可靠。 (4) 采(刨)煤机截齿、喷雾装置、冷却系统符合规定，内外喷雾有效。 (5) 采(刨)煤机电气保护齐全可靠。 (6) 刨煤机工作面至少每隔 30 m 装设能随时停止刨头和刮板输送机的装置或向刨煤机司机发送信号的装置；有刨头位置指示器。 (7) 大中型采煤机使用软启动控制装置。 (8) 采煤机具备遥控功能	3	查现场和资料。第(1)～(6)项不符合要求1处扣 0.5 分，第(7)～(8)项不符合要求 1 处扣 0.1 分	
		3. 刮板输送机、转载机、破碎机： (1) 刮板输送机、转载机、破碎机完好。 (2) 使用刨煤机采煤、工作面倾角大于 12°时，配套的刮板输送机装设防滑、锚固装置。 (3) 刮板输送机机头、机尾固定可靠	2	查现场和资料。不符合要求 1 处扣 0.5 分	

表 2-2(续)

项目	项目内容	基本要求	标准分值	评分方法	得分
三、机电设备(20分)	设备管理	(4) 刮板输送机、转载机、破碎机的减速器与电动机软连接或采用软启动控制,液力偶合器不使用可燃性传动介质(调速型液力偶合器不受此限),使用合格的易熔塞和防爆片。 (5) 刮板输送机安设有能发出停止和启动信号的装置。 (6) 刮板输送机、转载机、破碎机电气保护齐全可靠,电机采用水冷方式时,水量、水压符合要求	2	查现场和资料。不符合要求 1 处扣 0.5 分	
		4. 带式输送机: (1) 带式输送机完好,机架、托辊齐全完好,胶带不跑偏。 (2) 带式输送机电气保护齐全可靠。 (3) 带式输送机的减速器与电动机采用软连接或软启动控制,液力偶合器不使用可燃性传动介质(调速型液力偶合器不受此限),并使用合格的易熔塞和防爆片。 (4) 使用阻燃、抗静电胶带,有防打滑、防堆煤、防跑偏、防撕裂保护装置,有温度、烟雾监测装置,有自动洒水装置。 (5) 带式输送机机头、机尾固定牢固,机头有防护栏,有防灭火器材,机尾使用挡煤板、有防护罩。在大于 16°的斜巷中带式输送机设置防护网,并采取防止物料下滑、滚落等安全措施	2	查现场和资料。第(1)～(8)项不符合要求 1 处扣 0.5 分,第(9)项不符合要求扣 0.1 分	

表 2-2(续)

项目	项目内容	基本要求	标准分值	评分方法	得分
三、机电设备(20分)	设备管理	(6) 连续运输系统有连锁、闭锁控制装置,机头、机尾及全线安设有通信和信号装置,安设间距不超过 200 m。 (7) 上运式带式输送机装设防逆转装置和制动装置,下运式带式输送机装设软制动装置和防超速保护装置。 (8) 带式输送机安设沿线有效的急停装置。 (9) 带式输送机系统宜采用无人值守集中综合智能控制方式	2	查现场和资料。第(1)～(8)项不符合要求 1 处扣 0.5 分,第(9)项不符合要求扣 0.1 分	
		5. 辅助运输设备完好,制动可靠,安设符合要求,声光信号齐全;轨道铺设符合要求;钢丝绳及其使用符合《煤矿安全规程》要求,检验合格	1	查现场。不符合要求 1 处扣 0.5 分	
		6. 通信系统畅通可靠,工作面每隔 15 m及变电站、乳化液泵站、各转载点有语音通信装置;监测、监控设备运行正常,安设位置符合规定	1	查现场。不符合要求 1 处扣 0.5 分	
		7. 小型电器排列整齐,干净整洁,性能完好;机电设备表面干净,无浮煤积尘;移动变电站完好;接地线安设规范;开关上架,电气设备不被淋水;移动电缆有吊挂、拖曳装置	1	查现场。1 处不符合要求不得分	

表 2-2(续)

项目	项目内容	基本要求	标准分值	评分方法	得分
四、职工素质及岗位规范(5分)	管理技术人员	1. 区(队)管理和技术人员掌握相关的岗位职责、管理制度、技术措施	1	查现场和资料。对照岗位职责、管理制度和技术措施,随机抽考1名管理或技术人员2个问题,1个问题回答错误扣0.5分	
	作业人员	2. 班组长及现场作业人员严格执行本岗位安全生产责任制;掌握本岗位相应的操作规程、安全措施;规范操作,无“三违”行为;作业前进行岗位安全风险辨识及安全确认;零星工程施工有针对性措施、有管理人员跟班	4	查现场。发现“三违”不得分,对照岗位安全生产责任制、操作规程和安全措施随机抽考2名特种作业人员和岗位人员各1个问题,1人回答错误扣0.5分;随机抽查2名特种作业人员或岗位人员现场实操,不执行岗位责任制、不规范操作或不进行岗位安全风险辨识及安全确认1人扣0.5分;其他不符合要求1处扣1分	

表 2-2(续)

项目	项目内容	基本要求	标准分值	评分方法	得分
五、文明生产(10分)	面外环境	1. 电缆、管线吊挂整齐，泵站、休息地点、油脂库、带式输送机机头和机尾等场所有照明；图牌板(工作面布置图、设备布置图、通风系统图、监测通信系统图、供电系统图、工作面支护示意图、正规作业循环图表、避灾路线图，炮采工作面增设炮眼布置图、爆破说明书等)齐全、清晰整洁；巷道每隔 100 m 设置醒目的里程标志	2	查现场。不符合要求 1 项扣 0.5 分	
		2. 进、回风巷支护完整，无失修巷道；设备、物料与胶带、轨道等的安全距离符合规定，设备上方与顶板距离不小于 0.3 m	3	查现场。不符合要求 1 项扣 0.5 分	
		3. 巷道及硐室底板平整，无浮渣及杂物、无淤泥、无积水；管路、设备无积尘；物料分类码放整齐，有标志牌，设备、物料放置地点与通风设施距离大于 5 m	2	查现场。不符合要求 1 项扣 0.5 分	
	面内环境	工作面内管路敷设整齐，液压支架内无浮煤、积矸，照明符合规定	3	查现场。不符合要求 1 项扣 0.5 分	
附加项(2分)	技术进步	采用智能化采煤工作面，生产时作业人数不超过 5 人	2	查现场。符合要求得 2 分	
得分合计					

模块二　采煤作业安全操作技能

安全操作技能一　本岗位“双述”示例

学习目标

1. 了解超前处理工岗位“双述”。
2. 了解端头支护工岗位“双述”。
3. 了解工作面回采支护工岗位“双述”。
4. 了解工作面推移输送机工岗位“双述”。
5. 了解工作面综采移架工岗位“双述”。
6. 了解工作面回柱放顶工岗位“双述”。
7. 了解工作面放煤工岗位“双述”。
8. 了解工作面支架更换立柱工岗位“双述”。
9. 了解工作面钻眼工岗位“双述”。
10. 了解工作面装卸料工岗位“双述”。
11. 了解巷道维护工岗位“双述”。
12. 了解支架拆装工岗位“双述”。
13. 了解联网工岗位“双述”。

安全操作技能相关知识

一、超前处理工岗位“双述”

1. 超前处理工岗位描述

报告：我叫×××，是本工作面超前处理工，我的当班班长是××

×，我的动态互保联保人是×××，欢迎检查指导工作。是否进行岗位描述？请指示。

(1) 设备与环境描述；

(2) 岗位主要风险和安全确认；

(3) 岗位主要操作程序；

(4) 避灾路线；

(5) 汇报完毕，请指示！

2. 超前处理工手指口述

超前处理工手指口述如表 2-3 所示。

表 2-3　超前处理工手指口述

时间	心想	眼看	手指	"手指口述"内容	确认
班前"手指口述"	安全	(1) 顶帮、煤壁。 (2) 工具	(1) 顶帮、煤壁。 (2) 工具、备件	(1) 顶帮、煤壁有无隐患。 (2) 确认准备工具、备件齐全	确认完毕
班中"手指口述"	操作	(1) 顶板、煤壁。 (2) 支柱。 (3) 支柱。 (4) 支柱。 (5) 敲帮问顶	(1) 顶板、煤壁。 (2) 支柱。 (3) 支柱。 (4) 支柱。 (5) 煤帮、顶板	(1) 确认顶板、煤壁安全。 (2) 确认支柱直线率。 (3) 确认支柱初撑力。 (4) 确认支柱完好。 (5) 确认敲帮问顶	确认完毕
班后"手指口述"	质量	(1) 支柱。 (2) 支柱。 (3) 敲帮问顶。 (4) 安全	(1) 支柱。 (2) 支柱。 (3) 煤帮、顶板。 (4) 安全	(1) 确认支柱初撑力，符合规程要求。 (2) 确认支柱直线率。 (3) 确认敲帮问顶。 (4) 确认交班无误，离开工作场所	确认完毕

二、端头支护工岗位“双述”

1. 端头支护工岗位描述

报告:我叫×××,是本班端头支护工,我的动态互保联保人是×××,欢迎领导检查指导工作。是否进行岗位描述?请指示。

(1) 设备与环境描述;

(2) 岗位主要风险和安全确认;

(3) 岗位主要操作程序;

(4) 避灾路线;

(5) 汇报完毕,请指示!

2. 端头支护工手指口述

端头支护工手指口述如表2-4所示。

表2-4 端头支护工手指口述

时间	心想	眼看	手指	“手指口述”内容	确认
班前“手指口述”	安全	(1) 顶帮、煤壁。 (2) 工具、备件	(1) 顶帮、煤壁。 (2) 工具、备件	(1) 顶帮、煤壁是否有隐患。 (2) 确认准备工具、备件齐全	确认完毕
班中“手指口述”	操作	(1) 顶板、煤壁。 (2) 支架。 (3) 改回支柱。 (4) 顶移机头、人员。 (5) 支护	(1) 顶板、煤壁。 (2) 支架。 (3) 改回支柱。 (4) 机头、人员。 (5) 支护	(1) 确认顶板、煤壁安全。 (2) 确认支架完好。 (3) 确认改回支柱动作。 (4) 确认顶移机头、煤帮人员。 (5) 确认端头是否空顶	确认完毕
班后“手指口述”	质量	(1) 顶板支护。 (2) 支架。 (3) 支柱。 (4) 安全	(1) 支护。 (2) 支架。 (3) 支柱。 (4) 安全	(1) 确认无空顶现象。 (2) 确认支架支护完好。 (3) 确认支柱完好。 (4) 确认交班无误,离开工作场所	确认完毕

三、工作面回采支护工岗位“双述”

1. 工作面回采支护工岗位描述

报告：我叫×××，是本班工作面回采支护工，我的动态互保联保人是×××，欢迎领导检查指导工作。是否进行岗位描述？请指示。

(1) 设备与环境描述；

(2) 岗位主要风险和安全确认；

(3) 岗位主要操作程序；

(4) 避灾路线；

(5) 汇报完毕，请指示！

2. 工作面回采支护工手指口述

工作面回采支护工岗位手指口述如表 2-5 所示。

表 2-5　工作面回采支护工岗位手指口述

时间	心想	眼看	手指	“手指口述”内容	确认
班前“手指口述”	安全	(1) 顶帮、煤壁。 (2) 工具、备件	(1) 顶帮、煤壁。 (2) 工具、备件	(1) 顶帮、煤壁是否有隐患。 (2) 确认准备工具、备件齐全	确认完毕
班中“手指口述”	操作	(1) 顶帮及四周情况。 (2) 支架。 (3) 断层地段支护。 (4) 支柱柱头。 (5) 爆破工撤离。 (6) 煤帮支柱	(1) 顶帮。 (2) 支架。 (3) 支护。 (4) 支柱柱头。 (5) 爆破人员。 (6) 支柱	(1) 确认顶帮有无危险。 (2) 确认支架初撑力。 (3) 确认断层地段支护强度。 (4) 确认支柱柱头是否拴牢。 (5) 确认工作面爆破人员撤离。 (6) 确认煤帮支柱齐全有力	确认完毕

表 2-5(续)

时间	心想	眼看	手指	“手指口述”内容	确认
班后“手指口述”	质量	(1) 支护。 (2) 支架。 (3) 支柱。 (4) 安全	(1) 支护。 (2) 支架。 (3) 支柱。 (4) 安全	(1) 确认顶帮支护到位。 (2) 确认支架完好有力。 (3) 确认支柱迎山有力。 (4) 确认交班无误,列队离开工作场所	确认完毕

四、工作面推移输送机工岗位“双述”

1. 工作面推移输送机工岗位描述

报告:我叫×××,是本班工作面推移输送机工,我的动态互保联保人是×××,欢迎领导检查指导工作。是否进行岗位描述?请指示。

(1) 设备与环境描述;

(2) 岗位主要风险和安全确认;

(3) 岗位主要操作程序;

(4) 避灾路线;

(5) 汇报完毕,请指示!

2. 工作面推移输送机工手指口述

工作面推移输送机工手指口述如表 2-6 所示。

表 2-6　工作面推移输送机工手指口述

时间	心想	眼看	手指	“手指口述”内容	确认
班前“手指口述”	安全	(1) 顶帮、煤壁。 (2) 工具、备件	(1) 顶帮、煤壁。 (2) 工具、备件	(1) 顶帮、煤壁是否有隐患。 (2) 确认准备工具、备件齐全	确认完毕

表 2-6(续)

时间	心想	眼看	手指	“手指口述”内容	确认
班中“手指口述”	操作	(1) 顶帮及四周情况。 (2) 输送机长度。 (3) 人员。 (4) 推移千斤顶。 (5) 操作手把	(1) 顶帮。 (2) 输送机。 (3) 人员。 (4) 推移千斤顶。 (5) 操作手把	(1) 确认顶帮安全。 (2) 确认推移输送机长度。 (3) 确认煤帮人员。 (4) 操作推移千斤顶，推移输送机(距采煤机后滚筒不小于15 m)。 (5) 操作手把归“零位”	确认完毕
班后“手指口述”	质量	(1) 输送机。 (2) 输送机。 (3) 安全	(1) 输送机。 (2) 输送机。 (3) 安全	(1) 确认输送机推移距离。 (2) 确认输送机直线率。 (3) 确认交班情况	确认完毕

五、工作面综采移架工岗位“双述”

1. 工作面综采移架工岗位描述

报告:我叫×××,是本班一名工作面综采移架工,我的当班班长是×××,我的动态互保联保人是×××,欢迎领导检查指导工作。是否进行岗位描述？请指示。

(1) 设备与环境描述；

(2) 岗位主要风险和安全确认；

(3) 岗位主要操作程序；

(4) 避灾路线；

(5) 汇报完毕,请指示！

2. 工作面综采移架工手指口述

工作面综采移架工手指口述如表 2-7 所示。

表 2-7　工作面综采移架工手指口述

时间	心想	眼看	手指	“手指口述”内容	确认
班前“手指口述”	安全	(1) 顶帮、煤壁。 (2) 工具、备件	(1) 顶帮、煤壁。 (2) 工具、备件	(1) 顶帮、煤壁是否有隐患。 (2) 确认准备工具、备件齐全	确认完毕
班中“手指口述”	操作	(1) 护帮板、伸缩梁、侧护板、喷雾。 (2) 立柱。 (3) 立柱、顶梁。 (4) 侧护板、伸缩梁、护帮板。 (5) 操作手把	(1) 护帮板、伸缩梁、侧护板、喷雾。 (2) 立柱。 (3) 立柱、顶梁。 (4) 侧护板、伸缩梁、护帮板。 (5) 操作手把	(1) 采煤机割煤时，提前收回 4～5 架护帮板或伸缩梁，待采煤机过后及时伸出护帮板，收回侧护板，打开喷雾。 (2) 降支架立柱，移架(距离采煤机后滚筒不小于 6 m)。 (3) 移到位后，升紧支架(继续供液 3～5 s)。 (4) 打出侧护板，伸出伸缩梁，打出护帮板。 (5) 操作手把归“零位”	确认完毕
班后“手指口述”	质量	(1) 顶梁。 (2) 护帮板、侧护板。 (3) 顶梁与齿轨间距。 (4) 压力表	(1) 顶梁。 (2) 护帮板、侧护板。 (3) 顶梁与齿轨间距。 (4) 压力表	(1) 把支架顶梁接顶严密。 (2) 护帮板已伸出，侧护板打出，端面距符合规定。 (3) 顶梁与齿轨之间的高度能够通过采煤机。 (4) 支架初撑力符合要求	确认完毕

六、工作面回柱放顶工岗位“双述”

1. 工作面回柱放顶工岗位描述

报告：我叫×××，是本班工作面回柱放顶工，我的当班班长是×××，我的动态互保联保人是×××，欢迎检查指导工作。是否进行岗位描述？请指示。

(1) 设备与环境描述；

(2) 岗位主要风险和安全确认；

(3) 岗位主要操作程序；

(4) 避灾路线；

(5) 汇报完毕，请指示！

2. 工作面回柱放顶工手指口述

工作面回柱放顶工手指口述如表 2-8 所示。

表 2-8 工作面回柱放顶工手指口述

时间	心想	眼看	手指	“手指口述”内容	确认
班前“手指口述”	安全	(1) 顶帮、煤壁。 (2) 工具、备件	(1) 顶帮、煤壁。 (2) 工具、备件	(1) 顶帮、煤壁是否有隐患。 (2) 确认准备工具、备件齐全	确认完毕
班中“手指口述”	操作	(1) 顶帮及四周情况。 (2) 支柱迎山。 (3) 挡渣装置。 (4) 后路环境	(1) 顶帮。 (2) 支柱迎山。 (3) 挡渣装置。 (4) 后路环境	(1) 确认顶帮支护可靠，无杂物堆积。 (2) 确认支柱是否迎山有力。 (3) 确认挡渣装置是否齐全有效。 (4) 确认后路是否畅通	确认完毕

表 2-8(续)

时间	心想	眼看	手指	“手指口述”内容	确认
班后“手指口述”	质量	(1) 顶帮支护。 (2) 支柱。 (3) 挡渣装置。 (4) 支柱。 (5) 安全	(1) 顶帮支护。 (2) 支柱。 (3) 挡渣装置。 (4) 支柱。 (5) 安全	(1) 确认顶帮支护可靠。 (2) 确认支柱迎山有力。 (3) 确认挡渣装置齐全有效。 (4) 确认回撤支柱清理干净。 (5) 确认无误,列队离开工作场所	确认完毕

七、工作面放煤工岗位“双述”

1. 工作面放煤工岗位描述

报告:我叫×××,是本班工作面放煤工,我的动态互保联保人是×××,欢迎领导检查指导工作。是否进行岗位描述?请指示。

(1) 设备与环境描述;

(2) 岗位主要风险和安全确认;

(3) 岗位主要操作程序;

(4) 避灾路线;

(5) 汇报完毕,请指示!

2. 工作面放煤工手指口述

工作面放煤工手指口述如表 2-9 所示。

表 2-9 工作面放煤工手指口述

时间	心想	眼看	手指	“手指口述”内容	确认
班前“手指口述”	安全	(1) 顶帮、煤壁。 (2) 工具、备件	(1) 顶帮、煤壁。 (2) 工具、备件	(1) 顶帮、煤壁是否有隐患。 (2) 确认准备工具、备件齐全	确认完毕

表 2-9(续)

时间	心想	眼看	手指	“手指口述”内容	确认
班中“手指口述”	操作	(1) 顶帮及四周情况。 (2) 人员站位。 (3) 放煤。 (4) 高压管路、压力表	(1) 顶帮。 (2) 人员站位。 (3) 放煤。 (4) 高压管路、压力表	(1) 确认顶帮是否片帮、掉渣。 (2) 确认人员站位。 (3) 确认放煤操作是否正确。 (4) 确认高压管路是否固定,压力是否符合要求	确认完毕
班后“手指口述”	质量	(1) 顶帮支护、支架。 (2) 插板。 (3) 安全	(1) 顶帮支护、支架。 (2) 插板。 (3) 安全	(1) 确认顶帮支护可靠。确认支架、支架尾梁升起。 (2) 确认推出插板。确认是否存在问题。 (3) 确认无误,列队离开工作场所	确认完毕

八、工作面支架更换立柱工岗位“双述”

1. 工作面支架更换立柱工岗位描述

报告:我叫×××,是本班工作面支架更换立柱工,我的动态互保联保人是×××,欢迎领导检查指导工作。是否进行岗位描述?请指示。

(1) 设备与环境描述;

(2) 岗位主要风险和安全确认;

(3) 岗位主要操作程序;

(4) 避灾路线;

(5) 汇报完毕,请指示!

2. 工作面支架更换立柱工手指口述

工作面支架更换立柱工手指口述如表 2-10 所示。

表 2-10　工作面支架更换立柱工手指口述

时间	心想	眼看	手指	“手指口述”内容	确认
班前“手指口述”	安全	(1) 顶帮、煤壁。 (2) 工具、备件	(1) 顶帮、煤壁。 (2) 工具、备件	(1) 顶帮、煤壁有无隐患。 (2) 确认准备工具、备件齐全	确认完毕
班中“手指口述”	操作	(1) 支架。 (2) 起吊设备。 (3) 人员站位。 (4) 高压管路。 (5) 立柱位置	(1) 支架。 (2) 起吊设备。 (3) 人员站位。 (4) 高压管路。 (5) 立柱位置	(1) 确认支架初撑力。 (2) 确认起吊设备完好。 (3) 确认人员站位。 (4) 确认高压管路是否破损。 (5) 确认立柱位置合适	确认完毕
班后“手指口述”	质量	(1) 高压管销子。 (2) 高压管路。 (3) 立柱。 (4) 日志。 (5) 安全、环境	(1) 高压管销子。 (2) 高压管路。 (3) 立柱。 (4) 日志。 (5) 安全、环境	(1) 确认高压管销子是否插到位。 (2) 确认高压管路是否破损。 (3) 确认立柱工作正常。 (4) 确认填写日志。 (5) 确认无误，列队离开工作场所	确认完毕

九、工作面钻眼工岗位“双述”

1. 工作面钻眼工岗位描述

报告：我叫×××，是本班钻眼工，我的动态互保联保人是×××，欢迎领导检查指导工作。是否进行岗位描述？请指示。

(1) 设备与环境描述；

(2) 岗位主要风险和安全确认；

(3) 岗位主要操作程序；

(4) 避灾路线；

(5) 汇报完毕，请指示！

2. 工作面钻眼工手指口述

工作面钻眼工手指口述如表 2-11 所示。

表 2-11 工作面钻眼工手指口述

时间	心想	眼看	手指	"手指口述"内容	确认
班前"手指口述"	安全	(1) 顶帮、煤壁。 (2) 工具、备件	(1) 顶帮、煤壁。 (2) 工具、备件	(1) 顶帮、煤壁有无隐患。 (2) 确认准备工具、备件齐全	确认完毕
班中"手指口述"	操作	(1) 顶帮及四周情况。 (2) 专人观顶。 (3) 钻杆钻进、上水量。 (4) 钻眼间距。 (5) 钻眼角度。 (6) 操作协调。 (7) 领口、袖口、裤腿	(1) 顶帮。 (2) 专人观顶。 (3) 钻进、上水量。 (4) 钻眼间距。 (5) 钻眼角度。 (6) 操作协调。 (7) 领口、袖口、裤腿	(1) 确认顶帮是否有掉渣、片帮危险。 (2) 确认是否专人观顶。 (3) 确认钻杆钻进及上水量情况。 (4) 确认钻眼间距是否符合措施要求。 (5) 确认钻眼角度是否符合措施要求。 (6) 确认领钎定眼与钻机操作协调统一。 (7) 确认安保措施到位	确认完毕
班后"手指口述"	质量	(1) 钻杆、钻头、水阀。 (2) 收工操作。 (3) 锚杆机、风水带、钻杆存放。 (4) 环境。 (5) 安全	(1) 钻杆、钻头、水阀。 (2) 收工操作。 (3) 存放地点。 (4) 环境。 (5) 安全	(1) 确认拔下钻杆,收好钻头,关闭阀门。 (2) 确认收工程序。 (3) 确认锚杆机、风水带、钻杆存放在指定地点。 (4) 确认环境清洁。 (5) 确认无误,列队离开工作场所	确认完毕

十、工作面装卸料工岗位“双述”

1. 工作面装卸料工岗位描述

报告:我叫×××,是本班工作面装卸料工,我的动态互保联保人是×××,欢迎领导检查指导工作。是否进行岗位描述?请指示。

(1) 设备与环境描述;

(2) 岗位主要风险和安全确认;

(3) 岗位主要操作程序;

(4) 避灾路线;

(5) 汇报完毕,请指示!

2. 工作面装卸料工手指口述

工作面装卸料工手指口述如表 2-12 所示。

表 2-12 工作面装卸料工手指口述

时间	心想	眼看	手指	“手指口述”内容	确认
班前“手指口述”	安全	(1) 顶帮、煤壁。 (2) 工具、备件	(1) 顶帮、煤壁。 (2) 工具、备件	(1) 顶帮、煤壁有无隐患。 (2) 确认准备工具、备件齐全	确认完毕
班中“手指口述”	操作	(1) 顶帮及四周情况。 (2) 矿车固定。 (3) 物料情况。 (4) 起吊设备。 (5) 人员站位。 (6) 物料	(1) 顶帮。 (2) 矿车。 (3) 物料。 (4) 起吊设备。 (5) 人员站位。 (6) 物料	(1) 确认顶帮是否掉渣、片帮。 (2) 确认固定矿车装置是否稳固。 (3) 确认物料码放是否整齐。 (4) 确认起吊设备固定牢固。 (5) 确认人员站位。 (6) 确认物料捆绑牢固	确认完毕

表 2-12(续)

时间	心想	眼看	手指	"手指口述"内容	确认
班后"手指口述"	质量	(1) 安全。 (2) 物料。 (3) 卫生。 (4) 环境	(1) 安全。 (2) 物料。 (3) 卫生。 (4) 环境	(1) 确认现场有无遗留问题。 (2) 确认现场物料码放整洁。 (3) 确认现场卫生。 (4) 确认无误,列队离开工作场所	确认完毕

十一、巷道维护工岗位"双述"

1. 巷道维护工岗位描述

报告:我叫×××,是巷道维护工,我的动态互保联保人是×××,欢迎领导检查指导工作。是否进行岗位描述?请指示。

(1) 设备与环境描述;

(2) 岗位主要风险和安全确认;

(3) 岗位主要操作程序;

(4) 避灾路线;

(5) 汇报完毕,请指示!

2. 巷道维护工手指口述

巷道维护工手指口述如表 2-13 所示。

表 2-13　巷道维护工手指口述

时间	心想	眼看	手指	"手指口述"内容	确认
班前"手指口述"	安全	(1) 顶帮、煤壁。 (2) 工具、备件	(1) 顶帮、煤壁。 (2) 工具、备件	(1) 顶帮、煤壁有无隐患。 (2) 确认准备工具、备件齐全	确认完毕

表 2-13(续)

时间	心想	眼看	手指	“手指口述”内容	确认
班中“手指口述”	维护	(1) 顶帮及四周情况。 (2) 专人观顶。 (3) 加固支护。 (4) 临时支护。 (5) 高空作业	(1) 顶帮、环境。 (2) 专人观顶。 (3) 加固支护。 (4) 临时支护。 (5) 高空作业	(1) 确认顶帮是否有掉渣、片帮危险。 (2) 确认是否专人观顶。 (3) 确认是否加固施工地点前后支护。 (4) 确认是否采取临时支护。 (5) 确认高空作业是否采取安全措施	确认完毕
班后“手指口述”	质量	(1) 支护。 (2) 安全。 (3) 卫生。 (4) 环境	(1) 支护。 (2) 安全。 (3) 卫生。 (4) 环境	(1) 确认支护可靠有效。 (2) 确认现场有无遗留问题。 (3) 确认现场卫生。 (4) 确认无误，列队离开工作场所	确认完毕

十二、支架拆装工岗位双述

1. 支架安装工岗位描述

报告：我叫×××，是本班工作面支架安装工，我的动态互保联保人是×××，欢迎领导检查指导工作。是否进行岗位描述？请指示。

(1) 设备与环境描述；

(2) 岗位主要风险和安全确认；

(3) 岗位主要操作程序；

(4) 避灾路线；

(5) 汇报完毕，请指示！

2. 支架拆除工岗位描述

报告：我叫×××，是本班工作面支架拆除工，我的动态互保联保人是×××，欢迎领导检查指导工作。是否进行岗位描述？请指示。

(1) 设备与环境描述；

(2) 岗位主要风险和安全确认；

(3) 岗位主要操作程序；

(4) 避灾路线；

(5) 汇报完毕，请指示！

3. 支架拆装工手指口述

支架拆装工手指口述如表 2-14 所示。

表 2-14 支架拆装工手指口述

时间	心想	眼看	手指	"手指口述"内容	确认
班前"手指口述"	安全	(1) 顶帮、煤壁、帮柱。 (2) 绞车、绳	(1) 顶帮、煤壁、帮柱。 (2) 绞车、绳	(1) 确认顶帮、煤壁及帮柱情况。 (2) 确认拆(装)绞车及绳完好情况	确认完毕
班中"手指口述"	拆(装)	(1) 绳道、三角区。 (2) 改柱。 (3) 支架。 (4) 支架上车盘。 (5) 支架固定	(1) 绳道、三角区。 (2) 改柱。 (3) 支架。 (4) 支架上车盘。 (5) 支架固定	(1) 确认绳道及三角区。 (2) 确认拆架周围改柱情况。 (3) 确认支架拉出到位。 (4) 确认支架上车盘到位。 (5) 确认支架固定牢固	确认完毕
班后"手指口述"	质量	(1) 工具。 (2) 绞车开关。 (3) 卫生	(1) 工具。 (2) 绞车开关。 (3) 卫生	(1) 确认现场工具及所用件。 (2) 确认绞车开关。 (3) 确认现场卫生	确认完毕

十三、联网工岗位"双述"

1. 联网工岗位描述

报告：我叫×××，是本班联网工，我的动态互保联保人是×××，欢迎领导检查指导工作。是否进行岗位描述？请指示。

(1) 设备与环境描述；
(2) 岗位主要风险和安全确认；
(3) 岗位主要操作程序；
(4) 避灾路线；
(5) 汇报完毕，请指示！

2. 联网工手指口述

联网工手指口述如表 2-15 所示。

表 2-15　联网工手指口述

时间	心想	眼看	手指	"手指口述"内容	确认
班前"手指口述"	安全	(1) 查看工作地点有无隐患。 (2) 人员安全情况。 (3) 联网的网、工具是否齐全	支架、网卷、联网钩、联网丝	(1) 作业四周安全。 (2) 联网工具齐全。 (3) 网卷到位	确认完毕
班中"手指口述"	联网	(1) 顶帮、煤壁。 (2) 停电闭锁。 (3) 网卷展平。 (4) 联网搭接。 (5) 联网间距。 (6) 不移架	(1) 顶帮、煤壁。 (2) 停电闭锁。 (3) 网卷展平。 (4) 联网搭接。 (5) 联网间距。 (6) 不移架	(1) 确认顶帮、煤壁及支护完好。 (2) 确认采煤机及刮板输送机停电闭锁。 (3) 确认网卷展平。 (4) 确认联网搭接。 (5) 确认联网间距。 (6) 不移架	确认完毕
班后"手指口述"	质量	(1) 网、工具。 (2) 卫生。 (3) 安全	(1) 网、工具。 (2) 卫生。 (3) 安全	(1) 确认现场网及工具收拾干净。 (2) 确认现场卫生。 (3) 确认无误，列队离开工作场所	确认完毕

安全操作技能二
本岗位安全技术操作规程

学习目标

1. 掌握超前处理工岗位安全技术操作规程。
2. 掌握端头支护工岗位安全技术操作规程。
3. 掌握工作面回采支护工岗位安全技术操作规程。
4. 掌握工作面推移输送机工岗位安全技术操作规程。
5. 掌握工作面综采移架工岗位安全技术操作规程。
6. 掌握工作面回柱放顶工岗位安全技术操作规程。
7. 掌握工作面放煤工岗位安全技术操作规程。
8. 掌握工作面支架更换立柱工岗位安全技术操作规程。
9. 掌握工作面钻眼工岗位安全技术操作规程。
10. 掌握工作面装卸料工岗位安全技术操作规程。
11. 掌握巷道维护工岗位安全技术操作规程。
12. 掌握支架拆装工岗位安全技术操作规程。
13. 掌握联网工岗位安全技术操作规程。

安全操作技能相关知识

一、超前处理工岗位安全技术操作规程

(一) 两巷超前支护安全技术操作规程

1. 一般规定

(1) 作业人员必须掌握采煤工作面两巷超前支护形式,经过专业技术培训、考试合格后,方可持证上岗。

(2) 两巷超前处理,必须最少两人配合操作,不准一人单独操作,其支护形式必须在作业规程中明确规定。

(3) 施工前要详细检查工作地点的顶板、支架情况,按作业规程要

求支设好临时支护。发现有片帮、冒顶、支架变形等威胁人身安全的隐患时，必须妥善处理后再开工。

(4) 工作前要将工作地点范围内的管线和电气设备移至工作场地以外或掩盖好；移设电气设备或电缆时，必须事先与有关机电人员联系好，由机电人员停电后再移设。

(5) 回撤原支架必须由里向外逐架进行，顶板不好时要加打临时支护再回撤原支架，严防顶板冒落堵塞巷道。

(6) 收工前要将巷道内的各种物料清理干净，运到指定地点码放整齐，不得影响通风、行人和运输等安全。

(7) 工作完毕后，要把所移动的管线设施等按原来的位置和完好要求摆设完好。

2. 回柱绞车的使用

(1) 使用回柱绞车回撤工字钢、U 型钢等时，绞车的安装与移设按照以下要求执行。

① 绞车安装。

a. 回柱绞车要安装在距离回撤地点 15 m 以外，顶板和支架完整的安全地点。

b. 安装回柱绞车时必须打好压戗支柱，压戗支柱的支设要符合作业规程的规定。

c. 如绞车前巷道不直，应在钢丝绳受力拉展后的擦帮处设滚轮或滚杠。

d. 绞车司机前方要打好 4 根护身支柱。

② 移绞车。

a. 移动绞车前，要详细检查电源开关是否灵活可靠，电缆防护罩等是否完好，新安装绞车地点的支架、顶板是否完整和巷道规格是否符合规程规定的要求。

b. 绞车移动途中的障碍物要清理干净，并在适当地点打好牵引柱，牵引柱倾向绞车方向与底板呈 60°～70°夹角。

c. 移动绞车时，绞车与绳钩之间严禁站人。司机每次开车前必须和打牵引柱的人员取得联系，得到允许后再进行移车工作。

d. 带电移绞车，要制定安全技术措施，并严格执行。

(2) 使用回柱绞车回撤工字钢、U 型钢等时必须执行以下规定。

① 绞车司机必须持证上岗。

② 必须使用灵敏可靠的专用信号，信号线要掩盖好，防止被砸断。

③ 必须用直径 18.5 mm 以上的双股钢丝绳套。

④ 绞车各部件完好，护身支柱、压戗支柱牢固。经 2～3 次试拉一切正常后，才能正式进行回撤工作。

⑤ 绞车绳的受力方向与绞车出绳方向一致，当绞车紧绳时，司机严禁用手或脚捋绳和蹬绳。

⑥ 回撤时，要由一人站在支护完整，且不发生崩绳、崩柱、断绳抽人的安全地点观察回撤情况，手不离信号，一旦出现异常情况，立即停车；回撤时必须停止输送机运转。

⑦ 回车信号规定如下：

一号铃声——停车；

连续两号铃声——回绳；

连续三号铃声——开车；

连续四号铃声——慢回；

连续五号铃声——慢开。

⑧ 司机必须精神集中，严格按信号开车，开车时要先喊“开车了”，附近人员要及时躲到护身柱以外安全地点。

⑨ 司机操作时，工作服的袖口、裤腿、衣襟等处必须扎紧；回撤时，司机要注意绞车的稳定，如发现受力有移动时，要及时处理好后才能继续回撤。

⑩ 回撤结束后，司机要将绞车绳全部缠在绞车滚筒上，切断电源，锁住开关手把，才能离开绞车。

3. 十字顶梁网状结构的使用

(1) 超前处理使用十字顶梁的工作面，十字顶梁网状结构的支护形式、铰接方法、超前距离等要在作业规程中明确规定。

(2) 十字顶梁网状结构的超前处理必须使用平整，梁下支柱必须迎山有劲，梁与柱之间要采取防倒柱措施。使用符合支护高度的单体液压支柱，顶、帮褛背要实，如有漏顶及时摆架接顶。

(3) 挂梁前将物料、工具准备齐全。

(4) 挂梁时两人要配合好，一人托梁，一人插销，将圆销插满打牢。

(5) 十字顶梁悬挂要先插走向铰接的圆销，然后插倾向铰接的圆销。架设十字顶梁的程序是：先进行临时支护(临时支护形式在作业规程中明确规定)，防止替换支架时顶板冒落造成事故；然后，去除巷道原支架；最后，挂梁背顶。

(6) 回撤工作必须两人配合作业，一人观察顶板，一人回撤；回撤前清好后路，必要时打好临时戗柱。

(7) 回撤十字顶梁和一字梁时，一次只准回撤一个，并严格遵守先下后上、由里向外、先柱后梁的放顶顺序。

(8) 回撤顺序是：打好水平销→回撤支柱→打下水平销，打出倾斜方向的铰接圆销→打出走向方向的铰接圆销→取出十字顶梁，打出一字顶梁倾斜铰接圆销→取出一字顶梁。

(9) 收工前清净活煤、杂物等，使安全出口和人行道的高度、宽度符合规定。

4. 工字钢支护巷道的超前处理安全操作

(1) 工字钢支护巷道的超前处理支护在作业规程中明确规定。

(2) 先在原工字钢梁下支设一根临时支柱，后由一人刨柱腿，一人观察顶板和煤壁等情况。

(3) 柱腿挖好后，用长把锤磕打柱腿和柱口使之脱离梁口。

(4) 两帮柱腿去掉后，最后回下中心柱，去掉棚梁。

(5) 回中心柱要先缓慢试回，如发现顶板破碎、有劲、顶板随梁下沉等，要停止回柱，维护好顶板后，才能继续工作。

(6) 去梁时人员必须站在梁掉下后不可能触及的地方，梁掉下前要停止输送机运转，严禁人员从梁下通过。

(7) 梁掉下后要及时找掉顶帮活煤、活矸，抬走工字钢棚梁，支设十字顶梁网状结构的支架或其他形式的支架。

(8) 去一架、支一架，严禁连续回撤后再使用十字网梁或其他支架支护，空顶距不能超过作业规程规定。

(9) 回柱绞车回撤工字钢支架前要将活煤、杂物清净，柱腿外露长度不得少于 1.5 m，否则要先清煤后回撤。

(10) 用回柱绞车回撤工字钢前先在棚梁上打好中间支柱，两帮柱腿去掉后回掉中间支柱，去掉棚梁。

(11) 使用回柱绞车回撤工字钢时，先试拉 2～3 次，拉不动时，不得硬拉，要采取松帮松顶或卧柱腿的方法。

(12) 工字钢巷道的维护。

① 维护工作要严格按照作业规程要求执行。凡巷道支架发生弯曲、错口、折断等现象时都要及时更换棚。

② 换棚腿时，要在原棚梁下打上与巷道高度相应的临时支柱，方可去腿；更换棚梁时，要先在棚梁的下方(一侧)架设临时支架后，方可去梁。但去梁前应先将柱腿固定好，防止掉梁倒柱。

③ 替棚要两人配合作业，换柱腿时，一人刨柱腿，一人观察煤壁和顶板动态。

④ 往外拔或往里栽柱腿时，要停止该处的输送机运转或轨道运输工作，否则要停止替换。

⑤ 巷道和柱腿棚梁严重变形，需要扩帮整修替换时，要一人扶柱腿，一人刨帮，扶柱人负责观察顶帮动态，防止片帮伤人。

⑥ 更换工作要逐架进行，顶板破碎时要先架设临时支架，然后更换。

5. U 型钢支护巷道的超前处理安全操作

(1) U 型钢支护巷道的超前处理在作业规程中要明确规定。

(2) 替换 U 型钢支架前，先把电气设备移走，管线放下掩盖好。

(3) 在 U 型钢梁正中支设一根支柱，并在需要替换的 U 型钢支架外侧打设临时支护(其支护形式在作业规程中明确规定)，然后去掉拱形支架两帮卡子。

(4) 去卡子时，可先用锤敲击卡子螺母，使其松动。

(5) 用专用套管或风动扳手去掉卡子，拆卸时人员严禁正对螺母。顶板压力大时要有防止螺母崩出伤人的安全措施。

(6) 柱腿去掉后，再回拱梁下支柱；去柱时，人员要站在支架倾斜上方，回柱时要缓慢回，不得快回。

(7) 回柱后，若拱梁不掉，可用长把工具找下或用锤敲击使其掉下。

(8) 巷道较高时，人员工作时要搭建临时工作平台或者站在特制的凳子上进行操作，使用凳子时应放平、放稳。

(9) U型钢支架一次只许去一架，待支设上十字网梁后，才准继续去拱形支架。

(10) 在替棚过程中，要停止顺槽输送机运转和替棚段的运输工作。

(11) U型钢支护巷道的维护。

① U型钢支架拱梁两端与柱腿套合处卡子必须保持完整。如卡子脱落或崩坏，要及时上好。因支架变形卡子卡不住时，要采用特制卡子卡紧支架。

② 巷道压力大，拱形支架变形严重时，可在拱形支架中间加设一梁二柱棚，支柱可选用单体液压支柱，梁可选用半圆木板梁或两端带卡齿的工字钢梁，梁上要背实接顶。

6. 锚网索支护巷道的超前处理安全操作

(1) 锚网索支护巷道的超前支护形式和要求在作业规程中明确规定。

(2) 超前处理前详细检查顶板情况，及时找掉活煤、活矸。

(3) 所有支柱都必须采取防倒柱措施。

(4) 巷道顶板局部破碎时要加棚或补打锚杆(锚索)等加强维护顶板。

(二) 端头超前液压支架安全技术操作规程

1. 一般规定

(1) 作业人员必须熟知端头超前液压支架的结构、性能、液压系统、工作原理并经过专业技术培训、考试合格后持证上岗。

(2) 支架的各部件安装必须符合设计要求，不得任意改动。

(3) 当班作业人员接班后，应认真检查各液压管路、接头、液压元件等有无损坏、缺失或卡阻现象，进回液管路是否形成闭环通路。

(4) 工作面在推进过程中,应保证工作面机头与转载机搭接合理,不得影响端头支架的操作。

(5) 支架严禁超高或超低使用,整架要迎山有劲,初撑力应符合规定要求。

(6) 支架的中心距不得超过规定值。

2. 端头超前液压支架安全操作

(1) 操作支架前必须检查各部位管路、接头、阀组、压力表读数,液压千斤顶与顶梁、底座的连接情况等,发现问题要及时处理。

(2) 移架前,先把支架底座及架间的活煤、活矸清理干净,移架过程中必须停止转载机和工作面输送机运转。

(3) 移架前要检查煤壁、顶板情况,发现问题及时处理。

(4) 移架前要通知周围人员,移架影响范围内,严禁无关人员行走或停留。

(5) 操作顺序。

一般情况下先移靠工作面侧支架,完成一个移架步距后再移另一侧支架。具体操作顺序如下:

移前支架:收护帮板→降立柱→伸推移千斤顶→伸伸缩梁→支架移至预定位置→调正支架升立柱→伸护帮板护帮。

移后支架:收护帮板→降立柱→收推移千斤顶→收伸缩梁→移至预定位置→调正支架升立柱→伸护帮板护帮。

(6) 移架时,3 人要相互配合,两人操作支架,一人指挥,指挥人员负责观察支架操作及周围情况。

(7) 移架时前后两架互为支点,操作时前架降柱,后架底座连接千斤顶伸出顶移前架,使用顶、底调千斤顶调整支架,到位调正后升起前架。

(8) 前架到位升紧后,操作后架降柱,收后架顶移千斤顶使后架前移,并使用顶、底调千斤顶调整支架,到位调正后升起后架。

(9) 必须按线移架,移架后使前后组支架立柱成一条直线,左右架支撑顶板受力要均匀,防止支架偏斜。

(10) 移架过程中出现阻力过大,严禁强拉硬推,应及时查找原因进行处理后方准移架。

(11) 移架后,保证支架与巷帮间距符合要求,工作面输送机与转载机搭接合理,人行道畅通。

(12) 移架完成后将各手柄打到"零"位,使用好阀组手柄锁止装置。

二、端头支护工岗位安全技术操作规程

(一) 一般规定

(1) 作业人员应熟悉采煤工作面顶底板特征、作业规程规定的顶板控制方式、端头支护形式和支护参数,掌握支柱与顶梁的特性和使用方法,经过培训、考试合格后,方可持证上岗。

(2) 按作业规程的规定进行铺网、联网。

(3) 顶梁与顶板应紧密接触,若顶板不平或局部冒顶时,必须用木料背实。

(4) 不准将支柱打在浮煤(矸)上,坚硬底板要刨柱窝、见麻面;底板松软时,支柱必须穿鞋。

(5) 支柱必须支设牢固、迎山有劲,严禁给支柱带双柱帽。

(6) 不准站在输送机上或跨着输送机进行作业。

(7) 采用双楔铰接顶梁支护的双销要成对使用齐全,反向插入打紧。

(二) 双楔铰接顶梁支护安全操作

(1) 支设与悬挂双楔铰接顶梁要两人配合作业。

(2) 工作前首先检查周围顶板支架完整情况,找掉顶板活煤活矸。

(3) 根据顶板情况,施工前将双楔梁、水平销、竖直调角楔等备好。一人在煤壁侧使用手镐掏梁窝,找够双楔梁的长度,另一人站在空帮侧支架完整(支护可靠)的地点为煤壁施工人员观察顶板。

(4) 掏梁窝和准备材料,都要站在支架完整(支护可靠)的地方进行作业。

(5) 梁的位置找好后,一人到煤壁侧双手托梁,使其销孔分别与原悬梁销孔相对,外侧人员向工作面倾斜上方推进铰接圆销,并要插满打牢;然后,煤壁侧一人抬起梁的前端,外侧一人插上水平销,按规程规定

背好顶后，打牢水平销；最后，插上竖直调角楔，用锤打紧。

(6) 双楔铰接顶梁必须保持双楔齐全，输送机机头两侧支护有效，并在作业规程中明确规定。

(7) 双楔梁不得与其他型号顶梁混合使用，严禁梁头梁尾有顶空现象，保持梁体平直。

(三) Π型钢梁支护安全操作

(1) 端头采用Π型钢梁支护的，用于抬住工作面侧铰接梁的梁翼。

(2) 凡使用Π型钢梁的工作面，作业人员操作前必须认真学习作业规程对Π型钢梁的规格、质量、使用方法等有关要求。

(3) Π型钢梁的使用与操作，必须由技术能力强，经验丰富的人员担任，工作前要检查周围顶板、支架是否完好，必须将一切不安全因素处理好后，方可开始移Π型钢梁工作。

(4) Π型钢梁的移设必须至少两人密切配合作业，移Π型钢梁时两人要喊好号，一起往前移。

(5) 移设前将工作地点杂物、活煤清净，将电缆及所有的管线吊挂或掩盖好，防止移长梁时挤砸坏。

(6) Π型钢梁的操作方法：

① 将Π型钢梁煤壁侧单体柱安上注液枪，然后依次从采空区侧回去长梁下支柱，最后回下煤壁侧长梁下支柱。

② 下回最后一根支柱时要缓慢操作，采空区侧一人要用手扶好长梁，使之与煤壁侧支柱同时下回，防止Π型钢梁突然下落，砸坏机械设备和管线。

③ Π型钢梁脱离顶板适当位置后，两人要密切配合逐渐向煤壁侧移设。

④ Π型钢梁移动时，必须停止工作面输送机和顺槽刮板输送机运转。

⑤ Π型钢梁移至预定位置后，及时升紧煤壁侧单体支柱、采空区侧下支柱。

⑥ 移机头时改好支柱，至少保持“一梁两柱”，所有支柱必须保持迎山有劲，除工作面拉移机头期间外，梁下要保持“一梁三柱”。

⑦ 移设好后保证Π型钢梁能有效抬住机头位置十字铰接顶梁，如有间隙的加垫板。

⑧ Π型钢梁移过后，及时在铰接梁下补打支柱，管好采空区侧控顶区内顶板。

⑨ 支设工作完成后，必须对支柱进行二次注液。

（7）Π型钢梁移动时严禁与之无关人员从梁下通过，移好后要清净活煤、活矸，吊挂好管线，使安全出口的高度、宽度符合作业规程的规定。

（四）液压支架支护安全操作

（1）过渡支架的前后推拉移溜器必须连接好，各种管路、压力表要安装齐全。

（2）上下机窝必须保持底板平整，以利于过渡支架的前移，移架时必须将活煤清净。

（3）过渡架移架顺序应根据实际情况在作业规程中明确规定。

（4）上下机窝采煤机割煤后或爆破崩出机窝后，及时将支架前伸缩梁伸出，护好顶板。

（5）移过渡支架时，必须按循环进度一次完成，其顺序为：移前输送机机头→移架→拉后输送机机头。移过渡支架时，尽可能做到带压或擦顶移架，防止倒架和咬架。

（6）因输送机机头需处理故障而移机头暂不移支架的，待处理好机头后必须将支架及时外移升紧，并将后部输送机机头移设到位。

（7）过渡支架升紧时，注意前后上下要平，不平时可支（垫）平。前后柱要交替上升，防止不平和咬架。

三、工作面回采支护工岗位安全技术操作规程

（一）一般规定

（1）采煤作业人员必须熟知采煤基本知识，熟练掌握采煤工作面顶板控制方式及支护方法，必须经过专业技术培训、考试合格后，方可持证上岗。

（2）开工前，必须将工作面支护所需工具和物料备齐，并对作业地点范围内进行隐患排查，如发现有不安全情况，立即报告班组长，采取

措施进行处理，确保作业范围内无安全隐患后方可进行作业。

(3) 每个作业人员必须认真执行敲帮问顶及围岩观测制度，仔细检查工作地点的顶板、煤壁、支架等情况，在敲帮问顶过程中必须遵守以下规定：

① 进行敲帮问顶工作时，必须两人配合作业，一人负责观顶，一人负责敲帮问顶。

② 人员必须站在倾斜上方、支架完整的安全地点进行，伞檐要及时找掉。

③ 敲帮问顶时，采高在 1.8 m 以下时，要一手托顶，一手拿镐轻敲顶板；当采高大于 1.8 m 时，必须用长柄工具问顶，发现有松动(煤)岩块，及时找下。

(4) 必须按作业规程要求及时支护，任何支柱都不得支设在浮煤或浮矸上，需背顶时按规定背好。

(5) 顶板破碎或断层地带以及片帮严重地点，必须首先打好临时支护，然后超前掏梁窝挂梁，背好顶板。

(6) 遇到特殊地质变化，如断层、褶曲、顶底板不平等情况，必须根据安全技术措施或跟班区(队)长及班长现场指挥进行处理。

(7) 顶板有裂缝时，不准正对裂缝支设支柱，要沿裂缝两旁完整顶板处架设棚或支设带帽支柱。

(8) 顶板局部不稳固时，应及时支设临时支柱，待正规支柱支设好后，才许回撤临时支柱。

(9) 在支设支柱时要注意附近作业人员的安全，特别是在支柱倾斜下方的人员。

(10) 支柱柱根必须坐在硬底上，底软时穿柱鞋，支柱要居中。

(11) 同一排支柱要打成一直线并与煤壁平行，不同类型或不同性能支柱不得在同一工作面内混合使用。

(12) 支设支柱时不得将工作面管线置于采空区一侧或交错在支柱之间，防止支柱挤坏管线。

(13) 支设好的支柱按规定采取防倒措施，防止倒柱伤人。

(14) 工作面内支柱、顶梁、扁销、柱鞋等必须对号管理。

(15) 工作面内支柱必须全承载,不得有空载支柱。

(16) 做好工作面全空间管理。每段的工作人员必须管好本段从煤壁到切顶排的顶板。

(17) 工作面内严禁借柱借梁,也不许空梁空柱。

(18) 在任何情况下,任何人都不准进入采空区。

(19) 在有水害威胁的工作面作业时,如发现有突然变冷或煤壁顶板有水珠等,在火区附近开采,工作面有温度升高等异常现象,应立即停止作业并报告班组长,听从指挥。

(机采)

(20) 要按作业规程规定的距离改采煤机前方贴帮柱和支设采煤机后方贴帮柱,并维护好煤壁,防止片帮。作业人员发现采煤机割煤与支护超过规定距离,有权要求采煤机司机停止割煤,补齐支柱支护好顶板后方可继续割煤。

(21) 采煤机运行时,每段的工作人员距采煤机的安全距离按作业规程规定执行。

(炮采)

(22) 爆破前要按作业规程规定松好炮道。

(23) 爆破崩倒、崩歪的支架,首先管好顶板再及时扶好补上,扶补支架时要从一头依次进行。

(24) 爆破后发现拒爆、残爆时,禁止手拉镐刨,要立即停止附近的工作,向班组长报告,并严格执行《煤矿安全规程》有关规定。

(倾斜煤层工作面)

(25) 分段作业,必须在各段分界处,支设临时支柱吊挂挡煤矸帘,吊帘与煤壁成45°,使滚落煤矸顺帘流入刮板输送机槽内。

(26) 工作面底板因断层起伏不平时,支柱根部要用荆条棍穿杆等挡好,防止物料下滑。

(27) 下安全出口沿倾斜向上3～4 m的一段,要超前工作面推出2～3排。下出口棚梁上的三角煤要用斜撑棚和小荆笆维护好或按作业规程规定维护好。

(28) 工作面机头、机尾,按作业规程规定支设好压、戗支柱,并拴牢柱头。

(29) 各段作业人员不得跨刮板输送机槽作业，并不得向下放大块煤、矸。上部人员发现有大块煤、矸或其他物料沿输送机道滚窜时，要及时大声喊话通知下方人员，各段要逐段下传。

(二) 单体液压支柱的使用

(1) 工作面不得使用失效的单体液压支柱。

(2) 单体液压支柱与铰接顶梁配套使用时，必须将柱顶的四爪卡入顶梁两侧卡齿内，以防错动、扭转或滑脱、倒坠伤人。柱顶和顶梁间不得加木楔或其他垫块。

(3) 单体液压支柱应按作业规程要求支设，严禁支设在两梁铰接处或柱头直接接触顶板。

(4) 严禁单体液压支柱超高、超低使用。

(5) 支设单体液压支柱的操作：

① 新入井的支柱第一次使用时，支柱支设前应先将活柱升降(最大行程)2～3 次，排净柱腔内的空气才能正常使用。

② 支设支柱的方法：一人先将柱根放入按迎山位置预先准备好的柱窝(柱鞋)内，人员站在倾斜上方，手抓住支柱手把(抓扶支柱手把时掌心向上，以下同)，扶住单体液压支柱，使注液阀朝向倾斜下方(或采空区)。另一人拿好注液枪，先冲洗注液阀煤粉，然后将注液枪插入注液阀，卡紧锁套，扳动注液枪手把，同时使柱头直接对准顶梁，支柱升紧达到初撑力后，卸下注液枪，最后把支柱与顶梁拴牢。

(6) 将临时支柱改为正规支柱时，要先支好正规支柱，后回撤临时支柱。回撤临时支柱时，应按以下规定操作：

① 作业人员要站在所回支柱的倾斜上侧，观察好四周支架和顶帮情况，去掉拴柱头的防倒绳或镀锌铁丝。

② 回柱时支柱倾斜下方 5 m 内不准有人。

③ 回柱时，把卸载手把插入支柱卸载阀，缓慢试回；当支柱离开顶梁，观察顶板无异常时，可加快回柱速度。

④ 回柱过程中，要一手抓住支柱手把，另一手用卸载手把回柱。

⑤ 支柱回下后，要把支柱搬运到倾斜上方相邻的正规支柱位置，

支好正规支柱。

(7) 工作面延长需加支架时,一次应同时加双梁双柱,两梁间铰接,并按规定背好顶,严禁加单梁单柱。

(8) 正规支架必须保持一梁一柱,不得在无柱悬臂梁上再挂悬臂梁。

(9) 支柱必须保持迎山有劲,并采取可靠的防倒措施(如绳、镀锌铁丝、防倒器等)。如支柱穿柱鞋时,要把柱鞋绳或链固定到支柱手把体上。

(10) 支设贴帮柱时,按以下要求操作:

① 采煤机割过本段后,要在作业规程规定的安全距离外工作。如需要靠近采煤机支贴帮柱,必须先停止采煤机和输送机运转。

② 支设贴帮柱必须在已挂好顶梁、维护好顶板的地方工作,并要再次敲帮问顶。发现顶板破碎、压力大等不安全因素必须先采取在空帮向机道的顶梁下打斜戗柱等措施维护好。

③ 两人配合作业,把支柱搬运到煤帮,一人迅速将柱升紧,另一人协助并负责观察顶板及输送机上方开下的物料,防止挤人。

(11) 回贴帮柱时应按以下规定操作:

① 进入机道前,首先观察四周支架和顶、帮及输送机运转情况,发现问题要及时处理。

② 紧好所改支柱梁上扁销,然后把卸载手把插入支柱卸载阀。

③ 回柱时,要缓慢试回,并观察顶板和顶梁及煤帮情况,如发现顶板有劲必须停止回柱,采取措施进行维护,严禁强行回柱。

④ 支柱离开顶梁后,可加快回柱速度。

⑤ 回柱后,要把支柱从煤帮搬到人行道放好。

(12) 工作面需要对梁时,必须两人以上操作,对梁要从煤壁侧开始,依次向切顶排一侧进行,不允许出现相邻两路断接梁。

(13) 对梁时,要先松柱,把两梁截开;然后一人扶梁一人扶柱,扶柱人缓慢降柱。当梁离开顶板适当位置时,停止降柱,扶梁人把梁移到预定位置时,扶柱人升紧支柱;然后依次向切顶排方向降柱、移梁、升柱,直至把这一趟梁对好。

(14) 工作面正规支柱支设齐后，要给支柱进行二次注液，以提高支柱初撑力；二次注液不允许多枪作业。

(15) 采顶、中层或软岩底板时，支柱要穿柱鞋。采底层或其他薄煤层底板较硬时，柱底要打成“麻面”防滑。

(16) 每排支柱从上端头到下端头都应用防倒装置(绳、钢丝绳、镀锌铁丝等)，防止柱倒下伤人。

(三) 金属铰接顶梁支护安全操作

(1) 损坏和变形的金属铰接顶梁不得使用。

(2) 金属顶梁必须垂直工作面煤壁使用。顶梁圆销小头必须指向工作面倾斜上方。如顶板不平，超前挑梁梁头上仰或下俯不得大于7°，左右偏斜不得大于3°；调角扁销小头露出梁外的长度，上仰时不得超过160 mm，下俯时不得少于30 mm。

(3) 煤壁挂铰接顶梁时必须两人配合操作，其操作顺序如下：

① 将顶梁、调角扁销、镐、注液枪、卸载手把、背顶材料等备齐。

② 采煤机割过本段后，要在作业规程规定的距采煤机安全距离外工作。挂梁前，首先观察四周支架和顶板情况，敲帮问顶，刨掉伞檐，找好挂顶梁的长度位置。

③ 梁头的位置与长度找好后(铺顶网工作面需将顶网放下推至煤壁)，两人配合挂铰接顶梁，插好铰接圆销、插好扁销，背好顶板、打紧调角扁销。

(4) 每路梁上至少要保持两个水平调角扁销，两个扁销要用钢丝绳连接起来，交替向前使用。

(5) 回撤调角扁销时，人要站在扁销射出的反方向，并招呼其他人员离开射出方向的不安全范围，然后轻打慢回。压力大、扁销很紧时，不得猛打硬回，要查清原因，采取降柱等措施，使扁销卸一部分压力，然后再把扁销打出，随即升紧支柱。

(6) 暂时不用的顶梁，要整齐竖放在材料道，并采取防倒措施。

(7) 倾角35°以上的工作面挂铰接顶梁时，要将圆销打紧，并用搪材棍在相邻两梁间加撑子，防止滑脱。

（四）金属Π型顶梁支护安全操作

（1）工作面严禁使用损坏和变形的Π型顶梁。

（2）工作面Π型梁必须垂直煤壁使用。

（3）移设Π型顶梁时至少两人作业，移梁时人员要相互配合好。

（4）工作面Π型顶梁移梁顺序为先移主梁后移副梁。

（5）移主梁操作要求如下：

① 工作面Π型梁必须成对使用，其中倾斜下方的梁叫主梁，倾斜上方的梁叫副梁，主、副梁均为“一梁三柱”支护。

② 爆破后，先回撤主梁空帮柱，按照移梁线确定梁窝的位置，掏好梁窝。

③ 掏好梁窝后，下回中间柱和煤帮柱，将主梁前移1 m。此时，中间柱和煤帮柱分别变为空帮柱和中间柱。

④ 主梁前移后铺网、背顶、升起空帮柱和中间柱，并清理煤帮煤，打好煤帮柱。

⑤ 移一架主梁，打一根煤帮柱，保持“一梁三柱”。

⑥ 移主梁按从上向下的顺序依次进行，直至将本段主梁移完。

⑦ 主梁移过后必须裱背好煤壁，防止因片帮而导致冒顶。

⑧ 所有支柱必须迎山有劲，严禁缺梁短柱，发现失效支柱立即更换。

（6）移副梁（放顶）操作要求如下：

① 本段主梁移完后，开始移副梁，移设方法同移主梁。

② 移副梁按从下向上的顺序依次进行，直至将本段副梁移完。

③ 副梁移过后要求与主梁平齐，主副梁间距不大于100 mm。

④ 移副梁前，必须清净空帮放顶处活煤和柱根煤；否则，不准移副梁放顶。

（7）移刮板输送机、打中心柱操作要求如下：

① 移完主、副梁，将煤帮活煤清理干净后，移刮板输送机。

② 工作面移输送机按从上向下或从下向上的顺序进行，严禁从两头向中间移。

③ 由于控顶距较小，移动输送机时必须停止输送机运转，但每移

30 m必须开一次输送机，防止因输送机底槽煤粉过大而开不动车。过断层或底板起伏较大时，每移10 m必须开一次输送机。

④ 移输送机时，去中心柱的距离不超过30 m，顶板破碎或顶板压力大时不超过15 m，顶板来压时严禁去中心柱移输送机。

⑤ 移输送机后及时打好中心柱，并清理干净空帮浮煤。

（五）工作面特殊支架的支设安全操作

1. 木垛安全操作

（1）木垛一般为方形、长方形、梯形或三角形。木垛下面不准有浮煤、浮矸，木垛顶面必须与顶板基本接触，再在上部第一层与第二层之间用木楔背紧，木垛的各层要互相平行。

（2）摆木垛前必须准备好足够的材料，其材质、长度等应在作业规程中明确规定，但必须采用半圆木或两面平的材料以防滚动。

（3）摆木垛前要检查顶板和周围的支架情况。

（4）摆木垛时必须两人以上配合操作，人员应站在外围。顶板压力大时，必须设专人观察顶板。木垛各层同一个角的接触点，上下必须在一条直线上，木垛要迎山有劲。

（5）木垛最下层的木料必须垂直工作面，摆在支柱上侧。

（6）如顶板破碎，木垛最上层与顶板间用板皮插严背实。

（7）倾斜煤层摆木垛要打好四周支柱，要在支架完好的安全地点沿倾斜方向由上向下进行，以保证人身安全。

2. 密集支柱安全操作

在采用密集支柱切顶的工作面，用单体支柱支设密集支柱时，必须符合以下要求：

（1）在切顶排支柱倾斜方向每空间加打一根支柱，柱与柱之间的空隙不得大于300 mm（或执行作业规程规定）。

（2）三用阀与三用阀或手把与手把不得紧靠。

（3）新支设的密集支柱以及超前放顶距离范围内，单体液压支柱不得少于“一梁三柱”。

（4）支设密集支柱时，柱头要加柱帽。

（5）支柱不准打在浮煤、浮矸上，不合格的支柱要先改好。

(6) 如在密集支柱附近顶板有裂缝时，密集支柱一定要打在裂缝的外侧，将缝让在采空区内。遇有其他特殊情况应及时采取相应措施。

3. 戗棚安全操作

(1) 戗棚有向老空方向斜戗的正戗棚和向煤壁方向斜戗的反戗棚等种类。用单体液压支柱配板梁架设时，要支设“一梁二柱”或“一梁三柱”。

(2) 支设戗棚时要在材料道刨好柱窝，支柱与底板夹角保持60°～70°；升紧支柱，戗棚梁与被戗的柱、梁接触要严合，接触不严的地方要加背木楔。

(3) 支设戗棚时要按以下规定操作：

① 工作时要有两人以上配合作业，抬上板梁，扶好升紧支柱。

② 升柱过程中要注意周围支架变化情况，发现问题要先停止升柱并及时处理。

4. 丛柱安全操作

丛柱的支护形式和数量必须在作业规程中明确规定。

(六) 其他

(1) 支设带帽支柱时，要两人配合作业，即一人把支柱搬到支设位置，另一人安上注液枪，在柱头上放好柱帽，然后升柱。升柱过程中手扶柱帽时要在柱帽下方一侧，防止挤手。

(2) 在破碎顶板或顶板压力大的工作面，在基本支架之间可加设一架平板梁棚，按形式可分为“一梁二柱”或“一梁三柱”，材质的选用要在作业规程中明确规定，使用时要平面向上。

(3) 支设板梁棚时要两人以上共同操作，其操作顺序如下：

① 支设前，首先检查好周围支架和顶板情况，把支柱、板梁、注液枪、卸载手把和背顶材料准备好。

② 支设时，要先把单体支柱搬到输送机一侧正规支柱中间预定位置，安好注液枪，由一人扶好支柱。

③ 两人配合抬起板梁托至顶板或放在支柱的柱头上，托板梁时不得把铰接顶梁置于板梁上面。

④ 板梁托至预定位置后开始升柱，升柱过程中要保持板梁垂直上

升，注意观察支柱和梁的受力情况，直至升紧支柱。

⑤ 支柱升好后，要及时补打煤帮和采空区一侧支柱，背好柱头和顶板。

（切眼替棚）

(4) 用单体液压支柱配合金属铰接顶梁替换切眼工字钢支架，必须遵循先加后去、自下而上、逐架替换的原则。若分组分段替棚，分段距离要在作业规程中明确规定，各分段之间的切茬处，必须选择在顶板完整、支架完好的地方。

(5) 替棚操作按以下规定执行：

① 在替棚开口位置两架工字钢梁之间应按作业规程、支架形式，支设单体液压支柱铰接顶梁，支设时要两人以上共同操作，即一人扶柱、升柱，另一人上梁、背顶。升柱过程中要保持支架间距、迎山、直线率和顶梁垂直煤壁等。

② 去开切眼工字钢前必须敲帮问顶，加固上、下各 3 m 的支架。去工字钢时要先在工字钢梁下中间支设一根支柱，并升紧，使工字钢柱口与梁口脱离。然后人员站在倾斜上方用锤敲击柱头，使其和梁分开，并拔出柱腿。

③ 回柱去梁时，人要站在倾斜上方，用卸载手把缓慢回柱。当梁离开顶板后，把工字钢梁去下。当回柱时发现顶板破碎、压力大等异常情况，应停止回柱，立即采取加打临时支架、背顶等维护措施，确认无危险后才能继续回柱去梁。

④ 新支设的铰接顶梁支架，每趟不得少于“二梁二柱”，并按规定背好顶。

⑤ 去掉的工字钢支架要及时运出工作面。

(6) 替换上下顺槽抬棚前，认真敲帮问顶，在顶板、支架正常处，按以下规定执行(在顶板破碎、压力大或已冒顶区需针对具体条件补充措施)：

① 先在抬棚和插棚梁下中间支设 1～2 根支柱并升紧，然后在抬棚一侧支设上双楔铰接顶梁，去掉抬棚柱腿和梁。

② 抬棚去掉后，开始去插棚，去插棚时要从里往外一次去一架，逐

架进行，去掉插棚后，要及时按作业规程规定支设好十字网梁。

③ 插棚要一次去一架，待支设上十字网梁后再继续去插棚。

(7) 切眼内支架为其他形式时，替棚时按专项安全技术措施规定执行。

四、工作面推移输送机工岗位安全技术操作规程

(一) 一般规定

(1) 作业人员必须经过专业技术培训、考试合格后，方可持证上岗。

(2) 推移工作面刮板输送机推移点与采煤机后滚筒距离不少于15 m，满足设备使用要求。推移刮板输送机必须在运行状态下进行，整机推移完毕应成一条直线。

(3) 移输送机要由一端向另一端依次进行，不准任意分段或由两端向中间进行移设。倾角较大工作面移输送机时，必须从下向上逐渐推移。

(4) 综采支架利用本身推移输送机装置推移刮板输送机，高档工作面必须使用液压移溜器。

(5) 移输送机时，人员要注意管线，严禁挤压损伤电缆、水管等。

(6) 输送机移至规定位置后，要达到平、直、顺。

(7) 遇有下列情况之一，要停止刮板输送机移设并妥善处理：

① 支架与刮板输送机槽连接头损坏，或连接销滑脱不能正常使用时。

② 发现刮板输送机槽出现死弯脱节或缺插销，刮板、挡板损坏变形时。

③ 出现片帮或冒顶时。

④ 支架支护质量不符合要求时。

⑤ 支架顶梁、立柱有故障和支架有自落现象不能有效管理顶板时。

⑥ 发现断链或链子出槽时。

(二) 移设前的准备

(1) 检查工作面支架是否完整牢固、符合要求，底板是否平整、有

无活煤活矸，若机道有台阶、矸石等障碍物，应进行返刀或人工清理，人工清理时必须先维护好顶、帮。

(2) 检查机头、机尾支架是否符合规程规定，顶板是否完好，矿压显现是否正常，有问题应及时处理。

(3) 检查液压系统是否有漏液现象，有问题应及时处理。

(4) 将液压移溜器下及其两侧的活煤、活矸及杂物清理干净。

(5) 移机头(机尾)前，必须将机头(机尾)和过渡槽处的活煤、杂物清理干净，以防止机头(机尾)飘起和损坏过渡槽。

(6) 检查支架推移千斤顶与刮板输送机连接装置，必须牢固可靠，方可操作。

(三) 移设工作

1. 高档工作面移设工作

(1) 移设工作应在刮板输送机运行中进行，不准在停车时移设。移机头(机尾)时必须与采煤机司机和工作面刮板输送机司机联系好停车移设，移设前先将机头(机尾)压戗支柱回撤。

(2) 移设人员要站在液压移溜器的倾斜上方操作，必须同时开动两个以上液压移溜器，输送机的弯曲段长度不小于12 m。

(3) 开动液压移溜器时，要先缓慢试供液，注意观察压柱受力情况，有问题时立即停止供液进行处理。推移时应注意与相邻移溜器的配合并观察刮板输送机槽移动情况，防止连接销脱出、错口。移刮板输送机时，严禁人员进入煤壁。

(4) 推移刮板输送机距采煤机滚筒的距离不得小于15 m。

(5) 推移刮板输送机时，移溜器的后方及压戗柱的倾斜下方禁止人员通过或停留。

(6) 当刮板输送机的推移步距为1 m时，弯曲段长度不得小于20 m。

(7) 推移时，每次必须移够规定步距，移不动时必须停止推移刮板输送机，找出原因，处理好后再继续推移。

(8) 移机头(尾)应使用液压移溜器，移设时必须两人以上配合工作，严禁使用顺槽输送机移机头。

(9) 机头移过后要垫平、支稳，与顺槽刮板输送机的搭接高度要在作业规程中明确规定，有下滑可能时要打好斜撑柱。

(10) 机头(机尾)移过后，必须及时按规定支设好压戗支柱，否则不准试车。

2. 综采综放工作面推移刮板输送机工作

(1) 综采工作面推移刮板输送机时，应把电缆、管线摆放好，防止挤压电缆、水管。工作人员应站在架箱内作业，防止挤伤。推移输送机距移架的距离不得小于 6 m。

(2) 机头(机尾)前移时，要专人指挥，专人操作，严密监视，动作协调，步距移够。

(3) 推移上下机头前，必须将影响推移机头煤壁侧支柱改好，将机头和过渡槽处的浮煤、杂物清理干净，要清到底板，以防机头上飘及留底煤，移后要支设平稳并及时补齐支柱，与顺槽转载机(刮板输送机)的搭接高度控制在 300～500 mm 之间。

(4) 移设后的刮板输送机要做到整机平稳，开动时不摇摆，机头、机尾和机身要平直。

(5) 刮板输送机推移到位后，随即将各操作手把打到“零”位。

(6) 移刮板输送机时，顶移范围内煤帮不准有人。

五、工作面综采移架工岗位安全技术操作规程

(一) 一般规定

(1) 作业人员应熟知液压支架的性能、构造、原理和工作面顶板控制方式，必须经过专业技术培训、考试合格后，方可持证上岗。

(2) 支架工操作时要掌握八项操作要领，做到“快、匀、够、正、直、稳、严、净”，即：

① 各种操作要快。

② 移架速度要均匀。

③ 移架步距要在作业规程中明确规定。

④ 支架位置要正，不咬架。

⑤ 支架要排成一条直线。

⑥ 支架、刮板输送机要平稳牢靠。

⑦ 顶梁与顶板接触要严实。

⑧ 煤、矸要清理干净。

(3) 作业人员要掌握好支架的合理高度:最大支撑高度应不大于立柱的活柱有效行程的90%;最小支撑高度应大于支架设计最小高度200 mm。当工作面实际采高不符合上述规定时,应采取措施,保证支架不被“压死”。

(4) 移架时要挂线移架,移架后使支架成一直线。

(5) 工作面行人必须走架箱内或支架前立柱与刮板输送机之间,严禁人员在煤壁、机道行走。

(6) 工作面调斜时,按照调斜比例及时拉移调整支架。

(7) 与机头、机尾连接的过渡支架可滞后工作面支架一个移架步距。

(8) 支架的管线必须吊挂排列整齐,不得出现砸、压、挤、埋和扭折现象,否则不准操作支架。

(二) 准备、检查

1. 准备工作

(1) 作业人员在操作支架前,要认真检查支架的完好状态,发现胶管、阀组漏液,千斤顶弯曲损坏等现象要及时进行处理。

(2) 移架前要检查煤壁、顶板、金属网(或塑料网)假顶等情况,倾角较大工作面应检查液压支架及工作面刮板输送机防倒、防滑装置是否符合要求,发现问题及时处理,确保正常移架。

(3) 移架前要先将支架底座前及架间活煤、活矸清理干净,移架过程中要及时调整支架,防止出现咬架、挤架、倒架等事故。

2. 检查

(1) 支架前端有无片帮,架间有无掉渣等危险。

(2) 支架有无歪斜、倒架、咬架,架间距离是否符合规定,顶梁与顶板接触是否严密,支架是否成一直线或甩头摆尾,顶梁与掩护梁工作状态是否正常等。

(3) 千斤顶与支架、刮板输送机的连接是否牢固可靠。

(4) 检查电缆槽到支架前梁的高度是否能保证采煤机顺利通过。

(5) 照明灯、信号闭锁、洒水喷雾装置是否齐全、灵活可靠。

(6) 支架有无漏液卸载现象,有无立柱伸缩受阻使前梁不接顶现象。

发现问题要及时采取措施进行处理。

(三) 液压支架操作及其注意事项

1. 液压支架的操作程序

降架→移(调)架→升架。

2. 降架

(1) 将支架操纵阀中的前后柱升降手柄推向降架位置,待支架顶梁稍降(100～150 mm),以移动支架为标准,然后将手柄打到"零"位。

(2) 充填液压支架降架前,要将后挡墙板收回。

3. 移(调)架

(1) 将支架操纵阀中的推移手柄推向移架位置,支架前移,移够步距后,将手柄打到"零"位。移架时,可操作侧护板和底调千斤顶进行支架的调整。

(2) 安装并使用防倒、防滑千斤顶的支架必须两人配合操作。一人负责前移支架,一人操作防倒、防滑千斤顶。

(3) 收前梁时应将操纵阀中的前梁手柄推向千斤顶收回位置,边移架边收前梁。

4. 升架

(1) 升柱。将操纵阀中的前后柱手柄同时(或先后)推向升柱位置,使顶梁与顶板严密接触。掩护式支架应操作平衡千斤顶使顶梁与顶板达到正常的接触状态。将升柱手柄在升柱位置停留一段时间,保证支架达到初撑力的要求。

(2) 伸护帮板。支架移到位置升架后,为了防止煤壁片帮,操作护帮板手柄,使护帮板贴紧煤壁,然后再将手柄打到"零"位。采煤机割煤后可用护帮板临时维护新暴露的顶板。

(3) 升架。要注意侧护板伸出情况,防止升架损坏侧护板或出现压架、爬架现象。

5. 完成动作后,操作手柄必须恢复"零"位

6. 移架操作注意事项

（1）每次移架前首先检查本架管线，不得挂卡，并把架前活煤、活渣及障碍物清理干净。

（2）带有伸缩梁的支架，割煤后应立即伸出伸缩梁支护顶板，防止在割煤后移架前顶板冒落。

（3）工作面铺设顶网处，必须先将吊起的网放下后再移架；采煤机的前滚筒到达前应先收回护帮板并把网吊起；顶网下移架，要防止刮坏网或出现大网兜造成冒顶；要严格按作业规程规定顺序移架。

（4）降柱幅度低于邻架侧护板时，升架前应先收回邻架侧护板，待升柱后再伸出邻架侧护板。

（5）移架受阻达不到规定步距，应先将支架升紧，再将操作手柄置于"零"位，查出原因并处理后再继续操作。

（6）邻架操作时，应在上一架支架内操作下一架支架。

（7）本架操作时，作业人员要站在架箱内或站在支架底座上的安全地点，面向煤壁操作操纵阀，严禁在支架底座前端、两架之间以及工作面输送机溜槽、挡煤板、拖缆装置上进行操作。

（8）所移支架的前方不准有人，所移支架的下侧 5 架范围内不准有与移架无关的人员。

（9）移架支护与采煤机后滚筒、刮板输送机推移的相互距离，应在作业规程中明确规定。

（10）操作中发现动作失灵和其他故障时，应按检修操作有关规定及时查明原因正确处理，不准盲目拆卸，乱敲乱砸。

（11）移架时，如阻力过大，应及时查找原因进行处理，严禁硬拉、硬推。

（12）使用防滑千斤顶的工作面，移架前先松开防滑千斤顶，检查防滑千斤顶链条是否有卡绊支架情况，所有问题处理好后再进行移架。

7. 升架完成后，保证支架初撑力符合要求，与顶板接触严密，手柄打到"零"位，任何人不得随意乱动

8. 正确选择适宜的移架方式，顶板破碎时要进行超前移架支护，并采用带压擦顶移架

六、工作面回柱放顶工岗位安全技术操作规程

（一）一般规定

(1) 作业人员必须熟练掌握回柱、放顶基本操作方式及方法，并经专业技术培训、考试合格后，方可持证上岗。

(2) 回柱时必须两人配合作业，一人回柱，一人观顶。观顶人应站在安全地点，除帮助回柱外不得兼做其他工作，回柱人员严格听从观顶人指挥。

(3) 回柱前要先检查周围顶板、支架是否完好，必须将一切不安全因素处理好以后方可开始工作。

(4) 回柱人员必须按照作业规程规定进行操作。工作面如有空柱、空梁、折柱或支架歪扭等，必须补柱加梁或用托棚、斜撑棚支好，才能进行回柱。

(5) 工作面顶压较大或不安全时，一般不得改柱，如必须改柱时，要先加好临时棚或支柱，然后再改。

(6) 回柱时回柱人员必须站在支柱的斜上方支架完整、无崩绳、无崩柱、无断绳抽人的安全地点进行操作。

(7) 回柱必须严格遵守由下往上、由里往外、先柱后梁的放顶顺序。

(8) 分段回柱时，必须选择顶板好的地方分界，各段分界处必须挡好斜口；各段收尾回收棚子和支柱时，必须先支设好临时支柱或斜撑棚，严禁强行回柱。

(9) 分段接茬处应在采空区已冒落的顶板完整处。有断层、破碎带地点应分在同一段内回收。

(10) 遇到下列情况之一的，必须先处理后回柱：

① 输送机未移完，支柱未打齐的。

② 悬顶超过作业规程规定的。

③ 网下开采，网破未补的。

④ 后路不畅通或附近有其他人员作业的。

⑤ 特殊支架未移到规定位置的。

(11) 回柱与采煤平行作业时，两工序相距为：炮采不小于 15 m，

机采不小于 20 m。

(12) 工作面顶板来压时不得回柱，工作人员立即撤到安全地点，待顶板稳定、维护好工作面后，在跟班区(队)长确认安全的情况下方可恢复放顶工作。

(13) 工作面的基本支护和特种支护歪扭，质量不合格，有空顶、漏顶或没有按规定架设特种支架时，必须及时处理或整修达到质量合格、安全可靠后，方可回柱放顶。

(14) 回柱放顶如采用密集支柱切顶时，密集支柱的操作按规程规定执行。

(15) 严禁进入采空区回收支护材料，应在切顶排外用长柄工具取出。压死难回的支柱，要先打好临时支柱，再用镐刨柱根。

(16) 回撤出来的支柱要及时支设在材料道，顶梁和其他材料要整齐竖放在材料道。

(倾斜煤层工作面)

(17) 为防止工作面上部矸石、煤块下滚伤人，要在回柱人员的上方打好护身排柱或挡板，并随回柱逐步上移。

(18) 回柱人员在工作面行走作业时，要蹬好支柱或事先用搪材棍垂直工作面担在两柱之间的梯阶底棍上面。

(二) 准备工作

(1) 备齐注液枪、卸载手把、锤、镐等工具，回柱放顶时要用专用卸载手把，不得用其他工具代替。

(2) 检查工作区域内的各种支护和顶板冒落情况，工作面有无异常现象，后路是否畅通。对发现的问题必须及时妥善处理。

(3) 选择好分段开口、收尾位置。

(三) 回柱放顶安全操作

(1) 回柱放顶前先观察好顶板，改好本段范围内的歪扭支架，清好后路。

(2) 将卸载手把插入支柱卸载阀孔，缓慢试回，并观察支架和顶板情况，如无异常情况，可正常回柱放顶。

(3) 当支柱离开顶板(顶梁)后，可加快回柱速度，回下来的支柱实行全承载，其支设方法在作业规程中明确规定。

(4) 如单体液压支柱回柱时活柱不收缩时，可用撬棍插入梁柱接口处，一边用卸载手把回柱，一边用撬棍往下压活柱，直到活柱下缩为止，严禁用锤敲击柱体和三用阀。

(5) 顶板破碎有掉矸危险时，要用加长卸载手把，回柱时密切注意顶板情况。

(6) 回孤支柱时，要先在其外侧打好临时支柱后再回孤支柱，最后回临时支柱。

(7) 回上、下机头处双楔顶梁时，先将竖直调角楔轻轻磕下。如顶压大取不下来时，可轻轻松动切顶排的支柱，待竖直调角楔取下后，再将其升紧升牢。

(8) 回带帽支柱时，如顶板破碎，必须打临时支柱支护顶板，维护好顶板后，再进行回柱工作。

(9) 支柱穿柱鞋时，回柱时要把柱鞋一起回收出来。

(10) 金属铰接顶梁工作面回柱放顶操作要求如下：

① 打好分界处斜口支柱，挂好挡矸帘。

② 在相邻两架顶梁上插好扁销，扁销小头朝倾斜上方，插紧打牢。回柱人员要站在被回支柱倾斜上方，观顶人站在回柱人外侧。

③ 支柱回出后，再用锤去扁销，去扁销时要先轻后重，严禁打冷锤。

④ 去掉扁销后，用尖锤退卸梁的圆销，梁掉后先观顶，如正常及时把梁拉出来，由观顶人竖放在新切顶排一侧。

⑤ 若顶板易冒落有埋梁危险，应先用绳套将梁拴好，卸销后拉出。严禁不退圆销就硬拉梁。

⑥ 如顶梁圆销已退出，但两梁口仍未脱节，应用尖钎子等工具将梁口撬开后再回梁。

(11) 回上、下顺槽支柱时应按照由采空区向煤壁、先柱后梁的顺序依次进行。切顶排最大滞后距离必须在作业规程中明确规定。

七、工作面放煤工岗位安全技术操作规程

(1) 作业人员在放煤前要检查以下内容：

① 管路、阀组、千斤顶是否漏液。

② 千斤顶有无弯曲现象。

③ 后部刮板输送机内有无异物。

④ 尾梁、插板是否处于正确位置。

⑤ 煤壁、顶板有无异常。

发现问题要先处理，然后放煤。

(2) 放煤时打开放煤口喷雾，不喷雾不得放煤。

(3) 放煤必须控制好煤量，防止压后部刮板输送机，后部刮板输送机不开不得放煤。

(4) 放煤时应逐渐将插板收回，根据煤量大小控制放煤口大小，摆动尾梁进行放煤。放煤停止，必须升起尾梁，伸出插板。

(5) 插板伸出要与后部刮板输送机保持一定距离，防止绊后部刮板输送机。

(6) 相邻两支架一般不同时放煤。

(7) 顶煤厚度小于 2 m 可采用两轮顺序放煤，大于 2 m 应采用三轮顺序放煤，第一轮粗放，第二、三轮细放，见矸停放。

(8) 工作面上下头 2～3 个支架均不得放煤。

(9) 两放煤点间距不少于 10 m，放煤与割煤间距不少于 15 m，放煤与移架工序不少于 15 m，放煤与单体支柱放顶处距离不少于 20 m。

(10) 放煤时，放煤工应站在能看清放煤口及本架后刮板输送机运转情况的地点，不得站在架间及刮板输送机上进行操作。

(11) 顶煤坚硬不易放出时，可反复升降后柱，摆动尾梁，顶煤破碎放出，如有大煤块堵塞放煤口，可用插板将其顶碎。

(12) 当煤体破碎，架间有漏煤现象时，在保证顶板安全及回收率的前提下可采用间隔放煤的方法。

(13) 在放煤过程中要注意后部刮板输送机、煤壁及顶板变化，有异常要暂停放煤，问题处理后再进行放煤。

(14) 放煤完毕，操作尾梁至合适位置，伸出插板，挡严采空区矸石。

八、工作面支架更换立柱工岗位安全技术操作规程

（一）一般规定

（1）作业人员必须熟知液压支架的结构、性能、液压系统、动作原理并经过技术培训、考试合格后，方可持证上岗。

（2）较大的零部件检修时，要制定专项检修安全技术措施并贯彻落实到人。

（3）处理液压系统故障，必须关闭供液截止阀，将操作手柄置于适当位置，使检修部位的压力完全释放，检查无误后方可进行工作。

（4）检修支架如需该支架滞后一个步距时，必须对煤壁侧顶板进行支护。

（5）在更换管、阀、缸体、销轴等承载件需要支架卸载时，必须采取防降落、冒顶、片帮的安全措施。

（6）正常使用的情况下不准关闭回液阀；因检修需关闭时，检修结束后必须及时打开。

（二）准备工作

（1）准备好足够的备件（U形销、密封圈、液压管、常用接头等）、材料及检修工具（扳手、钳子、螺丝刀、套管、小锤、手把等）；凡需要专用工具拆装的部件必须使用专用工具。

（2）检修前，必须对作业范围内的支架、顶帮及其他情况进行详细检查，确保无隐患后方可进行检修。

（3）检修液压管路时，必须关闭上一级压力截止阀，采取正确方法进行压力释放，检查无误后方可进行工作，严禁带压操作。

（4）检修时，各工种要密切配合；必要时采煤机和刮板输送机要停电、闭锁、挂停电牌，以防发生意外。

（5）备用的各种阀类、液压管、液压缸等液压部件的管路连接部分，都必须有专用堵头堵塞，只有在需用时在使用地点打开，并在开启前先用乳化液进行清洗。

（6）检查。

① 结构件。顶梁、掩护梁、侧护板、千斤顶、立柱、推移杆、底座箱等是否开焊、断裂、变形，有无连接脱落，螺钉是否松动、压卡、扭歪等。

② 液压件。液压胶管有无损伤、挤压、扭曲、拉紧、破皮断裂，阀组有无滴漏液，操作手柄是否齐全、灵活可靠，是否置于“零”位，管接头有无断裂，U形销子是否合格。

（三）支架检修安全操作

（1）根据上一班操作人员的汇报，接班后应对所有支架巡查一遍，对现场急需解决的问题应优先安排检修。

（2）拆除更换液压部件时，应及时安设防尘帽或采取其他防尘防污措施。

（3）在拆卸或更换安全阀、液控单向阀、侧压阀及高压阀软管时，必须在各有关液压缸卸载后才能进行。

（4）更换支架操作阀组、拆卸高压管路前要按顺序将管路编好号，以防安装时接错管路。

（5）拆卸管路时，液压胶管必须用尼龙绳或镀锌铁丝拴牢固定在支架上，以防止拆卸过程中液压胶管管头甩伤人员。

（6）管路及各接头连接部分必须用U形销插紧、插牢，严禁用其他材料代替U形销。

（7）拆下的液压胶管接头要朝下固定好，不得指向人员。

（8）拆卸时严禁敲打，以免损伤密封件的工作表面及丝扣部分。

（9）更换支架推移装置、立柱等大型部件时，必须安排专人指挥，在工作面内使用刮板输送机运输时，必须与刮板输送机司机联系好，并采取可靠的防滑措施。

（10）更换立柱、前梁千斤顶及控制阀时，必须在前梁和顶梁下支设单体支柱。更换护帮板千斤顶时，要在前梁下支设单体支柱顶住护帮板，防止护帮板自然下垂。起吊、更换时，人员必须躲开物体自然下滑方向及易滑脱的方向。

（11）使用手拉葫芦起吊部件时，身体任何部位不得探入起吊重物下。

（12）拆卸、更换支架顶梁、底座等支架大件时必须制定专项安全技术措施。

（四）收尾工作

(1) 检修完毕，逐渐打开截止阀，以免损坏设备和造成其他事故。

(2) 各种故障处理完毕后，要进行详细检查，并进行试操作，确定无问题后再将承载部分升紧，使之处于工作状态。

(3) 检修完毕后，支架各液压操作手柄要打到“零”位。

九、工作面钻眼工岗位安全技术操作规程

（一）一般规定

(1) 作业人员必须经专业技术培训，考试合格后方可持证上岗。

(2) 作业人员必须熟悉工作面的炮眼布置、爆破说明书、支护方式等有关技术规定，要严格按照作业规程爆破说明书的炮眼布置方式、眼深、眼距、角度进行钻眼。

(3) 禁止利用旧眼、残眼进行钻眼，禁止站在刮板输送机上钻眼。

(4) 发现工作面有拒爆、残爆时，要向班组长汇报；在班组长、爆破工的指导下按《煤矿安全规程》有关规定进行处理。

(5) 有下列情况之一时，不准钻眼或立即停止钻眼，向上级汇报；待妥善处理，确认安全后，方能钻眼：

① 顶板压力大，有冒顶片帮危险时。

② 有透水预兆（即挂红、挂汗、空气变冷、出现雾气、水叫、顶板淋水加大等异状）时，如钻眼时突遇压力水顺钻杆流出，应立即停钻且不准抽出钻杆。

③ 采煤工作面瓦斯浓度超限时。

④ 控顶距离或空顶距离超过作业规程规定时。

⑤ 在支护不齐全、不牢固、不符合施工质量要求时。

⑥ 出现其他威胁人身安全隐患时。

(6) 将风管挂在巷道一侧或工作面支架上，横穿巷道时更要悬挂稳妥，并注意悬挂松紧适当，不准盘成硬弯或绕在支架上，防止被挤压损坏。

(7) 检查支架、顶板、煤壁是否完整、安全，要做好敲帮问顶工作。有问题时，必须及时处理，不准冒险作业。

(8) 检查袖口、裤腿等必须扎好。

(9) 严禁钻眼与装药平行作业。

(二) 风钻钻眼

(1) 钻眼前要准备好钻头、钻杆等必备工具。钻杆要直,钻头要锋利,将钻头牢固地安装在钻杆上。

(2) 检查风钻扳手是否灵活可靠。禁止使用风管破损、机体有裂纹、螺丝螺母缺损、松动的风钻。

(3) 进行试运转,检查风钻旋转方向是否正确,声音是否正常,风钻和钻杆卡套是否合适。

(4) 必须按作业规程中的炮眼布置图用手镐找好眼位。

(5) 钻眼时先使钻头轻压煤壁再钻进。风钻开动后要注意钻杆的进度和方向。

(6) 钻进中不得用力过猛,两臂用力要均匀。每推进一段时间和终孔时要来回拉钻杆排除煤粉。

(7) 风钻运转中,若发现启动困难,有异响以及其他故障时,要缓缓退出钻杆,关闭风门进行检修。

(8) 钻眼时必须停止输送机运转,需要开动输送机时必须联系钻眼人员撤出后方可启动输送机。

(9) 在煤层倾角大于25°的工作面钻眼时,应在工作地点的上方打好临时挡矸(煤)护身板。

(10) 遇有下列情况,应立即停止钻眼,进行处理:

① 出现卡住钻头或钻杆时。

② 风钻或风管漏风时。

③ 发现风钻机体颤动异常时。

(11) 钻眼完毕后,卸下钻杆妥善保管。风管应盘挂整齐,置于安全、干燥、清洁的地点,防止埋压。

(三) 气腿式风动凿岩机钻眼

(1) 钻眼前详细检查凿岩机各部件是否齐全完好,风水管路是否畅通,有无损坏。

(2) 检查钻杆是否直,钎头、尾是否完好合适,钎心孔是否畅通。

(3) 要按作业规程中的炮眼布置图进行定眼、定位、定钻。

(4) 做好敲帮问顶工作,当作业环境安全时才能进行工作,钻眼时要停止输送机运转。

(5) 凿岩机的支点要支设牢固可靠,开钻时不得少于两人操作;开钻时要先开风、后开水,停钻时则先停水、后停风。

(6) 凿岩机使用前,要先用压风清洗供风管和接头内的杂物,检查各连接螺扣是否拧紧,各操作手柄是否灵活可靠。

(7) 凿岩机开动时先低速运转,在钻架顶力逐渐加大的同时逐步开至全速凿岩。

(8) 凿岩机开动之前注油器内要注满润滑油,调好供油阀,不得无润滑油作业。

(9) 严禁干钻眼,禁止拆除水针作业。

(10) 钻眼时要做到:“一条线,中心转,靠边站,给水适量”。具体要求是:

① 一条线。从钻架后向前看,钎子、风动凿岩机要在同一垂直面上。

② 中心转。在整个钻眼过程中,要根据手感觉到的岩石软硬性,调整钻架的推力,使钻杆在炮眼中心线上旋转。

③ 靠边站。操作凿岩机,人要站在凿岩机侧后方。

④ 给水适量。根据岩石的软硬供给炮眼的冲洗水要适量,以保证岩粉浆能顺利从炮眼内流出为准。

(11) 对常拆装的凿岩机在运转中要特别加强两条拉杆固定螺母、风管锁母的检查和紧扣。

(12) 遇有下列情况,应立即停止钻眼,进行处理:

① 供水中断。

② 顶板来压,有冒顶片帮危险。

③ 漏风、跑水严重。

④ 风压降低,影响凿岩机正常工作。

⑤ 发现炮眼位置不符合设计要求。

⑥ 发现有钻头合金片脱落、钻杆弯曲或中心孔不导水时。

(13) 钻眼结束后,关闭干线上的风阀、水门,拆下钎子、凿岩机,将凿岩机移至工作面30 m以外的上、下顺槽，放到安全地点，竖放在巷道一帮，严禁平放在底板上。

(14) 钻眼结束后风、水管要拖出距工作面20 m以外，并盘好悬挂在巷道一帮。

十、工作面装卸料工岗位安全技术操作规程

(一) 一般规定

(1) 作业人员必须经过专业技术培训、考试合格后，方可持证上岗操作。

(2) 作业人员必须佩戴齐劳保用品。

(3) 材料装车时，应分种类集中装车，装料高度不得超过车缘300 mm，宽度不得超出车缘宽度。

(二) 装、推、卸物料安全操作

(1) 两人同时装卸料时，必须互相呼应，彼此配合。多人同时装卸大料、重料时，每人要站好位置，按喊号子的步调或预先约定好的顺序协调装卸动作，工作中要相互照应，防止磕手碰脚。装卸料时，要先将车掩好，防止车动挤人或造成装卸动作失误。

(2) 装料时，材料要按一定顺序或方向装车，要码放整齐，不许乱扔乱放，大料、重料要排好位置放稳后再装，注意防止重料失稳伤人。

(3) 从垛上取料时，必须按照由上向下的顺序先拿上层，从上往下逐层搬拿，禁止从中间层位抽拔或放垛。无论装料或卸料，人员都应站在材料垛的两端，以防材料滚下伤人。

(4) 长钢梁、长木梁等较大材料不能装进矿车内时，要先在车檐前后两侧上横担两根垫木，再将长钢梁、长木梁顺车担在前后车檐上，或用车盘和材料车装运，但必须用结实可靠的绳索将材料和车身绑成一体，不许有松动现象，并有防止物料向两侧滚落的措施，捆绑匝数不少于两道。在车帮上担材料最多不能超过两层。

(5) 推车时手要抓住矿车端头的罐耳(扶手)，不准扶在材料或车檐上，头不得伸入车上方和车的两侧，防止挤伤。

(6) 推车过风门时，两道风门不准同时打开。要将风门打开固定好再推车通过，过风门后应立即关好，严禁用车顶撞风门。

(7) 推车时要时刻注意前(后)方,禁止放飞车。在进入弯道、岔道、风门附近及下坡道前,必须提前大声喊叫“离开道!”同时要降低车速,防止撞伤行人。

(8) 用双车同向运料时,一般情况下(坡度≤5‰),两车之间的行车距离不得小于 10 m;下坡道时(5‰<坡度<7‰)不得小于30 m,同时车速要放慢,并要备有控制车速防止跑车的工具,严禁蹬车滑行。

(9) 在架线巷道内需上车装卸材料时,用力不要过猛,如架空线影响操作安全,要先与有关机电人员联系切断电源。

(10) 材料要卸在指定地点,不许卸在积水或淋水处。如受条件限制必须在水沟上卸存料时,水沟上要先架设牢固的木料或短铁道,严禁材料堵塞水沟。

(11) 凡坏棚、坏碹或巷道断面受压变形较严重的地点,以及变电室、液压泵站、压风机站、风门附近,都禁止卸存材料。

(12) 材料场要保持清洁整齐,码料时要按材料的类别和规格分垛码放。料垛要下宽上窄,每码一层,当中要横两块板皮并支稳,以防材料滚动。料垛间要留有便于取料的间隙,一般为 300 mm。

(13) 任何存放材料的地点都不得影响行人和通风。料垛占有的断面不得大于巷道断面的三分之一,料垛的边缘距轨道不得小于 700 mm;在运输顺槽存放材料,料垛的边缘距输送机不得小于 300 mm,行人侧间距不得小于 700 mm。

(14) 在斜巷吊勾装卸材料时,必须先与小绞车司机联系好,并在车下方支好撑木或戗柱,防止车下滑,人员应在两侧操作,下方不准有人。

(三) 人工运送物料安全操作

(1) 运料前必须详细检查所用的绳索是否结实,如有破损须马上修理更换。

(2) 运料前要先了解工作面用料情况和运料途中支护情况,及时清理好影响行走的障碍物。

(3) 在运料巷或主要顺槽内运料时应做到:

① 随时注意巷道顶帮悬挂的电缆、风水管及电话线等,以免被材

料撞断或挤伤。

② 通过坏棚及正在整修的地段，严禁碰撞柱腿或整修棚，以防冒顶。

(4) 运料通过输送机机头时，应防止材料及绳索接触机头任何转动部分，必要时可停车通过。

(5) 临时存放材料时，应保护好放料地点附近的设备和材料。

(6) 在25°以上的巷道或工作面内自下向上运料，拴绳拖料时，必须拴好扣，站稳脚跟，可用一手攀扶支架借力前进。

(7) 在倾斜煤层中向下运料时，人不准站在料的正前面，要站在材料的两侧。拴绳拖料时，木料要拴大头，距顶端不小于300 mm，单体柱拴手把，顶梁拴大头，绳扣要拴牢，不许拴活扣，以免脱落伤人。

(8) 两人同时运料时要适当错开距离，注意防止在一拿一放时碰伤手脚。两人以上抬料运送时，在前者要托好料、看好路、走稳步，在后者要托稳料、跟紧步、把握好平衡，相互间要随时呼应、协调动作。

(9) 在倾角为35°以上的倾斜工作面向下运送支柱、顶梁、长板梁等较大材料时，作业人员必须认真控制好材料，防止材料自由下滑。运料时，运料人员应随时招呼前方人员躲开。

(10) 在倾斜工作面存放材料时，必须在材料下端设好挡板再码放材料，支柱要横着存放在切顶排承载支设柱迎山侧的底部，顶梁要立放，排列整齐，并采取可靠的防倒措施。

(11) 急倾斜煤层工作面内运料按作业规程的规定执行。

(四) 运送金属支柱及顶梁安全操作

(1) 运送单体液压支柱时，要将活柱降到最低位置，内注式要将卸载阀关闭，外注式单体柱不带阀运送时，必须用塑料盖堵严阀座孔，防止粉尘进入柱腔。

(2) 运送顶梁时，要将铰接销插好，防止攀挂和砸坏。

(3) 运送单体液压支柱和顶梁过程中，必须轻装轻卸，不准随意抛扔，以防砸坏或造成损伤。

(4) 用材料车运送时，必须用绳索拴牢固。用矿车运送时，不准超出车缘。

(5) 装车运送时,支柱柱头、顶梁大头应放置在同一方向,在车内要按一定顺序排放整齐,以方便装卸。

(6) 搬运支柱时,必须柱头朝上,不许柱锁和阀体拖地,搁放时,要柱根先落地,严禁将柱头砸地扔下。

(7) 单体液压支柱备用存放和临时放置时,必须柱头朝上立放,柱锁和手把朝外,并要放稳,防止倾倒,严禁随地乱放。需要平放单体支柱时,顺巷道按层平放,层间要加垫垫木,码放高度不能超过 1.5 m,并有防倒落措施。

(8) 金属顶梁备用存放时,要按种类分别码放整齐,临时存放时,要大头朝上立放稳定。

(9) 在斜坡巷道中存放支柱和顶梁时,必须采取防倒措施。

(10) 往工作面运送支柱顶梁时,不准搬运直观失效的或标明失效的支柱和顶梁。

十一、巷道维护工岗位安全技术操作规程

(一) 一般规定

(1) 严格按作业规程和补充措施的有关规定施工,保证工程质量。

(2) 维修巷道每组最少两人操作,严禁单人作业。

(3) 工作面上、下顺槽 20 m 范围内必须加强支护,所有支柱头必须拴好,防止倒柱伤人。

(4) 在有两个安全出口的同一条巷道内,最多只允许两组人员相向进行巷道维修工作,两组之间的距离不得小于 15 m。

(5) 进、回风巷道支架发生弯曲、腐朽、错口、折断、破裂等现象都必须及时更换。

(6) 维修时,要随时注意顶板,防止顶板落石伤人,必要时应打好临时支护,维修地点遇大冒顶时,必须按措施要求立即进行处理和抢修。

(7) 架设临时支架要牢固可靠,严禁一梁一柱。

(8) 回撤棚腿和梁出现顶帮松动时,人员应站在支架完整牢固处。

(9) 从原棚梁下打临时点柱开始,到新支架架设好之前,严禁人员通过。

（10）在刮板输送机道工作时，必须首先与刮板输送机司机取得联系，并停止刮板输送机运转。

（11）进行挑顶工作，事先必须规定加固前后三架棚。拆除棚时，必须先支后回，补一架拆一架，严禁空顶作业。

（12）更换棚腿时，必须在所换棚腿侧的梁下打上支柱，支护好顶梁后再换棚腿。

（13）更换棚梁时，必须在棚梁的一侧架设临时支架，并用材料将棚腿背好。

（14）架设和拆除支架时，在一架未完工之前，不得中止工作。

（15）严禁使用顺槽刮板输送机拉撤棚或支柱。使用回柱绞车时必须严格执行回柱绞车的有关规定。

（16）严禁使用损坏、失效、变形、腐朽的支护材料。

（17）巷道内的各种材料和杂物收工前都要清理干净，按指定地点存放或运走，不得乱堆乱放，以免影响通风、行人、运输和安全。

（18）对维修地点的风管、水管、电缆、液压管路和防尘、通风设施及电气设备等都要妥善保护，掩盖严密。

（二）巷道维护安全操作

（1）在准备回撤棚的外侧架设好临时支架，支护好顶帮。

（2）在原棚梁下打上临时支柱，松动原棚的顶和帮，撤两帮棚腿，扩帮至规定宽度，回撤原棚梁。

（3）按作业规程的布置方式及时架设新的支护棚，并背好顶帮。

（4）将回撤棚及时运出工作地点，按指定地点码放整齐，清理工作地点，确认安全后方可继续回撤下一架棚。

（5）卧底或挑顶需要爆破时，按有关爆破的规定执行。

（6）使用木梁金属支柱（单体液压支柱）架设超前支护时，应“一梁三柱”并留有宽 0.8 m 以上的人行道。

（7）使用铰接顶梁或十字铰接顶梁超前支护时铰接顶梁或十字顶梁要挂平，方向要与巷道的方向保持一致，相互间要铰接好，梁轴的方向要便于回撤，悬空处要用材料填实背牢。

（8）上棚梁时人员必须口号一致，手要扶在侧面，不得扶在梁的上面,头部要在安全一侧。

（三）收尾工作

（1）工作完毕后,把施工地点的煤、矸清理干净,各种杂物存放或外运到指定地点,各种管线吊线整齐,设备按完好标准要求移设好。

（2）向区(队)值班人员和接班人员详细汇报和说明,并交接清工作地点的顶板、支架等情况。

十二、支架拆装工岗位安全技术操作规程

（一）一般规定

（1）作业人员必须认真学习安全技术措施,并经过安全技术培训、考试合格后,方可持证上岗。

（2）工作面液压支架安装、拆除要严格按照施工措施中的规定执行。

（二）液压支架安装安全操作

（1）第一组支架安装位置要根据安装技术措施具体要求进行定位。

（2）工作面液压支架的安装方法,根据工作面的具体条件,运输设备的不同和支护方式制定相应的安全技术措施。一般安装程序如下：

① 在支架正式安装前,按照安全技术措施要求将安装支架所需空间支护好。

② 把支架运到卸架位置,并将车盘固定牢固,拆除支架固定装置时要采取防止支架倾倒措施,并按照先下后上、先空帮后煤帮的顺序进行。

③ 卸支架期间,与卸支架工作无关的人员必须撤至安全地点。

④ 将支架拖运至安装位置,利用回柱绞车或单体液压支柱调整支架位置将支架就位(支架调整前将安装位置的支护改好)。

⑤ 支架就位时要采取防止支架倾倒伤人的措施。

⑥ 支架就位后连接管线,将支架升起,支撑顶板,连接好推移装置。

（3）支架安装时所用的绞车信号必须灵敏可靠,传递信号要清晰、准确、及时。

（4）支架如需拆解应执行如下要求：

① 根据支架结构和运输条件将支架拆成若干件。

② 拆解要用专用的起吊设备和拆解工具。

③ 支架的拆解方式。

a. 将支架运送到拆解支架地点，拆除与拆解部件相连接的胶管，并把拆除的接头、接口密封。

b. 用起吊设备将需拆解部件连接销轴拆除。

c. 将拆解下的各部件使用专用车盘运输。

（5）井下组装程序：

① 井下组装要在专用的组装硐室内进行。

② 组装要用专用的起吊设备和工具。

③ 支架的组装方法。

a. 将支架的各个部件依次运送到组装硐室。

b. 用专用起吊设备按照相应的顺序依次将各个部件吊起，对正后插上连接销。

c. 将拆下的高压胶管重新连接。

d. 再次检查车盘与支架固定情况，确认无隐患后，运往工作面安装。

（6）起吊各部件时，人体任何部位不得探入起吊重物下，防止砸伤人员。

（三）液压支架拆除安全操作

（1）根据不同条件的工作面，选用相应的拆除方法，并制定相应的安全技术措施。一般拆除程序如下：

① 回撤前，按照措施要求将支架回撤所需空间加固好。

② 降架后，利用支架本身装置或单体液压支柱配合绞车牵引，使支架离位后调向进入出架通道。

③ 支架进入通道后利用绞车将支架拖运至装架地点。

④ 当支架回撤后及时按照措施要求支护原支架支护空间。

⑤ 回撤支架后，按照措施要求及时放顶。

（2）支架回撤时所用的绞车信号必须灵敏可靠，并随着支架回撤上移（“前进式”掩护撤架法）。

（3）采用“前进式”掩护撤架法时，撤架前先在开始撤架端调转2～3架支架做撤架时的掩护支架用，使支架与工作面煤壁平行。

（4）给掩护支架前的被回撤支架接上供回液胶管，降架前移适当距离，让支架在掩护支架的前梁或抬棚下调架，把被回撤支架调转离位到与工作面平行的位置，顺工作面拖向装车点。

（5）被回撤支架拖走后再交替前移掩护支架到撤架状态，准备撤第2架，依次类推。

（6）当工作面支架撤到最后4架时，开始在掩护支架的顶梁上走向放置符合规定的圆木梁或工字钢梁。

（7）当撤到最后两个支架时，掩护支架顶梁上要有不少于5根相距700 mm的工字钢梁或圆木梁。

（8）先拆除中间的掩护支架，在拆除位置支设抬棚，再拆除靠采帮侧的掩护支架，拆除后立即摆设木垛。

（9）在靠煤壁侧圆木梁或工字钢梁的伸出端架设抬棚，把掩护支架上的5根圆木梁或工字钢梁抬住，拆除最后一个掩护支架。

（10）拆除工作面最后两个支架时，采取相互掩护的方法，用安装在巷道内的绞车拖出，在回撤支架后及时补打支柱支护顶板。

（11）支架拆除完毕，由里向外、由下向上将工作面端头及出口外的单体液压支柱、工字钢棚等回撤至规定位置，并在要求位置上打上木垛。

（四）安全注意事项

（1）在安装、拆除支架过程中，作业人员必须在安全地点进行操作。

（2）使用单体液压支柱调整支架时，必须采用远方操作，支柱支设在合适位置，柱头要垫板皮并拴好单体液压支柱。

（3）拖运支架过程中，钢丝绳道内禁止有人，如出现啃底、歪斜、拉不动等异常现象，立即停止牵引检查处理。

（4）严禁调架离位与回柱放顶平行作业。

（5）严禁钢丝绳拴挂支架的易损部位或部件。

(6) 拖运支架过程中，要随时注意支架拖拉状态，防止碰倒棚、柱等。

(7) 拖运支架时，绳头与支架必须连接可靠，绳道内不得有人；变向拖运时，必须使用导向滑轮，同时三角区内严禁有人。

(8) 支架在工作面调向时，必须采取防止支架倾倒措施。倾角较大时应采用两台绞车配合，一台绞车防止支架倾倒，另一台绞车调向。支架接顶前防侧倒绞车绳应处于预紧状态。

(9) 支架初次供液前，必须保证管路连接良好，将手柄全部打在"零"位，防止阀组窜液误动作而伤人。

十三、联网工岗位安全技术操作规程

(一) 一般规定

(1) 作业人员必须经过专业技术培训、考试合格后，方可持证上岗。

(2) 开工前应备齐必要的工具和材料，如镐、锹、钳子及联网所用的联网钩、联网丝、联网绳等。

(3) 顶(底)网的铺设方法必须在作业规程中明确规定。

(4) 使用镀锌铁丝联网时，铁丝不得小于 14#，长度不小于 350 mm；使用塑料绳联网时，绳径不小于 6 mm，绳长不小于 500 mm。

(5) 铺设顶网时，要随时注意冒顶、片帮和支架支设质量，发现有掉矸、片帮、支架歪扭等情况时，要立即处理好后再工作。

(6) 顶(底)网都要铺展，铺设整齐，不得有凸凹不平、歪扭以及松紧不一等现象。

(7) 用镀锌铁丝联网时，镀锌铁丝成双股，并用联网钩绕三扣拧紧，铺顶网时将剩余镀锌铁丝头扭向上方，铺底网时将剩余镀锌铁丝头插入网下。用塑料绳联网时，塑料绳成双股，把两片网拉紧结成死扣。联经纬网时，要将经纬线同时联好。

(8) 菱形金属网的网边采用镀锌铁丝或塑料绳连接，网头应采用单根菱形网条穿接，穿接时要两人配合作业，一人把两网头托平托齐，另一人从一头按顺时针方向转动网条。接好后，用钳子将新穿网条的两个网丝头折卷 180°。

(9) 需要断网时,金属经纬网的断头应用手钳将全部镀锌铁丝头折卷180°。塑料网的断头应折卷500 mm,并用镀锌铁丝或塑料绳拴牢,不准留散网头。

(二) 顶网的铺设安全操作

1. 工作面开切眼开帮时的铺网方式

(1) 先铺底网、后铺顶网:在开切眼内替棚后先铺底网,随推采铺设顶网后再停铺底网。要求如下:

① 工作面铺底网的操作要求与正常铺设底网的技术操作要求完全相同。

② 开始铺顶网后,底网要继续铺设,要使顶、底网压茬达到3～5 m时方可停止铺底网。

(2) 直接沿走向铺设顶网:在替除开切眼原支架的同时,随新支架的架设,在梁上沿走向铺设顶网,要求如下:

① 替棚的顺序和方法,要严格按作业规程规定执行。

② 顶网要选用作业规程规定的规格,沿倾斜相邻两片呈对接。

③ 拆除开切眼原支架后要立即将顶板活煤、活矸找掉;然后将网展开托至顶板,网下按作业规程要求架设支架;随后按要求将网联好。

④ 顶网在煤帮一侧要留有不少于200 mm的网头,老空一侧的网要垂至底板并要留有不少于500 mm长的网卷,用活煤和其他杂物压好。

(3) 直接沿倾向铺顶网:在替除开切眼原支架的同时,随新支架的架设,在梁上沿倾向铺设顶网,要求如下:

① 拆除原支架前应将网折卷好,吊挂在顶上,拆除原支架后及时将网放开托至顶板,在网下架设支架。在煤帮侧应留出不少于200 mm的网边,支架梁头不得超出网边,空帮侧应将网铺严下垂至底板,并留有不少于300 mm的余网。

② 沿倾向铺设顶网,空帮侧不吊网时,应按第一种方式的要求铺设底网。

2. 顶网铺设要求

(1) 铺顶网前,要先进行敲帮问顶,并认真检查分工范围内的支架支设情况，确认无危险时，方可进入煤帮进行铺网。铺网时，人员要随时注意架间、煤帮是否有活矸、活煤等情况，并及时进行敲帮问顶，人员要站在支架完好的地点，面朝煤壁。

(2) 金属经纬网和矿用塑料网，沿倾向铺挂，相邻两片网沿倾向搭接 300 mm，沿走向对接。在联网时，应先将上头固定，从上向下将网拉展，可先每 1.0 m 联一道，将网托至顶板架设好支架后再及时进行补联，加密到 150 mm 联一道。沿倾向两片网的搭接处，网头都要进行联网。

(3) 菱形网顺走向铺设，沿倾向网边对接，沿走向网头对齐，用菱形网单网条穿接。挂联网时，要先把网头穿接好，将网托至顶板，架设好支架，再按 150 mm 一道补联网边。

(4) 铺金属经纬网和塑料网，靠煤帮要经常保持有 200 mm 网边。铺菱形金属网煤帮要经常保证 500 mm 网头，支架梁头严禁超网边。遇有网不够宽处要挂双网。

(5) 炮采工作面和机采工作面爆破段，爆破后要及时找掉活煤、活矸进行铺网挂梁。机采工作面要在采煤机前不少于 5 m 将网挂联好，并将网拉向老空帮一侧固定好，采煤机过后要及时找掉伞檐、活煤、活矸，然后将网放展并挂梁支护。

(6) 工作面所铺顶网要与上、下顺槽和中间巷超前处理的网联成整体。

(7) 上、下顺槽和中间巷超前替换支架的同时，要先铺顶网后支设新支架。超前处理的支架不准超过网边。上顺槽铺设顶网要由下帮向上帮铺，在下帮悬垂不少于 200 mm 的网头，留作与工作面顶网联网之用，铺至上帮后剩余部分由顶板下垂至上帮底板用煤压好。下顺槽铺设要求与上顺槽相反。中间巷也沿倾向铺设，两帮留出相同的网头，先把余网头折卷好挂在新设支架上，待工作面与中间巷推透时，把余网展开与工作面新铺设网联成一体。

(8) 如工作面顶板出现破碎、掉矸现象，则应先架设临时支架，将顶用竹笆、底梁等材料填严、背紧，然后再铺设顶网架设正规支架。

(9) 顶网要始终紧贴煤层顶板。炮采工作面支架的梁头要直接顶住煤帮，机采工作面支架的长梁头顶住煤帮，不留空隙，以免造成空顶。

(10) 对工作面过局部特殊段须超前支护，不适合铺设顶网时，要按铺底网的操作要求在该段铺底网，其中沿倾向顶底网上、下压茬不少于 2 m，走向顶底网压茬不少于 3 m。

(11) 放顶前应将底板浮煤、浮矸清理平整，放顶时发现顶网扯破要及时进行补网。

(三) 底网的铺设安全操作

(1) 底网均沿倾向铺设，底网宽度要与工作面排距一致。

(2) 铺设前应将底板上的浮煤、浮矸清理平整，再进行铺网工作。

(3) 不准坐着铺设底网，以防顶板掉矸时躲避不及。

(4) 铺网时，应先在倾斜上方把网头固定好，然后从上向下展开；网一定要贴底板铺平，网边要对严。经纬网和塑料网的网头搭接不少于 300 mm；菱形网网头要对齐，用穿条穿联好。

(5) 底网的网边、网头的连接间距应不大于 200 mm。

(6) 底网要超前放顶地点 1.0 m 以上，在新切顶排外侧铺设好。

(7) 工作面铺网时上头要铺到上顺槽上帮，下头铺到下顺槽下帮，网边要紧贴巷道煤帮，向上折起不少于 300 mm，并用板皮、矸石等物压牢。

(8) 在工作面已经铺设的网卷，剩余部分要顺开，并用镀锌铁丝或塑料绳拴紧，防止影响行人或被机械刮乱。

模块三　采煤作业典型事故案例

学习目标

1. 了解采煤作业典型事故案例。

2. 增强职工安全意识和提高安全操作技能，吸取事故教训，防止同类事故发生。

安全操作技能相关知识

案例一　综采工作面煤壁片帮埋人事故

某年8月27日16:00班，某矿1420综采工作面扩帮后，在往支架顶部挑板时，煤壁突然片帮，冒落的煤矸将支架工吉××埋住，吉××被扒出后侥幸生还，但是腰背部被挤伤。

（一）事故经过

某年8月27日16:00班，该矿1420综采工作面开工后，采煤机从下机头处开始上行割煤。

23:20左右，一刀煤割完，推移刮板输送机移架结束。采煤机在上机尾处开始对第92～97组支架9 m范围割煤、扩煤壁。

23:50左右，割煤、扩煤壁完成，采煤机停在第92组支架下方。

由于煤体松散，扩完煤壁后煤壁又片帮500 mm左右，班长杨××安排吉××等人在第92～97组支架处铺网，将第95组支架前梁伸出700 mm后，前梁距离煤壁仍有500 mm左右。

沿煤壁打了3块3 m板梁，一梁两柱。

其中，第95组支架处板梁至煤壁局部留有250 mm的空隙，中柱根部距离煤壁留有 300 mm 左右的空隙，没有紧贴煤壁；顶上金属网下垂余量 300 mm，不足 1 500 mm。

8 月 28 日 0:10 左右，开始在支架顶上挑 2.4 m 板梁，托在煤壁侧 3 m 板梁下。王××与吉××、张××3 人配合，先从第 95 组支架开始挑板，王××先将支架下降 400 mm 左右，张××将板梁的上端举到支架顶上，吉××抱着板梁的底端靠在煤壁侧。当吉××蹲下准备往支架上串板梁时，第 95 组支架处煤壁突然片帮冒顶，冒落的煤将吉××砸倒，吉××连忙呼喊；紧接着又冒下 6 m^3 左右煤矸将其埋住，只露出其后背和矿工帽。

副班长张××立即通过载波电话喊话说，“刮板输送机向前开动 5 m”，并迅速将吉××扒出。经检查吉××腰背及左肋部擦伤。

（二）事故原因

（1）现场班长杨××违章指挥，员工违章作业。

（2）支架工吉××违章作业，操作时站位不当。

（3）现场安全管理不到位。现场多处习惯性违章行为未得到纠正和制止，给事故留下了隐患。

（三）防范措施

（1）强化规程观念，教育员工严格按章作业，同时加强现场安全监督检查，从严查处“三违”行为。

（2）扩帮作业时，必须加强支护，铺网联网符合要求；坚持打好“一梁三柱”，紧贴煤壁打好贴帮柱并背实，防止片帮。

（3）强化员工安全意识，提高员工危害辨识水平。

案例二　综采顶板掉矸伤人事故

某年 9 月 30 日 7:10，某矿综采准备队的联网工熊××在 11001 综采工作面回撤通道上绳联网前，没有执行“敲帮问顶”制度来处理顶板活矸，联网作业时，发生顶板掉矸事故，造成一人受伤。

（一）事故经过

某年 9 月 30 日 0:00 班，该矿综采准备队在 11001 综采工作面进行上绳联网工作。联网工熊××在 11001 工作面第 68# 支架处从事上绳联网工作。联好网后利用液压单体支柱配合半圆木将菱形网升起，熊××站在新巷的68#支架下侧，丁××站在支架上侧，两人分别拽住网片，防止网片折叠。在支架工许××操作支架伸出伸缩梁时，顶板掉下一块长300 mm、宽400 mm、厚300 mm的矸石，矸石顺着煤壁滚落到熊××的左脚上，造成熊××左脚面骨折。

（二）事故原因

（1）职工在进行工作面上绳联网前，没有进行敲帮问顶，没有及时处理顶板活矸，是造成事故的直接原因。

（2）操作支架伸缩梁时，作业人员站在被操作支架的下侧，属违章行为，是造成事故的重要原因。

（3）现场安全管理不到位，作业人员自保、互保安全意识差，相互配合时没有做到"三不伤害"，是造成事故的间接原因。

（三）防范措施

（1）加强顶板管理，严格执行"敲帮问顶"制度，操作支架伸缩梁时，杜绝职工站在支架下侧。

（2）管理人员要加强现场安全管理，紧盯现场，落实安全管理责任，发现不安全行为及时制止。

（3）加强职工安全培训，提高作业人员自保、互保安全意识，增强安全操作技能，杜绝违章作业。

案例三　综采工作面补网被砸伤事故

2014年3月28日，某矿综一队联网工赵××，在2390采煤工作面进行补网过程中，被煤壁片帮掉下的矸石砸中右小腿处，致其右小腿胫腓骨骨折。

（一）事故经过

2014年3月28日，该矿综一队工长梁××安排班长田××带领赵××、吴××等人在2390采煤工作面进行联网、补网、移架工作。

当日23:45左右，当采煤工作面上完第13条绳，采煤机过了一个机尾后，班长田××发现采煤工作面第28组支架上顶有一个600 mm×800 mm的网窟窿，就带领支架工吴××、采支工赵××去补网。

3月29日0:15左右，赵××面向机头方向，站在第27和第28组支架之间煤壁侧拧网上铁丝时，煤壁片帮掉下一个300 mm×400 mm×500 mm大的矸石，砸在赵××右小腿处，造成右腿胫腓骨骨折。

（二）事故原因

1. 联网质量差

员工上绳联网质量差，致使第28组支架上顶出现网窟窿，为事故埋下隐患。

2. 赵××违章作业

赵××自主保安意识差，在补网前没有检查煤壁是否有掉矸，身体离煤壁过近，违反《2390综采工作面回采作业规程》的规定。

3. 现场安全管理有漏洞

班长在安排员工补网窟窿过程中，安排工作不仔细，没有对现场环境进行安全确认，未及时安排专人观顶。

4. 安全教育培训不到位

安全教育培训缺乏针对性，员工安全操作意识淡薄，履行和落实岗位责任制有欠缺。

（三）防范措施

(1) 加强现场工程质量管理，提高上绳联网质量，严格按照作业规程规定施工，确保不再出现网窟窿现象。

(2) 严格落实规程措施，员工进入煤壁工作前必须进行安全确认，及时进行敲帮问顶。

(3) 强化现场安全管理。班长布置工作前必须首先布置安全，针对现场工作实际操作情况及时进行隐患排查，并监督检查员工的操作行为。

(4) 有针对性开展安全教育培训工作，提高员工危害辨识能力，提高自主保安意识。

案例四　违章降架回撤，支架滑移伤人事故

某年2月18日8:00班，某矿准备区2218综采工作面回撤支架，在移动掩护支架时，操作支架的张××被夹在钢丝绳与支架之间，挤伤胸部。

（一）事故经过

某年2月18日8:00班，准备一区班长赵××安排当班任务："组长程××，你带着7人去回撤支架，今天任务回撤2组。其余的人跟我拆运支架。"

9:00作业人员到达现场，组长程××安排工作："今天我们先回第60组支架。李××开上顺槽口的14 t绞车，陆××、浦××你们俩去开工作面上的14 t绞车，张××负责调控回撤支架和移动掩护支架。"

9:10开工，开始回撤第60组支架。

12:40第60组支架回撤到中间运输巷，开始移动掩护支架。

13:00煤壁侧掩护支架下移到位，开始移采空区侧掩护支架。

他们将上顺槽14 t绞车钢丝绳拴在掩护支架顶梁左侧，将下边的14 t绞车绳穿过第59组支架大柱连接到掩护支架底座中部，使用上下两台14 t绞车配合牵引掩护支架下移。

程××站在煤壁侧掩护支架下指挥："两部绞车绳头已经连好，开始下移支架。"下部的14 t绞车司机通过载波电话指挥上顺槽14 t绞车松车配合牵引支架下移。

陆××："上顺槽绞车注意，绳头已连接好，与下面绞车配合，按信号规定往下慢松下移支架。"

李××："知道了。"

陆××："绞车启动，注意安全"，于是打了3下信号开车。

13:30掩护支架向下移动1.3 m后，下部14 t绞车拉不动了。

陆××："拉不动了。"

程××："停车！下边巷道高度不够，降点支架再拉。"

这时，蹲在被移动的掩护支架架脚上的张××就启动操作阀降支架。在降架过程中，由于下降行程过大，造成支架突然失控向下滑移。由于支架左顶梁被上部14 t绞车绳固定，支架在滑移时突然扭向打横撞到第59组支架中部。此时固定在架子底座上的14 t绞车钢丝绳也随之崩紧将正在操作降架的张××夹在支架大柱上，造成其肋骨骨折。

（二）事故原因

1. 安全技术管理有缺陷

《2218工作面回撤安全技术措施》没有明确规定牵移掩护支架时操作支架的具体方式，是本架操作，还是邻架操作；没有明确规定上部绞车牵引钢丝绳与支架连接的具体位置，是拴在支架尾部底座上，还是拴在支架前梁上，致使员工无章可循，现场操作随意。

2. 现场操作方法不当

在回撤牵移掩护支架时，上顺槽控制支架下滑的14 t绞车钢丝绳连接在支架前梁左侧，连接位置不合理。一旦支架下移，上部绞车绳受力会给支架一个侧向扭矩，极易造成支架扭向打横。

3. 员工违章作业

(1) 在移架及控制支架降架时，支架工张××蹲在掩护支架架脚上，属严重违章作业。

(2) 支架工张××在降架过程中，控制柱子下降行程过大，致使架子卸压失控。

4. 现场安全管理不到位

在回撤移动支架过程中，现场班长针对支架工张××一直蹲在掩护支架架脚上的违章作业行为一直没有及时制止。

(三) 防范措施

1. 编制规程措施要针对性强

编制规程措施的技术人员要深入现场认真细致地辨识危害，根据现场实际制定切实可行的支架回撤作业规程，内容要科学合理，具有可操作性，确保有效指导员工操作。

2. 改进回撤移动掩护支架操作方法

(1) 将本架升降操作支架改为邻架升降操作。

(2) 牵移掩护支架时，将上风道绞车钢丝绳拴接到支架尾部，防止支架突然失控下滑、扭向打横。

(3) 将两组掩护支架尾部用1.5 m长大链进行连锁，防止支架下滑过量。

3. 严格落实规程措施

加强现场安全管理，严格落实规程措施。支架工操作移动支架时一定要躲开绳道、钢丝绳三角区，避开绳头的反弹方向，要邻架操作、带压移架。

4. 提高员工的危害辨识能力

加强安全教育和培训，提高员工的危害辨识能力，尤其是提升管理、技术人员的安全意识和技术业务水平。

第三部分　输送机操作作业

输送机操作作业安全技术基础知识

输送机操作作业安全操作技能

输送机操作作业典型事故案例

模块一　输送机操作作业安全技术基础知识

安全技术基础知识一　专业技术基础知识

学习目标

1. 熟悉输送机的类别、常用型号及使用条件。
2. 掌握输送机的结构及工作原理。
3. 熟悉转载机的类别、常用型号及使用条件。
4. 掌握转载机的结构及工作原理。
5. 熟悉破碎机的类别、常用型号及使用条件。
6. 掌握破碎机的结构及工作原理。
7. 熟悉给煤机的类别、常用型号及使用条件。
8. 掌握给煤机的结构及工作原理。

安全技术基础知识相关知识

一、输送机的类别、常用型号、使用条件、结构及工作原理

输送机分带式输送机和刮板输送机两大类，带式输送机又称胶带输送机，是一种摩擦驱动以连续方式运输物料的机械；刮板输送机是借助于牵引构件（一般为链条）上刮板的推力作用，使散状物料沿着机槽移动，从而输送物料的连续输送机。

（一）刮板输送机的类别、常用型号、使用条件、结构及工作原理

1. 刮板输送机的类别

按照物料的输送方向，可将普通刮板输送机分为水平型、倾斜型和

混合型。

由于使用条件、使用空间、煤层厚度不同，对输送能力和铺设长度等要求也各不相同，因此，国内外生产和使用的刮板输送机类型很多。

(1) 按中部槽的布置方式和结构分，有重叠式和并列式两种。重叠式中部槽又分为开底式和封底式两种。

(2) 按牵引链的结构分，有片式套筒链、可拆模锻链和焊接圆环链三种，现在一般都采用圆环链制成的刮板链。

(3) 按链条数量和布置方式分，有单链、边双链、中双链和三链。

(4) 按传动动力类型分，有电力传动(电动机)和液压传动。

(5) 按电动机驱动装置的数量和布置方式分，有单电动机驱动和双电动机驱动两种。双电动机驱动装置的布置方式又分为并列式(平行式)、垂直式和复合式。

(6) 按传动电动机的功率分，有轻型、中型、重型和超重型。

2. 刮板输送机常用型号及参数含义

煤矿常用刮板输送机型号有 SGZ764/730、SGB620/40、SGB620/220C 等。

SGB620/220C 刮板输送机参数意义如下：

S——输送机；

G——刮板；

B——边双链型(B 为刮板链型式)，其他还有 D、Z、N 型；

D——中单链；

Z——中双链；

N——准边双链；

630——中部槽宽度，mm；

220——电动机总功率，kW；

C——修改序号，以 A、B、C 等表示。

3. 刮板输送机使用条件

刮板输送机可用于水平运输，亦可用于倾斜运输。

沿倾斜向上运输时，煤层倾角不得超过 25°；向下运输时煤层倾角不得超过 20°。当煤层倾角较大时，应安装防滑装置。

可弯曲刮板输送机允许在水平和垂直方向做2°～4°的弯曲。倾角通常不超过35°，因为随着倾角增大，它的生产率会大幅下降。

4. 刮板输送机结构和工作原理

各种类型的刮板输送机的主要结构和组成的部件基本是相同的，其主要组成部件有：机头传动部、机尾（传动部）、溜槽（机头过渡槽、机尾过渡槽、调节槽、连接槽）及附件（挡煤板、铲煤板、导向管、导轨、齿条、千斤顶连接器）、刮板链及紧链装置。刮板输送机的组成如图3-1所示。

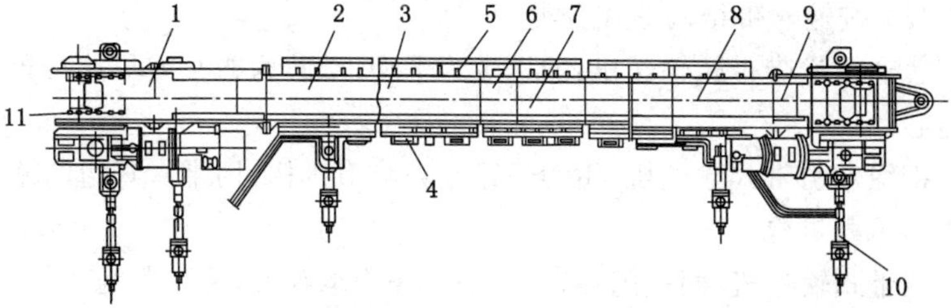

1—机头；2—机头连接槽；3—中部槽；4—挡煤板；5—铲煤板；6，7—调节槽；8—机尾连接槽；9—机尾；10—推进系统；11—刮板链。

图3-1　刮板输送机的组成

（二）带式输送机的类别、常用型号、使用条件、结构及工作原理

带式输送机具有输送能力强，输送距离远，结构简单易于维护，能方便地实行程序化控制和自动化操作等特点。带式输送机主要由两个端点滚筒及紧套其上的闭合输送带组成。带动输送带转动的滚筒称为驱动滚筒（传动滚筒），改变输送带运动方向的滚筒称为改向滚筒。驱动滚筒由电动机通过减速器驱动，输送带依靠驱动滚筒与输送带之间的摩擦力拖动。驱动滚筒一般都装在卸料端，以增大牵引力，有利于拖动。

1. 带式输送机的类别

带式输送机类别较多，主要可以分为以下几类：

（1）按承载能力分类

轻型带式输送机：专门应用于轻型载荷的带式输送机。

通用带式输送机：这是应用最广泛的带式输送机，其他类型带式输送机都是这种带式输送机的变形。

钢绳芯带式输送机：应用于重型载荷的带式输送机。

（2）按可否移动分类

固定带式输送机：输送机安装在固定的地点，不需要移动。

移动带式输送机：具有移动机构，如轮、履带。

移置带式输送机：通过移动设备变换设备的位置。

可伸缩带式输送机：通过储带装置改变输送机的长度。

（3）按输送带结构形式分类

普通输送带带式输送机：输送带为平型，带芯为帆布或尼龙帆布或钢绳芯。

钢绳牵引带式输送机：用钢丝绳作为牵引机构，用带有耳边的输送带作为承载机构。

压带式输送机：两条闭环带，其中一条为承载带，另一条为压带。

钢带输送机：输送带是钢带。

网带输送机：输送带是网带。

管状带式输送机：输送带围包成管状或用特殊结构输送带密闭输送物料。

波状挡边带式输送机：输送带边上有挡边以增大物料的截面，倾斜角度大时，一般在横向设置挡板。

花纹带式输送机：用花纹带以增大物料和输送带的摩擦，提高输送倾角。

（4）按承载方法分类

托辊式带式输送机：用托辊支撑输送带。

气垫带式输送机：用气膜支撑输送带。另外还有磁性带式输送机、液垫带式输送机，它们共同的特点都是对输送带进行连续支撑。

深槽型带式输送机：加大槽深，起到对物料的夹持作用，可增大输送倾角。

（5）按输送机线路布置分类

直线带式输送机：输送机纵向是直线，但是可在铅垂面上有凹凸变化曲线。

平面弯曲带式输送机：可在平面上实现弯曲运行。

空间弯曲带式输送机：可以在空间实现弯曲运行。

(6) 按驱动方式分类

单滚筒驱动带式输送机。

多滚筒驱动带式输送机。

线摩擦带式输送机：用一个或多个输送带作为驱动体。

磁性带式输送机：通过磁场作用驱动输送带。

2. 带式输送机的型号及含义

带式输送机型号很多，有 DTS 通用绳架带式输送机，DTG 通用钢架吊挂带式输送机，DTL 通用钢架落地带式输送机，DSS 可伸缩绳架带式输送机，DSJ 可伸缩钢架带式输送机，DTC 深槽带式输送机，DLA、DLD 钢缆牵引带式输送机等。

煤矿最常用的有 DTL 通用钢架落地带式输送机和 DSJ 可伸缩钢架落地带式输送机，主要的型号如 DSJ100/80/2×160，DTL120/100/4×250，DTL120/100/4×630 等。

带式输送机主参数包括输送带宽度(cm)，输送量(10 t/h)，电机功率(kW)。

主参数表示方法符合以下要求，单电机以电机功率(P)表示，多机驱动电机功率相同时用 $n \times N$ 表示，n 表示电机台数，N 表示单台电机功率。

以 DTL120/100/4×250 带式输送机为例说明型号含义：

D——煤矿用带式输送机；

T——通用；

L——钢架落地；

120——输送带宽度 120 cm；

100——输送量 1 000 t/h 的 1/10；

4×250——功率，4 台 250 kW 电机。

3. 带式输送机使用条件

带式输送机应用条件较为广泛，可以用于水平运输或倾斜运输，广泛应用于现代化的各种工业企业中，如矿山的井下巷道、矿井地面运输系统、露天采矿场及选矿厂中。根据输送工艺要求，可以单台输送，也可多台成组输送，或与其他输送设备组成水平或倾斜的输送系统，以满足不同布置形式的作业线需要。通常情况下，上山运输的倾角不大于18°，下山运输的倾角不大于15°，输送机可在环境温度－20～＋40 ℃范围内使用，输送物料的温度在50 ℃以下。

4. 带式输送机的结构和工作原理

带式输送机是由输送带作为物料承载件和牵引件的连续输送设备，输送带既是牵引机构又是承载机构。驱动滚筒在电机的驱动下旋转，通过驱动滚筒和输送带之间的摩擦力带动输送带及输送带及输送带上的物料一同连续运行，当物料运到端部后，由于输送带换向而卸载，达到运输物料的目的。

带式输送机的重要组成部分有输送带、托辊、机架、驱动装置、张紧装置、储带装置和清扫装置等，如图3-2所示。

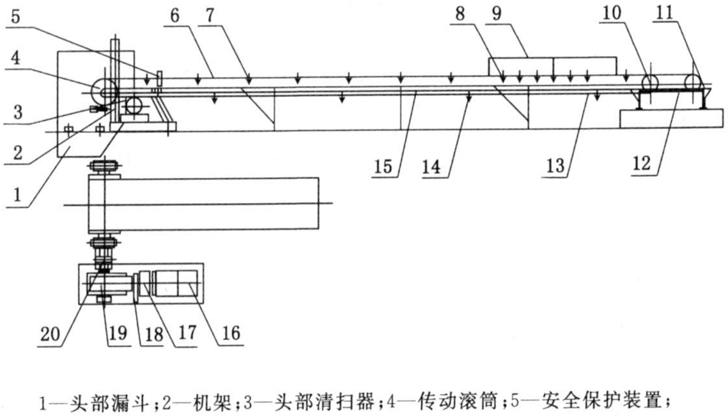

1—头部漏斗；2—机架；3—头部清扫器；4—传动滚筒；5—安全保护装置；
6—输送带；7—承载托辊；8—缓冲托辊；9—导料槽；10—改向滚筒；
11—螺旋拉紧装置；12—尾架；13—空段清扫器；14—回程托辊；15—中间架；
16—电动机；17—液力偶合器；18—制动器；19—减速器；20—联轴器。

图3-2 带式输送机结构图

(1) 输送带。输送带既是承载部件，又是牵引部件。带式输送机输送带的连接方法有机械方法和硫化胶合法。

(2) 机架和托辊。机架用来固定托辊，并支撑托辊、输送带及货载重量。托辊用来支撑输送带，减少输送带运行阻力，并使输送带悬垂度不超过一定限度，以保证输送带运行平稳。托辊按用途可以分为槽形托辊、平行托辊、V 形托辊、缓冲托辊、深槽形托辊和调偏托辊等。平行托辊间距为 3 m，槽形托辊间距为 1.2 m 或 1.5 m。

(3) 驱动装置。驱动装置是带式输送机的动力源，电动机通过液力偶合器和减速器带动驱动滚筒转动。带式输送机的驱动装置由电动机、液力偶合器、减速机和驱动滚筒等组成。

(4) 张紧装置。张紧装置的作用，一是保证输送带有足够的张力，使输送带与驱动滚筒产生必要的摩擦力；二是限制输送带在各托辊之间的悬垂度，确保带式输送机的正常运转。

(5) 制动装置。制动装置作用有两个：一是正常停机；二是紧急停机。制动装置按工作性质分为制动器和逆止器；制动器用于输送机的正常化停车，逆止器用于防止上运带式输送机在停机时倒转。

(6) 清扫装置。清扫装置用来清扫输送带表面的黏附物料。

(7) 储带装置。储带装置是用来把可伸缩带式输送机伸缩前后的多余输送带暂时储存起来，以满足采煤工作面持续前进或后退需要的装置。

(8) 软启动装置。软启动装置的作用是使带式输送机启动平稳，减少启动电流对电网的冲击，减轻启动力矩对负载带来的机械振动。分为电气调速型、液力调速型、可控驱动装置。

二、转载机的类别、常用型号、使用条件、结构及工作原理

1. 转载机类别

转载机是机械化采煤、掘进运输系统中普遍采用的一种中间转载设备，实际上是一种纵向弯曲长度较小的重型刮板输送机。该设备呈桥形，故称为桥式转载机。转载机的种类较多。

2. 转载机型号及含义

常用的转载机型号有 SZZ-730/110、SZZ-800/250、SZZ-830/250 等。

SZZ-800/250 型号的意义如下：

S——输送机；

第一个 Z——转载；

第二个 Z——中间双链；

800——中部槽槽宽 800 mm；

250——电动机功率 250 kW。

3. 转载机使用条件

转载机与可伸缩带式输送机配套使用，输送采掘过程中的煤矸。

适用于煤矿井下机械化掘进时的转载与输送，可与刮板输送机、伸缩带式输送机、矿车等配套的巷道转载设备配套使用。

4. 转载机结构和工作原理

桥式转载机由机头部、机身部和机尾部三部分组成。

机头部由导料槽、机头传动装置、机头小车组成。

转载机工作原理。转载机实际上是一个结构特殊的短刮板输送机，其运输工作过程和刮板输送机相同。电动机通过传动装置带动链轮旋转，链轮带动刮板链在溜槽内做循环移动，将装在溜槽中的煤运到机头处卸下，转载到带式输送机上。

三、破碎机的类别、常用型号、使用条件、结构及工作原理

1. 破碎机的类别

一般的矿用破碎机有颚式破碎机、锤式破碎机、辊式破碎机、复合式破碎机、冲击式破碎机、反击式破碎机、环锤式破碎机、圆锥式破碎机和移动式破碎机等。

2. 破碎机型号

煤矿综采工作面常用的破碎机型号有 PLM1000、PLM2000 等。

PLM2000 型破碎机型号意义如下：

P——破碎机；

L——轮式；

M——煤矿；

2000——破碎能力 2 000 t/h。

3. 破碎机的使用条件

破碎机主要用于破碎煤矿井下采煤工作面运输中存在的大块煤块、矸石，防止大块煤块、矸石砸伤输送带，甚至造成人员伤害。

4. PLM2000 型破碎机的结构和工作原理

PLM2000 型顺槽用破碎机由防尘帘、入口架、出口架、动力部、破碎槽和调高装置等部分组成，各部件通过螺栓紧固连接，构成破碎机总体。

PLM2000 型破碎机工作原理是通过传动装置将动力传递给破碎锤，驱动其运转，实现破碎物料的功能。破碎机进口与转载机调节槽用哑铃连接，出口与凹槽用哑铃连接，工作时破碎锤锤头冲击速度方向应与转载机运行方向一致。

四、给煤机的类别、常用型号、使用条件、结构及工作原理

1. 给煤机的类别

煤矿常用的给煤机有往复式给煤机、带式给煤机两大类。

2. 给煤机型号

K 型往复式给煤机型号主要有 K-0、K-1、K-2、K-3、K-4；带式给煤机的型号主要有 GLD800/5.5/B、GLD2000/7.5/B、GLD3300/7.5/B 等。

GLD2000/7.5/B 型给煤机型号意义如下：

GLD——带式给煤机；

2000——最大给料能力为 2 000 t/h；

7.5——电机功率为 7.5 kW；

B——变频调速。

3. 给煤机使用条件

给煤机用于煤或其他磨琢性小、黏性小的松散粒状物料的给料，将储仓或料坑里的物料连续均匀地卸落到运输设备或其他筛选设备中。

4. 给煤机的结构和工作原理

(1) K 型给煤机结构和工作原理

K 型给煤机由机架、底板(给煤槽)、传动平台、漏斗、闸门、托辊等组成。电机开动后经弹性联轴器、减速机、曲柄连杆机构拖动倾角 5°的底板在辊上做往复直线运动，将煤均匀地卸到其他设备上。该机型可根据需要设有带漏斗和不带漏斗两种形式，以及带调节闸门和不带调节闸门两种结构形式，其给料能力由底板行程确定。

(2) 带式给煤机结构和原理

以甲带给煤机为例，其由驱动装置、驱动滚筒、改向滚筒、仓口法兰、漏斗料槽、闸门、导料槽、环形输送带、防偏装置和清扫装置等组成。

甲带给煤机工作原理。料仓内的物料经连接段进入导料槽落在甲带上，甲带静止时，物料最终靠内摩擦力而停止运动，并在出料口形成一定角度的静止堆积。当驱动滚筒在外动力的驱动下开始旋转时，带动输送带运动，输送带带动其上的甲带运动，甲带带动其上的物料导向出料口，运行中的甲带在出料口卸料后转向回程，物料不断地从出料口排出，从而完成给料过程。二次密封装置对从导料槽和输送带之间的间隙中漏出的物料进行密封；黏结在甲带上的未卸净物料在回程中，受重力、振动等因素影响不断掉落于下护板上，而后又被甲带上凸起的刮料板再带回出料口重新卸料。改变进料口大小，可通过闸板开度大小来实现；改变给料量，可通过调节无级变速减速机的输出轴转速，改变甲带运行速度的大小(高低)来实现，也可通过选配变频器，改变电动机转速来实现。

安全技术基础知识二　本岗位安全责任制

学习目标

1. 掌握带式输送机司机岗位安全责任制。
2. 掌握刮板输送机司机岗位安全责任制。
3. 掌握转载机、破碎机司机岗位安全责任制。
4. 掌握给煤机司机岗位安全责任制。

安全技术基础知识相关知识

一、带式输送机司机岗位安全责任制

(1) 必须熟悉所使用带式输送机的结构、性能、工作原理、各种保

护的原理和检查试验方法，会维护保养带式输送机，掌握消防器材的正确使用方法，熟悉生产过程和《煤矿安全规程》有关规定，按操作规程要求进行操作，能正确处理一般性故障。

(2) 遵守有关规章制度，上班前不喝酒，班中不做与本职工作无关的事情。

(3) 严禁乘坐带式输送机，不准用带式输送机运送设备和笨重物料。

(4) 输送机的电动机及开关附近 20 m 以内风流中甲烷浓度达到 1.0%时，必须停止工作、切断电源、撤出人员，进行处理。

(5) 输送机运转时禁止清理机头、机尾滚筒及其附近的浮煤，不许拉动输送带的清扫器。

(6) 在检修煤仓上口的机头卸载滚筒部分时，必须将煤仓上口挡严，检修人员要佩戴保险带并牢固生根。

(7) 处理输送带跑偏时，严禁用手、脚及身体的其他部位直接接触输送带。

(8) 拆卸液力偶合器的注油塞、易熔塞、防爆片时，脸部应躲开喷油方向，戴上手套拧松几扣，停一段时间和放气后，再慢慢拧下。严禁使用不合格的易熔塞、防爆片。

(9) 在输送机上检修、处理故障或做其他工作时，必须闭锁输送机的控制开关，挂上“有人工作，禁止送电”的停电牌。除处理故障外，不许开倒车运转。严禁站在输送机上点动开车。

(10) 除控制开关的接触器触头粘住外，禁止用控制开关的手把直接切断电动机电源。

(11) 认真执行岗位责任制和交接班制度，不得擅离岗位。

(12) 上岗后应检查输送机机头范围内的支护是否牢固可靠，有无障碍物及浮煤、杂物等隐患。

(13) 不准超负荷强行启动。发现闷车时，先启动 2 次(每次不超过 15 s)，仍不能启动时，必须卸掉输送带上的煤，待正常运转后，再将煤装上输送带运出。

(14) 在运转过程中，随时注意运行状况；经常检查电动机、减速器、轴承的温度;倾听各部位运转声音;保证正常洒水喷雾。

(15) 当发现跑偏、声响异常、打滑、闷车等异常情况时,必须停机,妥善处理后,方可继续运行。

(16) 接到收工信号后,将带式输送机上的煤完全拉净。上一台输送机停机后,将控制开关手柄扳到断电位置,锁紧闭锁螺栓。

(17) 关闭喷雾降尘水的阀门,清扫电动机、开关、液力偶合器、减速器等部位的煤尘。

(18) 在现场向接班司机详细交代本班输送机运转情况、出现的故障和存在的问题,按规定填写好本班工作日志。对存在的问题要及时向值班领导汇报。

二、刮板输送机司机岗位安全责任制

(1) 刮板输送机司机必须熟悉刮板输送机性能、构造原理和操作规程,掌握刮板输送机的一般维护保养和故障处理技能,懂得回采和巷道支护的基本知识,经过培训、考试合格,取得安全培训合格证后,方可持证上岗。

(2) 作业范围内的顶帮有危及人身和设备安全时,必须及时汇报处理后,方准作业。

(3) 遵守有关规章制度,上班前不喝酒,班中不做与本职工作无关的事情。

(4) 电动机及其开关地点附近 20 m 以内风流中甲烷浓度达到 1.0%时,必须停止运转,切断电源,撤出人员,进行处理;工作面回风巷风流中甲烷浓度超过 1.0%或二氧化碳浓度超过 1.5%时,必须停止运转,切断电源,撤出人员,进行处理。

(5) 严禁人员蹬乘刮板输送机。用刮板输送机运送作业规程等规定允许的物料时,必须按照安全措施执行。

(6) 开动刮板输送机前必须发出开车信号,确认人员已离开机器转动部位,发出预警信号或点动两次后,才准正式开车。

(7) 检修、处理刮板输送机故障时,必须切断电源,闭锁控制开关,挂上停电牌。

(8) 进行掐、接链点动时,人员必须躲离链条受力方向;正常运行时,司机不准面向刮板输送机运行方向,以免断链伤人。

(9) 拆卸液力偶合器的注油塞、易熔塞、防爆片时,脸部应躲开喷油方向,戴上手套拧松几扣,停一段时间和放气后,再慢慢拧下。严禁使用不合格的易熔塞、防爆片。

(10) 刮板输送机运行时,严禁清理转动部位的煤粉或用手调整刮板链,严禁人员从机头上部跨越。

(11) 刮板输送机在运行时,注意清挖机头链轮下方的积煤。

(12) 本班工作结束后,将机头、机尾附近的浮煤清扫干净,待刮板输送机内的煤全部运出后,按顺序停机。关闭喷雾阀门,并向下一台刮板输送机发出停机信号,将控制开关手把扳到断电位置,并拧紧闭锁螺栓。

(13) 清扫机头、机尾各机械、电气设备上的粉尘。

(14) 在现场向接班司机详细交代本班设备运转情况、出现的故障、存在的问题。按规定填写刮板输送机工作日志。

三、转载机、破碎机司机岗位安全责任制

(1) 转载机、破碎机司机必须经过培训、考试合格后持证上岗。

(2) 认真学习业务技术知识,熟练掌握转载机、破碎机的结构、性能、基本原理,做到会使用、会维护、会保养、会处理一般性故障。

(3) 上岗前必须佩戴好安全帽、防尘口罩等劳动防护用品,做好个人防护。

(4) 了解本班生产任务,熟悉现场作业环境,完成好本班工作任务。

(5) 认真执行《煤矿安全规程》、操作规程和作业规程,坚守工作岗位、爱护设备、集中精力、谨慎操作。

(6) 对操作的转载机、破碎机的安全运转工作负责,不违章操作,有权制止任何违章作业行为。

(7) 检查巡视转载机、破碎机、带式输送机等设备的运行情况,查看作业现场安全状况,发现隐患及时处理。

(8) 负责本班转载机、破碎机及周围环境的维护和管理,及时维护设备,确保设备安全、可靠运转。

(9) 负责本班转载机、破碎机机身及周围环境的文明卫生，做到无浮煤、无积尘、无油渍、无闲杂物品。

(10) 严格执行交接班制度，认真填写交接班记录。

四、给煤机司机岗位安全责任制

(1) 给煤机司机必须经过培训、考试合格后持证上岗。

(2) 认真学习业务技术知识，熟练掌握给煤机的结构、性能、基本原理，做到会使用、会维护、会保养、会处理一般性故障。

(3) 上岗前必须佩戴好劳动防护用品，做好个人防护。

(4) 了解给煤机的运行状况，熟悉现场作业环境，完成本班运输任务。

(5) 认真执行《煤矿安全规程》、操作规程和作业规程，坚守工作岗位、爱护设备、集中精力、谨慎操作。

(6) 对操作的给煤机及其周围安全工作负责，不违章操作，有权制止任何违章作业行为。

(7) 定期对给煤机进行巡视，检查传动装置及甲带运行情况，以及其他装置的完好情况，发现隐患及时处理，保证设备安全运行。

(8) 负责本班给煤机的维护和管理，及时对给煤机进行维护，配合检修人员搞好设备的检修和验收。

(9) 负责本班给煤机及周围环境的文明卫生，及时清理浮煤，保持设备干净整洁。

(10) 严格执行交接班制度，认真填写交接班记录。

安全技术基础知识三　本岗位风险及控制

学习目标

1. 掌握带式输送机司机岗位风险及控制。
2. 掌握刮板输送机司机岗位风险及控制。
3. 掌握转载机、破碎机司机岗位风险及控制。
4. 掌握给煤机司机岗位风险及控制。

安全技术基础知识相关知识

一、带式输送机司机岗位风险及控制

1. 存在风险

（1）未按规定要求停电、闭锁、上密码锁、挂牌。

（2）未检查设备周围有无人员，造成旋转部位伤人。

（3）停机处理故障、卡堵未按要求闭锁、上锁或未挂警示牌，造成误送电或设备误动作使人员受伤。

（4）带式输送机停机未运空煤炭，造成带式输送机压死，损坏设备。

（5）操作除铁器未按要求除杂物，导致人员伤害或设备损坏。

（6）未按要求检查带式输送机机头设施，设备出现故障，导致设备损坏、人员受伤。

2. 预防措施

（1）切断电源时必须将开关把手闭锁、上密码锁、挂实名制牌，并悬挂“有人作业，不准送电”警示牌，严格执行“谁停电、谁送电”，“谁上锁、谁解锁”制度。

（2）检修后设备试运转前，检查设备周围的人员，发出开机预警，确认无人员后方可试运转设备，试运转设备正常后启动带式输送机。

（3）处理故障、卡堵前，必须切断操作台电源并进行停电闭锁，同时悬挂“有人作业，不准送电”警示牌。

（4）停机前，做好生产协调，确保输送带上的煤炭全部运输出去，输送带面上不能有存煤，严禁带载停机。

（5）首先启动除铁器时，发现杂物不能自行掉落需人工除杂，必须汇报调度室及跟班队长，并进行处理；其次根据吸铁量进行除铁操作，避免除铁器过载运行；最后除下的杂物及时回收。

（6）接班后检查机头至储带仓段设备，确认设备外观完好、无杂物后方可送电；机头设施如有缺失、损坏等情况，及时通知跟班队长处理，并临时设置警示标志，安排人员处理。

二、刮板输送机司机岗位风险及控制

1. 存在风险

(1) 冷却系统不完好，导致电机、减速机高温运转直至烧毁。

(2) 刮板输送机未闭锁，人员进入溜槽作业，误启动，造成人员伤害。

(3) 刮板输送机中杂物未及时取出，造成伤人或设备损坏。

(4) 更换刮板链未停电闭锁，造成人员受伤。

(5) 刮板机紧链器失效伤人。

(6) 突然启动刮板输送机，未发出开机信号或未点动直接开机导致刮板输送机伤人或损坏设备。

(7) 刮板输送机司机脱岗、睡觉导致停机不及时，造成人员伤害或设备损坏。司机离开时，未对设备进行闭锁。

2. 预防措施

(1) 水冷电机、减速机，冷却装置完好无堵塞、无漏水，表面无积尘、风道畅通、风叶完好。

(2) 人员进入溜槽内处理大块矸石时，刮板输送机司机必须对刮板输送机进行闭锁。

(3) 两端头作业人员应提前将铁器杂物清理干净，煤流系统中有铁器等杂物时，必须及时停机捡出。

(4) 更换刮板输送机刮板链前要将运输机停电闭锁，由专人看管。

(5) 紧链器完好无损、插到位，紧链器应成对使用，严禁单个使用。

(6) 煤流运输设备启动前必须发出开车信号，点动两次后，正式开车。

(7) 设备司机坚守工作岗位，不得随意离开，严禁睡觉。设备司机离开设备 20 m 以外范围的，必须对设备进行闭锁。

三、转载机、破碎机司机岗位风险及控制

1. 存在风险

(1) 出现异常情况继续开机，造成人身伤害或设备损坏。

(2) 上级设备运行中，停转载机，造成设备压死堵转。

(3) 设备运行后，未检查各部温度，导致温度过高造成设备损坏。

（4）司机操作时站位不正确，造成煤矸飞溅伤人。

（5）转载机、破碎机内煤矸未带空，造成下次开机时转载机被压死。

（6）转载机未闭锁就进行掐链，造成转载机启动伤人。

2. 预防措施

（1）工作期间，司机不得脱岗、远离信号和操作按钮，发现信号异常情况立即停机。

（2）工作面停机时，必须顺煤流逐台停机。

（3）经常检查电动机、减速机等转动部位的温升是否超过规定，发现异常声音和气味要及时停机，查明原因并及时处理。

（4）开机时，司机应选择正确的位置站立，确保人身安全。

（5）设备停机前，空载运行 3～5 min，确认设备内无煤矸后，方可停机。

（6）掐链前，在转载机开关处进行工作面联合闭锁，同时在设备列车处对转载机、破碎机电源开关进行闭锁，并有专门的电工进行看护。

四、给煤机司机岗位风险及控制

1. 存在风险

（1）停机处理故障未按规定要求停电、闭锁、上密码锁、挂牌。

（2）未检查设备周围有无人员造成旋转部位伤人。

（3）停机处理故障、卡堵未按要求闭锁、上锁或未挂警示牌，造成误送电或设备误动作使人员受伤。

（4）生产期间放空仓运行，煤块或矸石直接砸落在给煤机上，造成设备损坏。

（5）未按要求检查落煤点及机尾清扫器堆煤情况造成设备损坏。

2. 预防措施

（1）切断电源时必须将开关把手闭锁、上密码锁、挂实名制牌，并悬挂"有人作业，不准送电"警示牌，严格执行"谁停电、谁送电"，"谁上锁、谁解锁"制度。

（2）检修后设备试运转前，检查设备周围的人员，发出开机预警，确认无人员后方可试运转设备，试运转设备正常后启动带式输送机。

(3) 处理故障、卡堵前，必须切断操作台电源并进行停电闭锁，同时悬挂“有人作业，不准送电”警示牌。

(4) 固定带式输送机司机按照要求控制煤仓仓位，煤仓仓位不低于半仓，特殊情况下煤仓内煤位不低于3 m，低于上述规定要求时联系给煤机司机停止放煤。

(5) 开机前检查给煤机机器附属设施，确保符合开机条件，运转过程中每2 h检查一次；同时检查落煤点及清扫器堆煤情况并及时清理积煤，发现堆煤情况及时停机处理并汇报队值班室，做好记录。

安全技术基础知识四
本岗位事故隐患排查治理

学习目标

1. 掌握带式输送机司机岗位隐患与治理。
2. 掌握刮板输送机司机岗位隐患与治理。
3. 掌握转载机、破碎机司机岗位隐患与治理。
4. 掌握给煤机司机岗位隐患与治理。

安全技术基础知识相关知识

一、带式输送机司机岗位隐患与治理

1. 主要隐患

(1) 带式输送机司机未交接班。

(2) 驱动部位护栏、警示标缺损没有及时处理。

(3) 机头、机尾滚筒处防护栏不合格或缺损没有及时处理。

(4) 机头的消防设施不齐全、不完好没有及时处理。

(5) 转载点喷雾装置不完好启动带式输送机。

(6) 带式输送机运行时清理滚筒的转动部位浮煤或杂物。

(7) 处理输送带跑偏时直接用手、脚及身体的其他部位接触输送带。

(8) 在输送带运行时调整输送带跑偏。

(9) 在输送带运行时更换托辊。

(10) 综合保护装置、安全设施或信号系统不齐全、不完好启动输送机。

(11) 综合保护装置、安全设施不齐全、不完好没有及时处理。

(12) 未按规定进行保护试验。

(13) 机头、机尾未按规定支设压柱、地锚或失效。

(14) 应设过桥而未及时设置。

(15) 在停运的输送带上行走。

(16) 无措施在停运的输送带上作业。

(17) 停机处理故障、卡堵未按要求闭锁、上锁或未挂警示牌。

2. 隐患治理

(1) 带式输送机司机严格执行交接班制度,做到现场手把手认真交接班。

(2) 加强机头设施设备的检查与检修,确保各种设施完好。

(3) 机头、机尾滚筒处防护栏严格按照标准进行防护安装。

(4) 机头的消防设施不齐全、不完好的及时检修或更换。

(5) 加强转载点喷雾装置的检修,确保启动带式输送机时处于完好状态。

(6) 清理滚筒的转动部位浮煤或杂物时应将带式输送机停机闭锁。

(7) 处理输送带跑偏时应用专用工具,严禁直接用手、脚及身体的其他部位接触输送带。

(8) 严禁在输送带运行时调整输送带跑偏。

(9) 严禁在输送带运行时更换托辊的。

(10) 综合保护装置、安全设施或信号系统不齐全、不完好的严禁启动输送机。

(11) 综合保护装置、安全设施不齐全、不完好应及时检修处理。

(12) 严格按照保护试验制度进行保护试验。

(13) 机头、机尾应按规定支设压柱、地锚。

(14) 应设过桥处应及时设置过桥。

(15) 严禁在停运的输送带上行走。

(16) 严禁无措施在停运的输送带上作业。

(17) 停机处理故障、卡堵时应按要求闭锁、上锁、挂警示牌。

二、刮板输送机司机岗位隐患与治理

1. 主要隐患

(1) 刮板输送机头、尾没有打压柱、地锚或不合格。

(2) 人员坐乘刮板输送机。

(3) 链条卡阻等不正常情况下,强行启动刮板输送机。

(4) 转载点未开启喷雾降尘。

(5) 在运行的刮板输送机内取物料。

(6) 未发信号开机,采煤工作面无急停信号装置。

(7) 人员未离开转动部位就开启运输机。

(8) 无措施运送设备、材料的。

(9) 用脚蹬或棍撬运行中的刮板链。

(10) 没有使用紧链器操作运输机链条的。

(11) 检修或处理输送机事故时,没有对开关实施停电闭锁的。

(12) 刮板输送机未闭锁,人员进入溜槽作业误启动,造成人员伤害。

2. 隐患治理

(1) 刮板输送机头、尾应打设好压柱、地锚。

(2) 严禁人员乘坐刮板输送机。

(3) 链条卡阻等不正常情况下,严禁启动刮板输送机。

(4) 开启设备时应开启转载点喷雾降尘。

(5) 严禁在运行的刮板输送机内取物料。

(6) 未发信号,采煤工作面无急停信号装置严禁开机。

(7) 人员未离开转动部位严禁开启运输机。

(8) 严禁用刮板输送机运送设备、材料的。

(9) 严禁用脚蹬或棍撬运行中的刮板链。

(10) 应按照要求使用紧链器操作运输机链条。

(11) 检修或处理输送机事故时,首先对开关实施停电闭锁的。

(12) 刮板输送机未闭锁,严禁人员进入溜槽作业。

三、转载机、破碎机司机岗位隐患与治理

1. 主要隐患

(1) 信号异常,操作按钮不灵敏。

(2) 人员检修作业时,转载机、破碎机未停电闭锁。

(3) 设备停机时转载机、破碎机内煤矸没有带空。

(4) 转载点未开启喷雾降尘。

(5) 转载机头前后有积水、积煤。

(6) 转载机入料口挡板夹板变形损坏。

(7) 运输机机头与转载机搭接过高,搭接不合理拉回头煤。

(8) 转载机尾无挡煤板,有大块煤抛出。

2. 隐患治理

(1) 开机前检查信号装置,确保信号装置正常,操作按钮灵敏可靠。

(2) 人员检修作业前按照规定停电、闭锁、挂牌、上密码锁。

(3) 设备停机时将转载机、破碎机内煤矸带空。

(4) 开启设备前将转载点喷雾开启降尘。

(5) 转载机头前后确保无积水、无积煤。

(6) 每班检查转载机入料口挡板夹板确保无变形损坏。

(7) 调整运输机机头与转载机搭接,确保搭接合理。

(8) 转载机尾应安设挡煤板,防止有大块煤抛出。

四、给煤机司机岗位隐患与治理

1. 主要隐患

(1) 信号异常,操作按钮不灵敏。

(2) 人员检修作业时,给煤机未停电闭锁。

(3) 放煤作业时煤仓放空仓。

(4) 放煤时未开启喷雾降尘。

(5) 给煤机甲带跑偏。

(6) 转载机链条松容易掉链。

(7) 输送机停机后,给煤机没有停机造成堆煤。

(8) 给煤机前堆煤传感器不完好。

2. 隐患治理

(1) 开机前检查信号装置,确保信号装置正常,操作按钮灵敏可靠。

(2) 人员检修作业时,给煤机必须停电闭锁。

(3) 放煤作业时与煤仓上口司机加强联系,确保煤仓仓位合理。

(4) 放煤前开启喷雾降尘。

(5) 放煤作业时,发现给煤机甲带跑偏应及时停机调整。

(6) 给煤机运转作业时应及时检查转载机链条,确保松紧适当。

(7) 输送机与给煤机连锁,确保输送机停机后给煤机及时停机。

(8) 每班按照规定检查给煤机前堆煤传感器,确保传感器灵敏可靠。

安全技术基础知识五 《煤矿安全规程》及安全生产标准化的相关规定

学习目标

1. 熟悉《煤矿安全规程》相关规定。

2. 熟悉安全生产标准化相关要求。

安全技术基础知识相关知识

一、《煤矿安全规程》相关规定

(一)《煤矿安全规程》对带式输送机的有关规定

第四条 煤矿企业必须制定重要设备材料的查验制度,做好检查验收和记录,防爆、阻燃抗静电、保护等安全性能不合格的不得入井使用。

第三百七十四条 采用滚筒驱动带式输送机运输时,应当遵守下列规定:

(一) 采用非金属聚合物制造的输送带、托辊和滚筒包胶材料等,其阻燃性能和抗静电性能必须符合有关标准的规定。

（二）必须装设防打滑、跑偏、堆煤、撕裂等保护装置，同时应当装设温度、烟雾监测装置和自动洒水装置。

（三）应当具备沿线急停闭锁功能。

（四）主要运输巷道中使用的带式输送机，必须装设输送带张紧力下降保护装置。

（五）倾斜井巷中使用的带式输送机，上运时，必须装设防逆转装置和制动装置；下运时，应当装设软制动装置且必须装设防超速保护装置。

（六）在大于16°的倾斜井巷中使用带式输送机，应当设置防护网，并采取防止物料下滑、滚落等的安全措施。

（七）液力偶合器严禁使用可燃性传动介质（调速型液力偶合器不受此限）。

（八）机头、机尾及搭接处，应当有照明。

（九）机头、机尾、驱动滚筒和改向滚筒处，应当设防护栏及警示牌。行人跨越带式输送机处，应当设过桥。

（十）输送带设计安全系数，应当按下列规定选取：

1. 棉织物芯输送带，8～9。

2. 尼龙、聚酯织物芯输送带，10～12。

3. 钢丝绳芯输送带，7～9；当带式输送机采取可控软启动、制动措施时，5～7。

第三百七十五条 新建矿井不得使用钢丝绳牵引带式输送机。生产矿井采用钢丝绳牵引带式输送机运输时，必须遵守下列规定：

（一）装设过速保护、过电流和欠电压保护、钢丝绳和输送带脱槽保护、输送带局部过载保护、钢丝绳张紧车到达终点和张紧重锤落地保护，并定期进行检查和试验。

（二）在倾斜井巷中，必须在低速驱动轮上装设液控盘式失效安全型制动装置，制动力矩与设计最大静拉力差在闸轮上作用力矩之比在2～3之间；制动装置应当具备手动和自动双重制动功能。

（三）采用钢丝绳牵引带式输送机运送人员时，应当遵守下列规定：

1. 输送带至巷道顶部的垂距，在上、下人员的 20 m 区段内不得小于 1.4 m，行驶区段内不得小于 1 m。下行带乘人时，上、下输送带间的垂距不得小于 1 m。

2. 输送带的宽度不得小于 0.8 m，运行速度不得超过 1.8 m/s，绳槽至输送带边的宽度不得小于 60 mm。

3. 人员乘坐间距不得小于 4 m。乘坐人员不得站立或者仰卧，应当面向行进方向。严禁携带笨重物品和超长物品，严禁触摸输送带侧帮。

4. 上、下人员的地点应当设有平台和照明。上行带平台的长度不得小于 5 m，宽度不得小于 0.8 m，并设有栏杆。上、下人的区段内不得有支架或者悬挂装置。下人地点应当有标志或者声光信号，距离下人区段末端前方 2 m 处，必须设有能自动停车的安全装置。在机头机尾下人处，必须设有人员越位的防护设施或者保护装置，并装设机械式倾斜挡板。

5. 运送人员前，必须卸除输送带上的物料。

6. 应当装有在输送机全长任何地点可由乘坐人员或者其他人员操作的紧急停车装置。

（二）《煤矿安全规程》对刮板输送机的相关规定

第一百二十一条 使用刮板输送机运输时，必须遵守下列规定：

（一）采煤工作面刮板输送机必须安设能发出停止、启动信号和通信的装置，发出信号点的间距不得超过 15 m。

（二）刮板输送机使用的液力偶合器，必须按所传递的功率大小，注入规定量的难燃液，并经常检查有无漏失。易熔合金塞必须符合标准，并设专人检查、清除塞内污物；严禁使用不符合标准的物品代替。

（三）刮板输送机严禁乘人。

（四）用刮板输送机运送物料时，必须有防止顶人和顶倒支架的安全措施。

（五）移动刮板输送机时，必须有防止冒顶、顶伤人员和损坏设备的安全措施。

（三）《煤矿安全规程》对转载机、破碎机的有关规定

第一百一十四条　采用综合机械化采煤时，必须遵守下列规定：

（九）工作面转载机配有破碎机时，必须有安全防护装置。

第一百二十条　使用运煤车、铲车、梭车、履带式行走支架、锚杆钻车、给料破碎机、连续运输系统或者桥式转载机等掘进机后配套设备时，必须遵守下列规定：

（四）给料破碎机与输送机之间应当设联锁装置。给料破碎机行走时两侧严禁站人。

（五）连续运输系统或者桥式转载机运行时，严禁在非行人侧行走或者作业。

第五百四十七条　单斗挖掘机向自移式破碎机装载时，应当遵守下列规定：

（一）卸载时，勺斗斗底板下缘距受料斗不得超过 0.8 m。严禁高吊铲斗卸载。

（二）自移式破碎机突出部位距单斗挖掘机机尾回转范围距离不得小于 1.0 m。

第五百五十三条　破碎站作业应当遵守下列规定：

（一）处理和吊运大块物料时，非作业人员必须撤到安全地点。

（二）清理破碎机堵料时，必须采取防止系统突然启动的安全保护措施。

第五百五十四条　自移式破碎机必须设置卸料臂防撞检测、过负荷保护和各旋转部件防护装置。

第六百四十七条　采煤机必须安装内、外喷雾装置。割煤时必须喷雾降尘，内喷雾工作压力不得小于 2 MPa，外喷雾工作压力不得小于 4 MPa，喷雾流量应当与机型相匹配。无水或者喷雾装置不能正常使用时必须停机；液压支架和放顶煤工作面的放煤口，必须安装喷雾装置，降柱、移架或者放煤时同步喷雾。破碎机必须安装防尘罩和喷雾装置或者除尘器。

二、安全生产标准化相关要求

（一）带式输送机安全生产标准化

1. 钢丝绳牵引带式输送机

(1) 提升运输能力满足矿井、采区安全生产需要，人货不混乘，不超速运人。

(2) 各种保护装置应符合《煤矿安全规程》的规定。

(3) 在输送机全长任何地点装设便于搭乘人员或其他人员操作的紧急停车装置。

(4) 上、下人地点设声光信号、语音提示和自动停车装置，卸煤口及终点下人处设有防止人员坠入及进入机尾的安全设施和保护。

(5) 上、下人和装、卸载处装设有摄像头，机房有视频监视器。

(6) 输送带、滚筒、托辊等材质符合规定，滚筒、托辊转动灵活，带面无损坏、漏钢丝等现象。

(7) 机房安设有与矿调度室直通电话。

(8) 使用低耗、先进、可靠的电控装置，有电动机及主要轴承温度和振动监测。

(9) 宜采用集中远程监控，实现无人值守。

2. 滚筒驱动带式输送机

(1) 提升运输能力满足矿井、采区安全生产需要。

(2) 电动机保护齐全可靠。

(3) 装设有防滑、防跑偏、防堆煤、防撕裂和输送带张紧力下降保护装置，以及温度、烟雾监测和自动洒水装置。

(4) 上运运输机装设防逆转和制动装置，下运运输机装设有软制动装置、防超速装置。

(5) 减速器与电动机采用软连接或软启动控制，不应使用离心式联轴器，液力偶合器不使用可燃性传动介质(调速型液力偶合器不受此限)。

(6) 输送带、滚筒、托辊等材质符合规定，采用非金属聚合物制造的输送带、托辊和滚筒包胶材料的阻燃性能和抗静电性能符合有关的规定；滚筒、托辊转动灵活，带面无损坏、漏钢丝等现象。

(7) 倾斜井巷使用的钢丝绳芯输送机有钢丝绳芯及接头状态检测装备。

(8) 钢丝绳芯输送机设有沿线紧急停车、闭锁装置，装、卸载处设有摄像头。

(9) 机头、机尾及搭接处设有照明，转动部位设有防护栏和警示牌，行人跨越处设有过桥。

(10) 在大于16°的倾斜井巷中应当设置防护网，并采取防止物料下滑、滚落等安全措施。

(11) 连续运输系统安设有连锁、闭锁控制装置，沿线安设有通信和信号装置。

(12) 集中控制硐室安设有与矿调度室直通电话。

(13) 使用低耗、先进、可靠的电控装置，有电动机及主要轴承温度和振动监测。

(14) 宜采用集中远程监控，实现无人值守。

(二) 刮板输送机、转载机、破碎机安全生产标准化

(1) 刮板输送机、转载机、破碎机完好。

(2) 使用刨煤机采煤、工作面倾角大于12°时，配套的刮板输送机应装设防滑、锚固装置。

(3) 刮板输送机机头、机尾固定可靠。

(4) 刮板输送机、转载机、破碎机的减速器与电动机软连接或采用软启动控制，液力偶合器不使用可燃性传动介质(调速型液力偶合器不受此限)，使用合格的易熔塞和防爆片。

(5) 刮板输送机安设有能发出停止和启动信号的装置。

(6) 刮板输送机、转载机、破碎机电气保护齐全可靠，电机采用水冷方式时，水量、水压符合要求。

模块二　输送机操作作业安全操作技能

安全操作技能一　本岗位“双述”示例

学习目标

1. 了解带式输送机司机岗位“双述”内容。
2. 了解刮板输送机司机岗位“双述”内容。
3. 了解转载机、破碎机司机岗位“双述”内容。
4. 了解给煤机司机岗位“双述”内容。

安全操作技能相关知识

一、带式输送机司机岗位“双述”

(一) 岗位描述

欢迎领导莅临××工作面检查指导工作。我是××队带式输送机司机×××。我的岗位职责是操作和维护带式输送机。本班带式输送机运转正常，请领导指示。

工作面基本情况：××工作面，设计长度为××m，断面为××m^2，支护方式为××支护。

设备性能：带式输送机型号为××型，电机功率为××kW，输送带宽度为××mm。目前长度××m，主要是为××工作面运煤服务。

(二) 手指口述

带式输送机司机岗位手指口述表如表 3-1 所列。

表 3-1　带式输送机司机岗位手指口述表

项目	手指	眼看	口述
开机前检查	顶板、两帮	顶板、两帮	工作场所两帮及顶板支护完好
	保护装置和安全设施	保护装置和安全设施	堆煤、跑偏、打滑、温度、烟雾等保护装置齐全完好、灵敏可靠;转动部分护栏和地锚等安全设施齐全完好
	带式输送机驱动装置及中间部分	带式输送机驱动装置及中间部分	带式输送机的传动装置、电动机、减速器完好无异常;上下托辊齐全、转动灵活,输送带无跑偏现象
	信号、按钮、喷雾	信号、按钮、喷雾	声光信号齐全完好、灵敏可靠,操作按钮灵活,转载点喷雾效果完好。确认完毕
开机作业	信号、开关	信号、开关	收到机尾发出的开机信号后合上隔离开关
	操作按钮	操作按钮	点动启动按钮一次,确认运转方向无误后按下启动按钮
	喷雾	喷雾	设备正常运行后,开启喷雾
	带式输送机	带式输送机	各部位声音正常,电机、减速器温度正常,无异常振动,煤量适中,无杂物。确认完毕
停机	信号、按钮、开关、喷雾	信号、按钮、开关、喷雾	收到机尾发出的停机信号,待煤拉空后,按下停止按钮停机;关闭喷雾,将控制开关拨至断开位置并闭锁
	巷道、材料、工具	巷道、材料、工具	设备停止运转后清理带式输送机机头前后 10 m 巷道内环境卫生,不得有淤泥、杂物。材料、工具在规定位置码放整齐。确认完毕

二、刮板输送机司机岗位“双述”

（一）岗位描述

欢迎领导莅临××工作面检查指导工作。我是××队当班刮板输送机司机×××。我的岗位职责是操作和维护刮板输送机。本班刮板输送机运转正常，请领导指示。

工作面基本情况：××综采工作面，走向长度××m，切眼长度××m，开采煤层为××煤层，煤层平均厚度××m，工作面共安装支架××架。

设备性能：所操作的刮板输送机型号为××型，装配总功率为××kW，运输能力××t/h，刮板输送机铺设长度为××m，刮板间距××mm，主要用于工作面运煤和为采煤机提供运行机道。

（二）手指口述

刮板输送机司机岗位手指口述如表 3-2 所列。

表 3-2　刮板输送机司机岗位手指口述表

项目	手指	眼看	口述
工作面	顶板及支护	顶板及支护	运输机机头处顶板完整、支护完好
	煤壁	煤壁	煤壁无片帮现象
	支架、端头支护	支架、端头支护	支架伸缩梁、护帮板正常使用，机头端头支护良好。确认完毕
开机前检查	电机、减速器	电机、减速器	电机和减速器的防护装置完好，电机上无浮煤；运输机与转载机搭接合理
	信号装置、冷却水	信号装置、冷却水	信号装置完好，冷却水符合要求
	转载点喷雾	转载点喷雾	转载点喷雾装置完好，供水压力符合要求。确认完毕

表 3-2(续)

项目	手指	眼看	口述
开机	载波电话	载波电话	通过载波电话向转载机司机及工作面发出开机信号
	启动按钮	启动按钮	听到开机的回话,待转载机运转后,开启刮板输送机,开机时先点动一次
	喷雾装置	喷雾装置	打开喷雾装置再开机。确认完毕
运行	电机、减速器	电机、减速器	开机后电机和减速器的温度正常,声音正常,没有剧烈的震动
	刮板输送机溜槽	刮板输送机溜槽	煤量适中,无杂物。确认完毕
停机	溜槽、启停按钮	溜槽、启停按钮	将运输机中的余煤运空,操作启停按钮停止刮板输送机
	转载点喷雾装置、煤尘	转载点喷雾装置、煤尘	关掉喷雾装置,将刮板输送机电机和减速器上的煤尘清理干净。确认完毕

三、转载机、破碎机司机岗位"双述"

(一) 岗位描述

欢迎领导莅临××工作面检查指导工作。我是××队当班转载机、破碎机司机×××。我的岗位职责是操作和维护转载机、破碎机,本班设备运转正常,请领导指示。

工作面基本情况:××综采工作面,走向长度××m,切眼长度××m,开采煤层为××煤层,煤层平均厚度××m,工作面共安装支架××架。

设备性能:所操作的转载机型号为××型,装配总功率为××kW,运输能力××t/h;破碎机型号为××型,装配总功率为××kW,运输能力××t/h,主要用于工作面运煤和为采煤机提供运行机道。

（二）手指口述

转载机、破碎机司机岗位手指口述如表 3-3 所列。

表 3-3　转载机、破碎机司机岗位手指口述表

项目	手指	眼看	口述
工作面	顶板及支护	顶板及支护	运输机机头处顶板完整、支护完好
	煤壁	煤壁	煤壁无片帮现象
	支架、端头支护	支架、端头支护	支架伸缩梁、护帮板正常使用，机头端头支护良好。确认完毕
开机前检查	电机、减速器	电机、减速器	电机和减速器的防护装置完好，电机上无浮煤；运输机与转载机搭接合理
	信号装置、冷却水	信号装置、冷却水	信号装置完好，冷却水符合要求
	转载点喷雾	转载点喷雾	转载点喷雾装置完好，供水压力符合要求。确认完毕
开机	载波电话	载波电话	通过载波电话向转载机司机及工作面发出开机信号
	启动按钮	启动按钮	听到开机的回话，待转载机运转后，开启刮板输送机，开机时先点动一次
	喷雾装置	喷雾装置	打开喷雾装置再开机。确认完毕
运行	电机、减速器	电机、减速器	开机后电机和减速器的温度正常，声音正常，没有剧烈的震动
停机	溜槽、启停按钮	溜槽、启停按钮	将运输机中的余煤运空，操作启停按钮停机
	转载点喷雾装置、煤尘	转载点喷雾装置、煤尘	关掉喷雾装置，将电机和减速器上的煤尘清理干净。确认完毕

四、给煤机司机岗位“双述”

（一）岗位描述

欢迎领导莅临××工作面检查指导工作。我是××队当班给煤机司机×××。我的岗位职责是操作和维护给煤机，本班设备运转正常，请领导指示。

设备性能：所操作的给煤机型号为××型，装配总功率为××kW，运输能力××t/h；主要用于××采区的煤炭运输工作。

（二）手指口述

给煤机司机岗位手指口述如表3-4所列。

表3-4 给煤机司机岗位手指口述表

项目	手指	眼看	口述
工作面	顶板及支护	顶板及支护	顶板完整、支护完好
开机前检查	电机、减速器	电机、减速器	电机和减速器完好，电机上无浮煤
	信号装置	信号装置	信号装置完好
	转载点喷雾	转载点喷雾	转载点喷雾装置完好，供水压力符合要求。确认完毕
开机	信号装置	信号装置	通过信号装置向煤仓上口发出开机信号
	启动按钮	启动按钮	听到信号回复，待带式输送机运转正常后，开启给煤机，控制闸板及变频器频率
	喷雾装置	喷雾装置	打开喷雾装置
运行	观察落煤点	观察落煤点	甲带运行正常，落煤点无卡堵
停机	启停按钮	启停按钮	操作启停按钮停机
	信号装置	信号装置	通过信号装置向煤仓上口发出停机信号
	转载点喷雾装置	转载点喷雾装置	关掉喷雾装置

安全操作技能二　本岗位安全技术操作规程

学习目标

1. 掌握带式输送机司机安全操作规程。
2. 掌握刮板输送机司机安全操作规程。
3. 掌握转载机、破碎机司机安全操作规程。
4. 掌握给煤机司机安全操作规程。

安全操作技能相关知识

一、带式输送机司机安全操作规程

（一）一般要求

（1）司机必须经过培训，熟练掌握带式输送机的结构、性能、基本原理，做到会使用、会维护、会保养、会处理一般性故障。经考试合格并取得合格证后方可上岗操作。

（2）司机负责带式输送机的操作及安全设施的维护保养工作。

（3）多台带式输送机连续运行，在未实行集中控制时，应按逆煤流方向逐台开动，按顺煤流方向逐台停止；实现集中控制时，也可按顺煤流方向逐台依次开动，依次停车。

（二）开机前检查

（1）检查带式输送机的电机、减速机、液力偶合器、张紧装置、联轴器等部位的螺栓是否齐全、紧固。

（2）检查液力偶合器的易熔塞、防爆塞等是否正常良好。

（3）检查减速机的油量是否适当，有无漏油、渗油现象。

（4）检查带式输送机综合保护器是否正常，各项保护是否灵敏可靠，是否符合规定要求。

（5）检查输送带松紧是否合适，各滚筒、托辊是否齐全完好，转载点喷雾效果是否满足要求。

(6) 检查带式输送机及转动部件处有无人员工作。

(7) 空载试运行 3～5 min，检查电机、减速器等转动部位的声音、温升是否正常。检查输送带接头、输送带扣是否牢固，输送带有无跑偏现象。

（三）开机及停机

(1) 接到机尾开机信号后应先与前级设备司机联系，确保前级设备正常运转。

(2) 检查该设备无异常后，向机尾发出开机信号，做好开机准备。

(3) 再次接到机尾发出的开机信号，在确认无误后合上启动器隔离开关。

(4) 按综合保护器启动按钮点动设备一次，无误后再按启动按钮，确保设备正常运行。

(5) 接到机尾发出的停机信号后，按下综合保护器停止按钮，带式输送机停车。

(6) 将启动器隔离开关拨至断开位置，并闭锁。

(7) 运转中，要重点检查：电机、减速机、滚筒响声、轴承温度；输送带接口、跑偏、打滑、撕裂及松紧程度；洒水、喷雾降尘情况；托辊转动情况等。

(8) 发现下列情况之一，必须立即停机、停电、挂牌、加锁，并进行处理：输送带出现严重跑偏、打滑、撕裂、断带；温度超限、响声异常；保护装置失灵；防逆转或制动装置失灵；底输送带拖地；输送带上有大块煤炭(矸)及其他物料等。

（四）其他注意事项

(1) 前级运输设备停机后，本台输送机也应立即停机闭锁；待前级设备正常运行后方可按程序开机。

(2) 停机后司机应将机头浮煤及卫生清理干净，并将设备运行中的问题记录清楚。

(3) 联络信号不准确、不清楚时，严禁开机。

(4) 正常情况下，停机前应将输送带上的煤运空，避免输送带重载启动。

(5) 停机检查设备时必须切断设备电源、闭锁并挂停电牌。

(6) 严禁设备频繁启动。

(7) 交接班要交清接明。共同对运转部件、电气连锁、通信信号、防爆性能、保护装置、运行状况及备品配件、防尘设施、环境卫生等进行检查,并试运转。

(8) 认真填写交接班记录。

二、刮板输送机司机安全操作规程

(一) 一般要求

(1) 司机必须经过培训,熟练掌握刮板输送机的结构、性能、基本原理,做到会使用、会维护、会保养、会处理一般性故障。经考试合格并取得合格证后方可上岗操作。

(2) 司机负责刮板输送机的操作及安全设施的维护保养工作。

(二) 开机前检查

(1) 检查刮板输送机的传动装置、电动机、减速机等是否完好。

(2) 检查液力偶合器的易熔塞、防爆塞等是否正常。

(3) 检查各部螺栓是否齐全、紧固。

(4) 检查减速机的油量是否适当,有无漏油、渗油现象。

(5) 刮板输送机的刮板、链条、连接环及链轮应无弯曲、变形、扭劲、断缺及跳牙等现象。

(6) 信号系统应畅通,操作按钮应灵活,转载点喷雾效果应满足使用要求。

(7) 刮板输送机上应无人工作。

(8) 空载试运行 3～5 min,细听各部位声音是否正常。认真检查链条、螺栓、刮板有无损坏现象(变形、弯曲、扭动、断、缺、跳牙等),长度是否合适,连接环是否缺胀销或螺栓。检查机头、机尾减速器的温度及声音状况。

(9) 检查机头、机尾锚固装置是否齐全、可靠,油管、电缆吊挂是否整齐,挡煤板、铲煤板连接螺栓是否松动。

(10) 检查轴板、半滚筒、分链器是否紧固良好。

(11) 检查采煤工作面刮板输送机机头与刮板转载机搭接长度和

高度是否合适，搭接高度不小于 300 mm，转载机与带式输送机机尾的搭接情况是否正常。

(12) 检查刮板转载机机头小车架在带式输送机机尾轨道上运行是否平稳可靠。

(13) 检查桥式转载机机身部分是否正常，挡煤板及底封板等连接螺栓是否齐全、紧固。

（三）开机及停机

(1) 司机收到机尾开机信号后应先与前级设备联系，确保前级设备正常运转。

(2) 检查该设备无异常后向机尾发出开机信号，做好开机准备。

(3) 收到机尾发出的开机信号，确认无误后合上启动器隔离开关。

(4) 按启动按钮点动设备一次，确认转向无误后按下启动按钮，设备正常运行。

(5) 刮板输送机司机收到机尾发出的停机信号后，按下停止按钮停车。

(6) 将启动器隔离开关拨至断开位置并闭锁。

(7) 设备运转中，司机要随时注意各部运转情况，有无异常震动声音，温度是否正常。轴承温度不超过 75 ℃，电动机温度不得超过规定。

(8) 设备运转中，司机要注意观察大链松紧情况，机头链轮有无卡链、跳链现象，溜槽内有无过大的煤矸、过长的物料等，发现异常立即停车处理。

(9) 发现下列情况应停车处理：采煤工作面片帮、冒顶，输送机中有过大煤矸、过长的物料；水管、电缆出槽；负荷过大，电动机发出异响；刮板输送机飘链；其他意外事故，找出原因，排除故障后方可开车。

（四）其他注意事项

(1) 前级运输设备停机后后级运输设备也应立即停机闭锁。待前级设备正常运行后方可按程序开机。

(2) 停机后，司机应将机头浮煤及卫生清理干净，并将设备运行中的问题记录清楚。

(3) 正常情况下，停机前应将刮板输送机上的煤运空，避免刮板输送机重负荷启动。

（4）停机检查设备时必须切断电源闭锁开关，并挂停电牌。

（5）严禁设备频繁启动。

（6）联络信号不准确、不清楚时严禁开机。

（7）检查设备时应注意以下事项：① 检查传动部位时，要首先停电闭锁挂牌，并坚持谁停电谁送电，并设专人看管，以保证安全。② 检查齿轮等部位时，必须先清净盖板周围的一切杂物及煤矸，防止煤矸及其他杂物进入箱体。③ 加油时首先清净油箱，用专用油桶添加同样标号的油脂，加油时必须过滤。④ 检查机械时，手不要放在齿轮和容易转动的部位；检查后必须保证松动的螺栓紧固、齐全、可靠，并认真清理现场和工具，确认无误后方可试运转。运转时先空载试运转，无异常情况时再重载试运转。

（8）交班时要向接班人员交清本班设备运行工况及需注意的事项，并认真填写交接班记录。

（9）接班时应向上班司机问清设备运行工况，认真检查设备卫生、设备状况并认真落实交班内容，交班内容不清有权拒绝接班。

三、转载机、破碎机司机安全操作规程

（一）一般要求

司机必须熟练掌握工作面转载机、破碎机的工作原理和性能、懂得“三知四会”的相关内容，并经过培训考试合格，取得合格证后方可上岗操作。

（二）开机检查

（1）检查机头架、电动机、减速器、液力偶合器等部位的连接螺栓是否齐全、紧固；减速机、链轮的油量是否满足要求，有无漏油现象。液力偶合器的易熔塞和防爆片是否正常完好。

（2）检查机头行走小车在带式输送机机尾跑道上是否平稳，搭接是否平衡可靠。

（3）检查桥身部分有无异常情况，挡煤板及封底板等连接螺栓是否齐全紧固。

（4）检查进、出料口磨损状况是否正常，破碎机传动装置、皮带轮、重锤的连接螺栓是否紧固完好，过煤高度是否合适。

(5) 机头架上的链轮、拨链器安装应坚固、完好，护板应安全到位。

(6) 检查机头处喷雾降尘装置安装是否坚固、完好。

(7) 检查液压管路、液压部件无损坏和渗漏，确保信号系统灵活、清晰、可靠。

(8) 空载启动转载机、破碎机 2～3 min，检查转载机减速器、电机、破碎机传动部位的声音、温度是否异常，转载机链条的松紧程度，链条、刮板及连接件有无损坏、弯曲、变形、扭劲、断缺等现象。

(9) 检查完毕后，在确保人身和设备安全的情况下，方可开机试运行。

（三）开机及停机

(1) 开机前先发出开机信号，无异常先点动两次，并观察机器的旋转方向是否正确，无误后方可正式启动开机。

(2) 启动时，先启动破碎机，平稳后再启动转载机。停机时，先停转载机，后停破碎机。

(3) 若遇到启动故障，需找出原因处理后再启动。负荷过大时，要采取相应措施，不得超负荷运行。

(4) 正常情况下，停机前要求把煤拉空。

(5) 交接班或停机检修时，要联系电工将电气开关打到零位并闭锁，挂好停电牌。

(6) 交接班或停机检修时，要将机身的浮煤清理干净。

（四）其他注意事项

(1) 当转载、破碎机运行时，任何人不得在转载机、破碎机上停留或行走，也不允许人员滞留在设备的卸载端、机尾、破碎机处以及机身的危险地段。

(2) 除了工作面采出的煤和矸石以外，无措施不允许运载其他物料。

(3) 工作期间，司机不得脱岗、远离信号和操作按钮。要经常检查电动机、减速器等转动部位的温升是否超过规定；发现异常声音和气味时要及时停机，查明原因进行处理。

(4) 张紧链条以及更换链条都应按规范操作。

(5) 拆卸和更换液压元件时,应释放压力,关闭闸阀。

(6) 减速器不能过热,否则会缩短轴承和齿轮的使用寿命。

(7) 司机要做到现场交接班。交班司机要将本班转载、破碎机运行情况、出现的异常现象、存在的问题、安全隐患及下一班注意事项等向接班司机讲清楚,并认真填写交接班记录。

四、给煤机司机安全操作规程

(一) 一般要求

(1) 司机必须经过培训,熟练掌握给煤机的结构、性能、基本原理,做到会使用、会维护、会保养、会处理一般性故障。经考试合格并取得合格证后方可上岗操作。

(2) 司机负责给煤机的操作及安全设施的维护保养工作。

(3) 给煤机放煤前应与煤仓上口司机联系确认煤仓煤位,并确认前级带式输送机正常开启。

(二) 开机前的准备工作

(1) 认真检查给煤机各部件的连接螺栓是否齐全、紧固。

(2) 检查供电系统是否畅通,操作按钮是否灵敏可靠。

(3) 检查电机、液压泵站、高压油管等是否完好,泵站油量是否符合规定,有无渗漏现象等。

(4) 检查文明施工情况。

(三) 开机及停机

(1) 待带式输送机正常启动,检查运转无误后方可开始操作给煤机。

(2) 打开给煤机闸板,启动给煤机。

(3) 待煤仓内煤位到达规定位置时应及时关闭给煤机。

(4) 关闭给煤机闸板,停止给煤机运行。

(四) 其他注意事项

(1) 给煤机司机参与给煤机的日常检修和安全生产标准化工作。

(2) 给煤机司机负责打扫给煤机前后卫生,搞好文明施工。

(3) 给煤机工作过程中要定期检查各部件运行情况。

(4) 当煤中出现含水较多、矸石多等异常情况,要适当减少放煤量。

(5) 保证煤仓内煤位到规定位置,严禁将煤仓放空。

模块三　输送机操作作业典型事故案例

学习目标

1. 了解输送机操作作业典型事故案例。

2. 增强职工安全意识和提高安全操作技能，吸取事故教训，防止同类事故发生。

安全操作技能相关知识

案例一　某煤矿“9·15”带式输送机伤人事故

（一）事故经过

2012年9月13日下午，某煤矿分管生产副矿长王××主持召开协调会，安排9#煤南翼带式输送机机头卸载臂延长改造工作，直接安排机电科负责进行卸载臂的设计和定制，并由××公司项目部综掘二队负责施工。9月15日4点班，××公司项目部综掘二队擅自开工，19:00时，当卸载臂安装及输送带钉扣完毕，输送带穿条时，发现两端接口距离相差1.2 m，不能合口。在尝试了用人力牵拉及带式输送机点动倒转的方式均无法将输送带合拢的情况下，负责接带工作的输送带检修工高××擅自从输送带断口处跳入驱动滚筒与导向滚筒之间的底输送带上，并违章指挥带式输送机司机秦×以点动方式倒转带式输送机，在带式输送机运转瞬间，高××即被卷入驱动滚筒，下半身挤压受伤，紧急送往医院后不治身亡。

（二）事故原因

(1) 某煤矿在9#煤南翼带式输送机机头卸载臂延长改造开工前，

未办理单项工程开工许可审批手续。

（2）未落实业务保安责任；未执行集团公司《变化环节、非正规作业岗位作业标准》有关规定。

（3）未编制现场作业安全技术专项措施。

（4）机电管理制度不健全。

（5）机电科与施工队组擅自确定开工时间。

（6）在作业中，高××违章进入驱动滚筒与导向滚筒之间仅有1.8 m宽的底输送带上，违章指挥带式输送机司机秦×启动带式输送机倒转。

（三）防范措施

（1）强化现场安全监管，谁专盯谁负责，杜绝“三违”现象发生。

（2）严格执行岗位作业标准化流程。

（3）加强各项安全操作规程学习，提高安全意识，确保各岗位人员严格按照规程操作。

（4）严格执行领导干部双带班制度，加强对重点部位、关键环节的检查巡视，全面掌握当班井下的安全生产状况。

案例二　某煤矿“11·30”中央带式输送机火灾事故

（一）事故经过

2000 年 11 月 30 日 14:30，矿调度室接到－440 m 泵房人员汇报－440 m 水平有烟雾的报告。调度员当即汇报给矿有关领导，在随后从井下不同地点向调度室的汇报中判断，中央带式输送机巷发生火灾。矿领导当即下达了将－440 m 水平及九采区所有人员立即从不受烟雾威胁的东大巷及六采区撤出的命令，并先后通知了矿救护中队及集团公司的救护大队救灾。14:45 救护队赶到着火现场，发现第二部带式输送机机头处火势猛烈，浓烟滚滚。救护队当即分开，一个小队用携带的灭火器和现场的消防供水系统直接灭火，其余救护人员进入灾区抢救遇险人员。经救护人员及其他干部职工的全力奋战，遇险人员于16:30 全部撤出或救出，18:00 明火基本扑灭，21:00 余火彻底清理干净，救灾工作结束。

（二）事故原因

中央带式输送机巷的第二部带式输送机是由两台电机拖动的，其里侧电机的输出轴断裂。由于该电机与减速箱间的液力偶合器与电机是孔轴配合连接，与减速箱是弹性销连接，电机轴断裂后液力偶合器失去支撑，其在另一台电机经传动滚筒、减速箱的带动下做高速偏心旋转，与滚筒发生碰撞、摩擦，将液力偶合器碰破，其中的透平油抛出被摩擦火花点燃，瞬间发生大火。

（三）防范措施

(1) 持续推进从严管理，加大对事故责任单位和责任人员的追究和处罚力度，凡因工作落实不到位或安全履职不到位造成事故的，对有关责任人一律顶格问责、从严处理，决不姑息迁就。

(2) 对井上下所有在用的带式输送机电机进行全面排查，对排查出的问题要立即整改。

(3) 加强机电运输设备的日常管理与维修，提高检修质量。

(4) 强化区队班组现场管理，切实发挥班组长、跟班副区长的作用，提高履职意识和责任心，工作安排必须做到认真细致，现场巡查必须到位，发现问题及时解决。

案例三　某选煤厂"10·19"带式输送机卷人事故

（一）事故经过

某年10月19日早班，某选煤厂工人刘×在装载硐室开转载输送带。大约9:40，当发现机尾有溢煤杂物，此时输送带正常运转，他着装不整就去机尾清理。9:50，清理过程中铲子被输送带卷入机尾，同时铲子把缠住了刘×的上衣将其一同带入机尾滚筒，导致其被挤压死亡，年仅27岁。

（二）事故原因

(1) 违章作业，输送带运行中清理输送带机尾，是造成事故的直接原因。

(2) 刘×着装不整齐，精力不集中，操作不当被输送带卷入。

(3) 管理不到位是发生此次事故的另一原因。

（三）防范措施

（1）加强班组安全管理。对那些安全意识差，“三乎”（马虎、不在乎、凑乎）、“三惯”（习惯了、看惯了、干惯了）思想严重的班组长进行教育培训，不合格的坚决换掉。

（2）加强安全教育。在职工中开展“三乎”“三惯”危害的大讨论，提高安全意识，严格遵章作业。

（3）加大监督检查力度，对条件差、安全隐患多，又没有采取措施的，要坚决停工进行整改。

（4）安全生产条件差时，要强化现场管理，责任落实到人，管理人员要盯住问题进行处理。

案例四　某煤矿“10·23”带式输送机卷人事故

（一）事故经过

2007 年 10 月 23 日 4 点班，某煤矿带式输送机队副工长张×进入带式输送机机尾坑内清理浮煤。16:20，主斜井带式输送机信号响起，带式输送机即将启动，高×等人赶紧喊张×躲开，这时带式输送机蜂鸣器报警并开始缓慢启动，正当张×转身之际，突然被卷入主运带式输送机，经抢救无效死亡。

（二）事故原因

（1）未与岗位工联系停机、锁开关就冒险进入带式输送机机尾坑清理浮煤，被卷入输送带挤压致死，是造成事故的直接原因。

（2）作业人员自保、互保、联保意识不强，防范能力差，对带式输送机机尾区域监护不力是造成事故的主要原因。

（三）防范措施

（1）强化现场安全管理，生产指挥要统一领导、协调配合。

（2）强化现场管理，清理输送带浮煤应提前与带式输送机司机联系好停机、锁开关、挂停电牌等相关事宜，只有在确保安全的情况下方可作业。

（3）加强员工安全教育培训，提高员工自保、互保、联保意识。

第四部分　生产调度作业

生产调度作业安全技术基础知识
生产调度作业安全操作技能
生产调度作业典型事故案例

模块一 生产调度作业安全技术基础知识

安全技术基础知识一 专业技术基础知识

学习目标

1. 熟悉调度工作的特点和原则。

2. 熟悉煤矿调度的主要工作，包括调度工作的依据、重点，调度综合平衡，季节性调度，组织均衡生产和抢险救灾时的调度工作。

3. 掌握生产调度工作的程序和方法。

4. 掌握建立健全原始记录、调度台账和图牌板的管理，生产调度日常工作处理，调度计划和图纸，调度统计的范围、内容与方法。

安全技术基础知识相关知识

一、调度工作的特点和原则

（一）生产调度岗位工作的特点和原则

“调度”的概念：“调”就是调整、调节、调配，“度”就是尺度、权衡，“调度”就是调遣、指挥与运筹，在生产上起协调、指挥和监督作用。调度室就是一个统一指挥和组织协调的工作机构，其任务就是把企业各部门、各个生产环节组织和协调起来，综合平衡，及时反映和克服生产中的矛盾和薄弱环节，使生产能力得到充分发挥，使整个生产过程均衡地、有节奏地进行。

1. 调度工作的特点

煤矿生产调度工作，从其作用上看和其他行业是有共性的，但由于煤矿生产条件和生产方法的不同，煤矿生产调度工作也就具有自己的特点。

(1) 很强的连续性。现代化煤矿企业的生产过程具有高度的连续性，各级调度人员必须坚守岗位，坚持 24 h 调度值班，不间断地进行组织指挥，保证按班、日、旬、月均衡地完成生产任务。在多数情况下，公司、矿总调度室还相当于企业的总值班室，企业管理中发生的大小事情一般都反映到调度室，通过调度室去反映、去解决。

(2) 严格的时间性。调度人员对生产过程中所发生的各种问题要及时了解清楚，上级领导指示和基层反映的问题要及时传达、汇报、处理。尤其是遇到生产和重大人身事故时，时间性的要求更为严格，稍有耽搁就会贻误大事，严重的可能造成无法挽回的重大损失。

(3) 绝对的权威性。调度室是煤炭企业生产管理的综合部门，调度员虽然是一般管理人员，但必要时可以代表企业领导者指挥生产。企业各个生产环节、生产岗位对调度指示、调度指令应无条件服从。

(4) 业务保安的重要性。矿井生产经常受到自然灾害的威胁，不安全的因素多，因此，煤矿生产调度在组织指挥生产中，必须十分重视安全工作。生产调度人员必须掌握安全生产方针和政策，熟知《煤矿安全规程》和其他有关安全生产的法律、法规，切实搞好调度业务保安。

2. 调度工作必须遵循的原则

(1) 计划性。调度业务要以生产计划为指导，围绕生产计划目标进行调度，将计划工作的严肃性与调度工作的灵活性相结合，以确保生产计划指标的实现。调度工作人员必须熟知本企业的生产经营计划(承包指标)。调度室是组织执行生产建设计划的单位，必须围绕月度作业计划安排调度工作计划，确保按月完成生产建设计划。

(2) 严肃性。对计划安排和贯彻领导指示、决定，必须严肃认真，一丝不苟。遇有重大情况，必须及时请示汇报，不得贻误，处理问题要稳妥。

(3) 集中性。调度人员是本企业生产主管领导的助手，在生产副矿长的领导下，行使调度职权。为了实现各生产环节之间的协调平衡，必须对各生产环节进行严格的检查和监督，各部门、各生产环节必须服从调度的统一指挥。凡有关全局生产的一切调度指示、命令，一般须通过调度系统发出。各调度室除受本单位行政领导外，在业务上还要受上一级调度部门的领导，必须做到有令即行，有禁必止，下级服从上级。

(4) 准确性。听取现场汇报时，时间、地点、汇报人都必须记录准确，如实反映客观情况，生产指挥准确无误；图表、牌板的填写要认真，一切数据计算要准确，不得马虎，保证调度指挥的准确性。

(5) 及时性。调度工作具有严格的时间要求。调度对煤炭生产过程中所出现的问题和矛盾要及时判断、解决和处理，信息反馈要灵敏，解决问题要迅速。

(6) 求实性。调度工作必须在详尽地了解生产进程的基础上进行。调度人员必须经常深入现场，随时了解基层意见和要求，集思广益，去伪存真，掌握第一手资料。一个调度员，只有在详细地了解煤矿日常生产活动的基础上，才能正确及时地解决生产活动中的问题。

(7) 预见性。必须洞察生产中的各种变化，掌握这些变化因素之间的依存关系，力争把生产中经常出现的事故、障碍和严重脱节现象等消灭在萌芽之前。既抓当前生产，又抓下步准备。一个有经验的调度员，应当是一个熟练的有预见能力的生产指挥员。

(8) 灵活性。由于煤矿生产条件多变，在执行月度作业计划时，如遇意外的生产条件变化或矿井发生了重大灾害事故减产严重，可以会同计划部门研究，报请上级同意调整月度作业计划。处理日常生产中的问题时要具体问题具体对待，在调度职权范围内要有主动性，敢于当机立断、灵活果断地处理问题。

(9) 全面性。调度工作必须有全面安排、积极平衡的观点。要分清轻重缓急，抓住主要矛盾，统筹解决。既要组织矿井生产，又要做好经营调度。

(10) 群众性。调度部门要与基层干部和群众保持密切联系，重视倾听群众反映的情况、问题和合理化建议等。调度部门与其他业务部门也要保持密切联系，搞好协作。调度部门在指挥生产中要善于发动群众，依靠群众，调动一切积极因素，推动群众性劳动竞赛活动的开展。

鉴于煤矿调度工作的性质、任务、特点，调度人员应该是具有煤矿安全生产综合知识和丰富实践经验的复合型人才，或者说调度人员要善于学习掌握煤矿安全生产的各专业知识，只有这样，才能应对日常调度工作中所遇到的各种错综复杂的问题，才能做到在任何情况下都能有条不紊地指挥协调矿井安全生产，即紧张有序、灵活果断、指挥得当、协调自如、处惊不乱。

（二）通风调度岗位工作的特点和原则

1. 通风调度工作的特点

通风调度主要负责“一通三防”信息调度工作。通风调度就是一个统一指挥和组织协调的工作机构，其任务就是把通风队各班组协调起来，综合平衡，及时反映和克服“一通三防”中的矛盾和薄弱环节。煤矿通风调度工作，从其作用上看和其他行业是有共性的，但由于煤矿生产条件和生产方法的不同，煤矿通风调度工作也就具有了自己的特点。

（1）很强的连续性。通风调度人员必须坚守岗位，坚持 24 h 调度值班，负责本单位“一通三防”调度工作，做到上情下达、下情上知。坚守岗位，不得擅离职守，对井下反映汇报的各类问题要及时安排处理，并向队值班人员汇报，重大问题立即汇报矿调度室，做好记录。

（2）严格的时间性。通风调度人员对生产过程中所发生的各种“一通三防”问题要及时了解清楚，上级领导指示和基层反映的问题要及时传达、汇报、处理。尤其是遇到通风问题和重大安全隐患时，时间性的要求更为严格，稍有耽搁就会贻误大事，严重的可能造成无法挽回的重大损失。

2. 通风调度工作必须遵循的原则

（1）严肃性。对计划安排和贯彻领导指示、决定，必须严肃认真，一丝不苟。遇有重大“一通三防”情况，必须及时请示汇报，不得贻误，处理问题要稳妥。

（2）集中性。通风调度人员是本区队领导的助手，在区队长的领导下，行使调度职权。为了实现各班组之间的协调平衡，必须对各班组进行严格的检查和监督，各班组必须服从调度的统一指挥。

(3) 准确性。瓦斯、风量、通风设施汇报时，时间、地点、汇报人都必须记录准确，如实反映客观情况，图表、牌板的填写要认真，做到三对口，一切数据计算要准确，不得马虎，保证调度指挥的准确性。

(4) 及时性。通风调度工作具有严格的时间要求。通风调度对煤炭生产过程中所出现的"一通三防"问题和矛盾要及时判断、解决和处理，信息反馈要灵敏，解决问题要迅速。

(5) 求实性。通风调度工作必须在详尽地了解生产进程的基础上进行。调度人员必须经常深入现场，随时了解职工意见和要求，集思广益，去伪存真，掌握第一手资料。一个调度员，只有在详细地了解煤矿日常生产活动的基础上，才能正确及时地解决生产活动中的问题。

(6) 灵活性。由于煤矿生产条件多变，如遇意外的通风问题或矿井发生了"一通三防"重大灾害事故减产严重，可以会同部门领导研究，报请上级领导处理。处理日常生产中的问题时要具体问题具体对待，在调度职权范围内要有主动性，敢于灵活果断地处理问题。

(7) 全面性。通风调度工作必须有全面安排、积极平衡的观点。要分清轻重缓急，抓住主要矛盾，统筹解决。既要组织本队计划，又要做好"一通三防"调度。

(三) 运输调度岗位工作的特点和原则

运输调度就是一个统一指挥和组织协调的工作机构，其任务就是把各个生产环节组织和协调起来，综合平衡，及时反映和克服运输中的矛盾和薄弱环节，使运输能力得到充分发挥，使整个运输过程均衡地、有节奏地进行。

1. 运输调度工作的特点

煤矿运输调度工作，从其作用上看和其他行业是有共性的，但由于煤矿生产条件和生产方法的不同，煤矿运输调度工作也就具有了自己的特点。

(1) 很强的连续性。现代化煤矿企业的运输过程具有高度的连续性，运输调度必须坚守岗位，坚持现场交接班，不间断地进行组织指挥，保证按班、日、旬、月均衡地完成运输任务。在多数情况下，运输调度相当于企业的车辆运输协调中心，各地点的积压车辆和急用车场等反映到运输调度站，通过调度站去沟通、解决。

(2) 严格的时间性。调度站人员对运输过程中所发生的各种问题要及时了解清楚，上级领导指示和基层反映的问题要及时传达、汇报、处理。尤其是遇到急需运输的物料或人员，出现传达、指挥不到位可能造成严重的后果。

(3) 绝对的权威性。运输调度站是煤炭企业运输的综合部门，调度员虽然是一般管理人员，但必要时可以代表企业领导者指挥运输。企业各个运输环节、运输岗位对运输调度员指示、调度指令应无条件服从。

2. 运输调度工作必须遵循的原则

(1) 计划性。调度业务要以运输计划为指导，围绕运输计划目标进行调度，将计划工作的严肃性与调度工作的灵活性相结合，以确保运输计划指标的实现。调度工作人员必须熟知本企业的运输经营计划。

(2) 严肃性。对计划安排和贯彻领导指示、决定，必须严肃认真，一丝不苟。遇有重大情况，必须及时请示汇报，不得贻误，处理问题要稳妥。

(3) 集中性。调度站调度人员是本企业运输领导的助手，在运输领导的管理下，行使调度职权。为了实现各运输环节之间的协调平衡，必须对各生产环节进行严格的检查和监督，各部门、各运输环节必须服从调度的统一指挥。凡有关全局运输的一切调度指示、命令，一般须通过运输调度系统发出。调度站除受本单位领导外，在业务上还要受上一级调度部门的领导，必须做到有令即行，有禁必止，下级服从上级。各级领导应维护调度的威信和保证调度行使职权，确保做到集中统一指挥。

(4) 准确性。听取现场汇报时，时间、地点、汇报人都必须记录准确，如实反映客观情况，运输指挥准确无误；图表、牌板的填写要认真，一切数据计算要准确，不得马虎，保证调度指挥的准确性。

(5) 及时性。调度工作具有严格的时间要求。调度对煤矿运输过程中所出现的问题和矛盾要及时判断、解决和处理，信息反馈要灵敏，解决问题要迅速。

(6) 求实性。调度工作必须在详尽地了解运输进程的基础上进行。调度员班中及时通过电话或对讲机询问现场运输情况，做好运输信息的收集工作，便于对运输情况进行调度。

(7) 预见性。必须洞察运输中的各种变化，掌握这些变化因素之间的依存关系，力争把运输中经常出现的车辆积压或组织不到位等问题消灭在萌芽之前。既要抓当前运输，也要为下班运输创造良好的条件。

(8) 灵活性。由于煤矿运输情况多变，在执行当班运输计划时，如遇到运输情况出现变化，要根据当班运输情况进行处理。在调度职权范围内要有主动性，敢于灵活果断地处理问题。

(9) 全面性。调度工作必须有全面安排、积极平衡的观点。要分清轻重缓急，抓住主要矛盾，统筹解决，确保矿井运输正常。

二、煤矿调度的主要工作

煤矿调度的主要工作包括：调度工作的依据、重点，调度综合平衡，季节性调度，组织均衡生产和抢险救灾时的调度工作。

(一) 生产调度岗位的主要工作

(1) 负责矿井日常生产的组织、协调，做好综合平衡，组织均衡生产，保质保量完成各项作业计划。检查督促有关部门及时解决影响均衡生产的问题，确保生产的有序进行。

(2) 负责召开调度会、生产协调会，及时解决生产中出现的问题，检查督促各单位生产计划的执行、完成情况。

(3) 认真贯彻执行安全生产方针，严格按照《煤矿安全规程》、作业规程、操作规程指挥生产。当发生重大事故时必须按照规定程序和时间及时上报，并根据领导指示和应急预案要求调动所需人力、物力组织抢救及恢复生产，事后督促写出专题事故报告。

(4) 掌握生产动态，对生产薄弱环节、采掘工作面接替、采掘人员出勤情况、生产组织中的特殊事项(如各种检修、井下采掘面贯通、排放瓦斯、探放水等情况)等进行专题调度，编制调度报表。

(5) 经常深入现场熟悉生产情况，掌握第一手资料，解决生产中出现的问题，及时向领导提出建议。

(6) 了解和掌握矿井主要生产经营指标完成情况。

(7) 建立完善各类原始记录、台账，做好各种报表，及时归档资料。

(8) 认真做好上情下达、下情上报工作，对上级及领导指示及时检查贯彻执行情况，对基层反映的情况以及出现的重大问题如实迅速上报。

(9) 加强调度信息化建设，及时更新调度装备，采用现代化的装备和管理手段，提高调度工作质量。

(10) 加强业务技术培训，不断提高综合素质。

(11) 季节性调度工作重点：

① 第一季度正处于年初起步阶段，尤其 1、2 月气候寒冷以及元旦、春节等节日，要对职工出勤情况及防寒、防冻、防火工作进行专项调度。

② 第二季度是煤矿生产的大好季节，但由于春耕、夏收等，职工出勤情况直接影响矿井生产，要重点关注；要提醒有关负责人尽早做好地面防汛、防排水、防雷电、防暑降温等前期准备工作。

③ 第三季度正值高温雨季，尤其 7、8 月，气候条件对井上下生产都不利，一定要抓好防汛、防排水、防雷电工作情况的调度，做到矿井不淹井、露天傍山地段不滑坡；督察好防暑降温工作，为职工创造一个好的生活环境；要关注流行病、多发病。雨期到来之前，应由调度室牵头组织全面检查一次，对存在安全隐患的区域及时进行整改，找出不足，堵塞漏洞。

④ 第四季度是生产组织的最有利时段，要协助矿各单位精心组织生产，按照计划节点完成全年生产进度。

(二) 通风调度岗位的主要工作

(1) 负责“一通三防”信息调度工作。

(2) 经常深入井下现场了解通风系统、生产布局、通风设施、防尘设施、局部通风、监测设备等情况。

(3) 认真做好上情下达、下情上报工作，对本班出现的“一通三防”

重大问题要及时如实迅速地汇报值班领导及矿调度并按指示及时贯彻，随后及时通知其他科室领导及相关人员。

(4) 登记好上岗的瓦斯检查工的姓名、工作地点，本区队人员的工作量、施工地点，工作范围及安全措施。

(5) 严格遵守瓦斯管理制度，瓦斯超限时立即向值班队长和矿调度室汇报，随后及时通知其他科室领导及相关人员。

(6) 掌握井下局部通风机运行情况，出现无计划停止运转时，及时记录清楚局部通风机停止时间、原因、停风后的瓦斯变化情况、处理结果及恢复运转时检查瓦斯浓度等情况。

(7) 做好交接班记录，本班的“一通三防”工作情况交接清楚并对遗留问题做重点交代。

(三) 运输调度岗位的主要工作

(1) 负责矿井日常运输的组织、协调，做好综合平衡，确保运输组织到位，保质保量完成当班各项运输计划。检查督促各地点车辆运输秩序正常。

(2) 及时收集当班各地点车辆计划情况、物料运输情况、车辆积压情况，班中对车辆运输情况进行监督，并督促落实乘人车、副井提升、架空乘人装置正常运行。

(3) 认真贯彻执行安全生产方针，严格按照《煤矿安全规程》、作业规程、操作规程指挥生产。班中遇见突发情况，及时配合矿调度室的指令，做好人员和物料的运输。

(4) 掌握运输动态，对当班运输中的设备影响和车辆运输完成情况进行统计、登记，做好统计报表。

(5) 认真做好信息传达，对上级及领导传达的运输信息做好传达、落实，对完成不了的运输任务做好分析、记录。

(6) 认真做好副井提升、人车运输和架空乘人装置运行调配，提升现场服务质量。

(7) 对安排的特殊急用料要做好通信专盯，及时跟踪急用车运输到位情况，并做好记录，出现运输影响，配合做好追查分析。

(8) 班中协调好井下大巷、平巷运输秩序的指挥、协调，重点做好车场和单道运输段的车辆调度工作，杜绝车辆在车场和单道运输段出现会车现象。

(9) 班中记录井下各地点架空乘人装置的开、停情况，做好记录台账，并汇报矿调度室。

三、生产调度工作的程序、方法

(一) 生产调度岗位工作程序、方法

(1) 解决安全生产问题记录。矿调度室对基层单位在生产调度会议上提出的安全、生产问题解决落实情况要有记录，记录要有时间、参加人、具体内容。对基层提出的安全问题有处理意见或处理结果。

(2) 人身事故记录。对发生的所有人身伤亡事故，都要做好详细记录，并注明事故发生的单位、时间、地点、经过、受伤人数、受伤部位、受伤程度、汇报人、记录人、追查分析及处理结果等，按照调度信息网络中的格式，于事故发生的当班录入调度网络(当班不能处理完的事故，在事故处理完 8 h 内录入)。

(3) 非伤亡事故记录。凡发生非伤亡事故，调度室应做详细记录。

(4) 安全隐患记录。应包括隐患内容、处理措施、责任单位、责任人、处理时限、处理情况。

(5) 重点生产准备和矿井检修工作记录。掌握重点工程、采煤工作面准备、矿井检修完成情况，矿井检修后恢复生产前的检查验收和领导签字记录。

(6) 调度通知、通报、指令的接收、发送记录。凡上级传来的调度通知、通报、指令或向下一级调度下发的调度通知、通报、指令等，要求存档齐全，有收发文记录，并按时转发或贯彻。接收人和交办人要签名，并注明时间和单位或部门。矿调度室要有相应的图表、台账(报表)，内容要具体，能反映生产现场真实情况，并能指导生产。图表资料包括：采掘工程平面图，矿井地质和水文地质图，通风、运输、供电、通信、监控装备布置、管路系统图，井上下对照图，巷道布置图，井下避灾路线图，事故汇报程序图，领导跟值班计划及统计表，矿井灾害预防和处理计划，事故应急救援预案等。专业图纸必须按照专业的特点和要求进行图例标注。

(7) 对记录的要求。调度综合记录、交接班记录、调度台原始记录(原始记录簿应有页码,每班记录都要注明日期和班次,保存完整)、上级指示记录、安全生产电话会议记录(或录音)、调度专业会议记录等要准确及时,条理清楚,字迹工整、清晰,并按时间顺序分类存档。

(二) 通风调度岗位工作程序、方法

(1) 解决"一通三防"问题记录。通风调度对单位职工在会议上提出的安全、生产问题解决落实情况要有记录,记录要有时间、参加人、具体内容。对单位职工提出的安全问题有处理意见或处理结果。

(2) 安全隐患记录。应包括隐患内容、处理措施、责任单位、责任人、处理时限、处理情况。通风设施检查维护工作记录。对反映的"一通三防"问题及时联系调度。

(3) 调度通知、通报、指令的接收、发送记录。对上级传来的调度通知、通报、指令要求存档齐全,有收发文记录,并按时转发或贯彻。

(4) 对记录的要求。通风设施班汇报记录、瓦斯检查工交接班记录、通风调度值班记录、瓦斯检查大台账记录等要准确及时,条理清楚,字迹工整、清晰,并按时间顺序分类存档。及时审核瓦斯检查工及爆破工记录本并签字。

(三) 运输调度岗位工作程序、方法

(1) 解决井上下运输问题记录。对值班队长传达的各区队提出的急用料和各区队送达的车辆、物料计划做好登记,班中做好安排、落实,反馈当班完成情况,并做好交接。

(2) 平巷乘人车运输记录。对井下平巷乘人车运输司机、发车地点、发车时间要做好记录,并监督是否严格按照人车时刻表规定的时间运行,特殊情况在计划外时间运行乘人车的,做好现场乘人车的调度。

(3) 架空乘人装置运行记录。对架空乘人装置运行情况进行登记,重点登记各架空乘人装置开启时间、地点、司机姓名、停运时间,并监督架空乘人装置严格按照规定的时间开停。

(4) 安全隐患记录。对各地点汇报的安全隐患信息做好记录,重点记录汇报人员、隐患内容、隐患地点等,并对当班的安全隐患进行汇总,出班前统一汇报给值班队长,由值班队长统一安排人员进行处理,当班能处理的安全隐患，通知跟班队长安排人员进行处理。

（5）调度通知、通报、指令的接收、发送记录。凡上级传来的调度通知、通报、指令或向下一级调度下发的调度通知、通报、指令等，要求做好记录，通过电话或对讲机传达到相关人员，记录好传达内容、接收人员、传达时间等，出班前做好落实和交接。

（6）对记录的要求。各种运输调度设置的记录填写要规范，条理清楚，字迹工整、清晰，并按时间顺序分类存档保存。

四、建立生产调度工作制度

包括建立健全原始记录、调度台账和图牌板的管理，生产调度日常工作的处理，调度计划和图纸，调度统计的范围、内容与方法等。

（一）生产调度岗位

1. 生产调度工作制度

（1）汇报制度

① 矿井各生产区队向矿调度室汇报。生产区队跟班干部每班要向矿调度室进行汇报，主要汇报生产现场人、机、环境等方面存在的隐患、问题及处理结果，需要调度室协调处理的问题。

② 矿调度室向上一级公司调度室汇报。上一班产量、安全隐患和问题及处理结果。上一级公司调度室应根据矿井反映的重点问题，每 2 h 调度 1 次；重大问题应由矿井值班领导直接向上一级公司调度室汇报，做到逐级汇报。

③ 矿调度室每天应在调度网络的矿井安全生产情况栏内录入以下内容：工作面安装和拆除、初放、遇断层（构造）、过老巷、矿井检修、主要隐患处理措施以及高瓦斯采掘工作面的通防情况等。

④ 基层各单位发生人身伤亡事故和非伤亡事故，必须立即报告集团公司调度室。

⑤ 各生产（矿）厂、经营公司，每天向集团公司调度室报告当日安全生产、经营情况。

（2）有关材料上报制度

① 班、日报。上报产、洗、销、存数据；井下采、掘、修等活动动态；出勤，主要领导下井、带班；安全信息采集。

② 周报。汇报重点调度内容。

③ 旬报。汇报生产经营分析，季节性工作。

④ 月报。汇报作业计划，工作总结（分析）。

⑤ 专题汇报。汇报预防性检修，事故分析报告，事件处理结果。

2. 生产调度管理规定（范本）

第一章 总则

第二章 调度工作基本任务

第三章 机构与人员

第四章 信息资料与图表

第五章 领导干部调度值班

第六章 下井与带班登记

第七章 调度汇报

第八章 煤炭盘存

第九章 矿井预防性检修及季节性工作

第十章 调度装备

第十一章 生产安全事故信息报告

第十二章 罚则

第十三章 附则

（二）通风调度岗位

1. 汇报制度

(1) 认真执行上级安全生产方针、政策、法规、指示、文件等。负责本单位“一通三防”调度工作，做到上情下达、下情上知。对井下反映汇报的各类问题要及时安排处理，并向队值班人员汇报，重大问题立即汇报矿调度室，并做好记录。

(2) 认真填写瓦斯日报，并及时上报有关领导审阅。

(3) 对工作中发现的重大“一通三防”隐患必须立即向值班队长、调度室和值班矿领导汇报，并协调有关班组人员及时处理问题。

2. 记录制度

通风设施班汇报记录、瓦斯检查工交接班记录、通风调度值班记录、瓦斯检查大台账记录等要准确及时，条理清楚，字迹工整、清晰。

（三）运输调度岗位

该岗位的汇报制度要求如下：

（1）井下各运输地点向运输调度站汇报。井下各斜坡轨道和大巷接班和出班存车、存料情况，斜坡轨道运输情况，副井提升情况，矸仓分矸情况，现场存在的安全隐患情况，需要调度站协调处理的问题等。

（2）运输调度站向矿调度室汇报。汇报当班井下斜坡运输情况，副井提升情况，矸仓分矸情况，各地点架空乘人装置开停情况等。

（3）运输调度站调度员班中记录各地点供车、供料完成情况，井下各地点车辆积压情况，班中出现的生产影响情况，出班前统一汇报给值班队长。

（4）出现的各种上级领导入井检查，通过电话通知到大巷和轨道坡的班组长做好人车、架空乘人装置和副井提升的服务工作。

安全技术基础知识二　本岗位安全责任制

学习目标

1. 掌握生产调度岗位安全责任制。
2. 掌握通风调度岗位安全责任制。
3. 掌握运输调度岗位安全责任制。

安全技术基础知识相关知识

一、生产调度岗位安全责任制

（1）在调度主任的直接领导下，负责矿井安全生产全面调度工作和煤质管理工作，业务熟练，具备掌握矿井安全生产基本业务知识，认真做好日常业务调度协调工作。主动调度生产进度及现场情况。

（2）遵守劳动纪律、技术规范，严格执行各种规程制度，不违章作业，不违章指挥，在生产实际工作中真正做到“不伤害自己，不伤害他人，不被他人伤害”。

(3) 对调度工作做到快、准、灵，上情下达、下情上报及时，解决问题要快，生产情况调度要准，工作要细，指挥要灵。

(4) 认真填写好各类生产台账、图表、原始记录、交接班记录，认真调度班、日生产作业计划完成情况。

(5) 经常深入现场，了解各大生产系统的运行及主要设备运转情况，及时掌握生产动态，如实向领导汇报生产情况及存在的问题。

(6) 如出现应急事故，要及时采取措施进行处理，并做好请示汇报工作，分析事故要详细，登记内容要准确及时，不得延误。

(7) 值班期间严禁喝酒，室内严禁吸烟。保持室内清洁，具有良好的工作素质，爱护室内设施，保证调度系统的正常运行。

(8) 严格执行交接班制度，交清各种情况，对交接不清、贻误工作造成后果严重者，要追究责任。

(9) 端正工作态度，提高工作质量，切实做好生产调度工作。

二、通风调度岗位安全责任制

(1) 认真执行上级安全生产方针、政策、法规、指示、文件等，负责本单位“一通三防”调度工作，做到上情下达、下情上报。

(2) 坚守岗位，不得擅离职守，对井下反映汇报的各类问题要及时安排处理，并向队值班人员汇报，重大问题立即汇报矿调度室，做好记录。

(3) 认真做好各项记录、台账，做到字迹清晰、数据准确。

(4) 坚守岗位，严守劳动纪律，熟知井下各作业地点情况。

(5) 认真填写瓦斯日报，并及时上报有关领导审阅。

(6) 对工作中发现的重大“一通三防”隐患必须立即向值班队长、调度室和值班矿领导汇报，并协调有关班组人员及时处理问题。

三、运输调度岗位安全责任制

(1) 牢固树立“安全第一”的思想。

(2) 及时向队值班汇报现场安全生产情况，并向接班班长交代清楚注意事项。

(3) 负责督办值班人员安排的生产急需设施。

(4) 负责督办值班期间安排的技术措施落实情况。

(5) 及时收集、上交各类报表。

(6) 按规定参加安全活动,监督跟值班记录填写、会议精神传达,并做好各类记录、报表。

(7) 严格执行交接班制度,交清各种情况,对交接不清、贻误工作造成后果严重者,要追究责任。

(8) 端正工作态度,提高工作质量,切实做好生产调度工作。

安全技术基础知识三　安全风险分级管控

学习目标

1. 了解安全风险预控基础知识。
2. 掌握生产调度岗位风险及控制。
3. 掌握通风调度岗位风险及控制。
4. 掌握运输调度岗位风险及控制。

安全技术基础知识相关知识

一、安全风险预控基础知识

(一) 安全风险辨识评估的术语与定义

(1) 风险点。风险点是指在作业过程中,可能发生事故的地点、部位、场所、工器具或行为等。

(2) 危险源。危险源是指可能造成人员伤害、职业病、设备损坏、作业环境破坏的根源或状态。

(3) 安全风险。安全风险是指生产过程中,某一特定危险情况发生的可能性和后果严重性的组合。风险有两个主要特性,即可能性和严重性。可能性,是指危险情况发生的概率。严重性,是指危险情况一旦发生后,将造成的人员伤害和经济损失的大小和程度。

(4) 安全风险辨识评估。认识安全风险存在并确定其特性的过程,主要包括风险辨识、划分风险等级、建立安全风险清单及制定相应管控措施等。

(5) 风险评估。风险评估是指评估风险大小以及确定风险是否可容许的全过程。

风险评估一般包括两个阶段,一是风险分析,即根据既往的经验分析事件发生的可能性,造成的后果、性质及影响;二是风险评价,即按照确定的标准,计算风险大小,确定风险是否在可承受范围内。风险评估的目的是将工作场所内,当前处于不可承受风险下的危险源认定出来,进而采取适当的控制措施,降低或消除风险,保障安全。

(6) 危险源辨识和风险评估的作用和意义:

① 危险源辨识和风险评估是企业全面认识其生产过程风险的一个有效过程,是对生产过程职业安全健康风险实施有效控制的基础。

② 危险源辨识和风险评估是企业管理系统建立的基础,是管理目标制定、管理策划的依据,也是职业安全健康管理得以持续改进的动力。

③ 风险评估能够使企业清楚作业环境、设备设施、作业行为中存在的风险,有利于作业环境改善、设备设施维护、作业行为规范。

④ 通过全员参与危险源辨识和风险评估能够提高员工风险意识,使职业安全健康管理实现由被动式的经验管理向主动式的风险预控管理转变。

(7) 风险管控。风险管控是指在危险源辨识和风险评估的基础上,预先采取措施消除或控制风险的过程。

(二) 风险管控工作机制

1. 工作机制

安全风险分级管控工作由矿长全面负责,分管负责人负责分管范围内的安全风险分级管控工作。安全风险分级管控工作必须有负责安全风险分级管控工作的管理部门。必须建立安全风险分级管控工作制度,明确安全风险的辨识范围、方法和安全风险的辨识、评估、管控工作流程等。

2. 安全风险辨识评估

(1) 年度辨识评估。年度辨识评估每年底由矿长组织各分管负责人和相关业务科室、区队进行，重点对井工煤矿瓦斯、水、火、煤尘、顶板、冲击地压及提升运输系统，露天煤矿边坡、爆破、机电运输等容易导致群死群伤事故的危险因素开展安全风险辨识；编制年度安全风险辨识评估报告，建立重大安全风险清单，并制定相应的管控措施；辨识评估结果应用于确定下一年度安全生产工作重点，并指导和完善下一年度生产计划、灾害预防和处理计划、应急救援预案。

(2) 专项辨识评估。

① 新水平、新采(盘)区、新工作面设计前，由总工程师组织有关业务科室开展一次专项辨识，重点辨识地质条件和重大灾害因素等方面存在的安全风险，补充完善重大安全风险清单并制定相应管控措施；辨识评估结果用于完善设计方案，指导生产工艺选择、生产系统布置、设备选型、劳动组织确定等。

② 生产系统、生产工艺、主要设施设备、重大灾害因素(露天煤矿爆破参数、边坡参数)等发生重大变化时，由分管负责人组织有关业务科室开展一次专项辨识。重点辨识作业环境、生产过程、重大灾害因素和设施设备运行等方面存在的安全风险，补充完善重大安全风险清单并制定相应的管控措施，辨识评估结果用于指导重新编制或修订完善作业规程、操作规程。

③ 启封火区、排放瓦斯、突出矿井过构造带及石门揭煤等高危作业实施前，新技术、新材料试验或推广应用前，连续停工停产 1 个月以上的煤矿复工复产前，由分管负责人组织有关业务科室、生产组织单位(区队)开展 1 次专项辨识。重点辨识作业环境、工程技术、设备设施、现场操作等方面存在的安全风险，补充完善重大安全风险清单并制定相应的管控措施，辨识评估结果作为编制安全技术措施的依据。

④ 本矿发生死亡事故或涉险事故、出现重大事故隐患或所在省份发生重特大事故后，由矿长组织分管负责人和业务科室开展 1 次针对性的专项辨识。识别安全风险辨识结果及管控措施是否存在漏洞、盲区，补充完善重大安全风险清单并制定相应的管控措施，辨识评估结果用于指导修订完善设计方案、作业规程、操作规程、安全技术措施等技

术文件。

3. 安全风险管控

（1）重大安全风险管控措施由矿长组织实施，有具体工作方案，人员、技术、资金有保障。

（2）在划定的重大安全风险区域设定作业人数上限。

（3）定期检查。

① 矿长每月组织对重大安全风险管控措施落实情况和管控效果进行一次检查分析，针对管控过程中出现的问题调整完善管控措施，并结合年度和专项安全风险辨识评估结果，布置月度安全风险管控重点，明确责任分工。

② 分管负责人每旬组织对分管范围内月度安全风险管控重点实施情况进行一次检查分析，检查管控措施落实情况，改进完善管控措施。

（4）现场检查。按照《煤矿领导带班下井及安全监督检查规定》，执行煤矿领导带班制度，跟踪重大安全风险管控措施落实情况，发现问题及时整改。

（5）公告警示。在井口（露天煤矿交接班室）或存在重大安全风险区域的显著位置，公告存在的重大安全风险、管控责任人和主要管控措施。

4. 保障措施

（1）信息管理。采用信息化管理手段，实现对安全风险记录、跟踪、统计、分析、上报等全过程的信息化管理。

（2）教育培训。

① 对入井（坑）人员和地面关键岗位人员进行年度和专项安全风险辨识评估结果、与本岗位相关的重大安全风险管控措施培训。

② 每年组织参与安全风险辨识评估工作的人员学习一次安全风险辨识评估技术。

二、本岗位风险及控制

（一）生产调度岗位风险及控制

1. 生产调度岗位风险

（1）对生产调度作业程序和方法、矿井应急预案等掌握不熟悉，在指导安全生产工作时下达错误指令。

（2）对监测监控、人员位置监测、信息管理等系统不能熟练操作，不能有效利用现代化手段实时掌握矿井安全生产动态。

（3）思想上消极懈怠，对待安全生产方面出现的问题不能及时协调解决，造成影响扩大化。

（4）日常未按要求深入井下现场，对安全生产情况不了解，在日常工作中可能会出现“纸上谈兵”的情况。

2. 生产调度岗位各类风险的管控措施

（1）日常加强对生产调度作业程序和方法、应急预案等方面知识的学习。

（2）加强对监测监控、人员位置监测、信息管理等系统操作流程的学习，达到熟练操作，并能够利用系统掌握矿井安全生产动态。

（3）加强对生产调度岗位人员的思想教育工作，使其充分认识到本岗位重要性及安全生产出现问题的严重性，增强责任意识，防止出现消极懈怠情绪。

（4）对生产调度岗位人员深入井下现场要求进行规范，严格落实考核。

（二）通风调度岗位风险及控制

1. 通风调度岗位风险

（1）对通风调度作业程序和方法、矿井“一通三防”应急预案等掌握不熟悉，不能及时准确地对通风作业人员下达指令。

（2）对井下瓦斯检查工、通风工等汇报的信息记录不详细，未及时向值班队长、相关领导汇报。

（3）工作态度不端正，思想麻痹大意，对待“一通三防”方面出现的问题不能及时协调解决，造成影响扩大化。

（4）未按队内计划要求深入井下现场，对井下通风设施、瓦斯异常地点不熟悉，出现问题不能采取正确的有效措施。

2. 通风调度岗位各类风险的管控措施

（1）日常加强对通风调度作业程序和方法、“一通三防”应急预案等方面知识的学习。

（2）对井下汇报的异常信息要认真做好记录，采取措施，并及时向值班队长、相关领导汇报。

（3）加强对通风调度岗位人员的思想教育工作，增强其责任意识，防止在思想上消极懈怠，立足本职岗位，干好本职工作。

（4）对通风调度岗位人员入井要进行规范细化，严格落实考核，提高入井质量。

（三）运输调度岗位风险及控制

1. 运输调度岗位风险

（1）对运输调度作业程序和方法、应急预案等掌握不熟悉，在指导运输工作时下达错误指令。

（2）作业前，对作业环境、作业环境内设备可能对自身造成安全威胁的各类危险没有进行检查，造成安全威胁。

（3）思想上消极懈怠，对待运输方面出现的问题不能及时协调解决，造成影响扩大化。

（4）运输调度没有按照作业流程进行运输记录、统计、调度，造成调度错误。

（5）作业结束后，当班记录不完善、不准确、不齐全，无法进行交接班。

2. 运输调度岗位各类风险的管控措施

（1）日常加强对运输调度作业程序和方法、应急预案等方面知识的学习。

（2）作业前，对作业环境、作业环境内设备可能对自身造成安全威胁的各类危险严格进行检查和排除。

（3）加强对运输调度岗位人员的思想教育工作，使其充分认识到本岗位重要性及运输出现问题的严重性，增强责任意识，防止在思想上消极懈怠。

（4）严格按照作业流程进行记录、统计、调度等。

（5）作业结束后，对当班工作进行再次核实，确保记录完善、准确、齐全。

安全技术基础知识四
本岗位事故隐患排查治理

学习目标

1. 掌握生产调度岗位隐患排查治理方法。
2. 掌握通风调度岗位隐患排查治理方法。
3. 掌握运输调度岗位隐患排查治理方法。

安全技术基础知识相关知识

一、生产调度岗位隐患排查治理方法

(1) 调度台电话等通信设备及显示屏完好、语音或画面清晰。

(2) 调度台各项记录填写齐全、字迹工整。

(3) 调度会议室话筒等设备完好。

(4) 各区队、科室、矿领导跟班带班人员按时进行汇报。

(5) 瓦斯数据系统显示正常。

(6) 上一班遗留问题交接清楚。

二、通风调度岗位隐患排查治理方法

(1) 提前 30 min 到岗,审阅交班记录,办理接班手续,把上一班已办、待办事项和下一班要注意的问题接清、弄懂、接全。

(2) 当班没有处理的问题应由接班人负责落实,弄清各采掘工作面瓦斯变化情况及原因,掘进工作面打钻情况,工程施工进度与质量情况,通风设施完好情况,如有损坏要安排相关部门及时处理,并在当班进行落实。

(3) 掌握井下巷道贯通时通风、爆破、瓦斯管理情况,并及时汇报。

(4) 向下班调度员交清本班遗留问题及注意事项,传达上级领导的各项指令。

(5) 同接班人员清点设备和备用物品,交清各类报表、记录。

(6) 履行交接班手续,填写相关记录。

三、运输调度岗位隐患排查治理方法

(1) 调度站电话、对讲机等通信设备及显示屏完好,语音或画面清晰。

(2) 调度站各项记录填写齐全、字迹工整。

(3) 杜绝班中单岗作业出现精神不振和睡觉现象。

(4) 对井下平巷运输做好运输调度,杜绝车辆在单道和人车场会车现象。

(5) 上一班遗留问题交接清楚。

安全技术基础知识五 《煤矿安全规程》及安全生产标准化的相关规定

学习目标

1. 熟悉《煤矿安全规程》中的相关规定。
2. 熟悉安全生产标准化中的相关要求。

安全技术基础知识相关知识

一、《煤矿安全规程》相关规定

(一) 生产调度岗位的相关规定

第一百六十条 严禁主要通风机房兼作他用。主要通风机房内必须安装水柱计(压力表)、电流表、电压表、轴承温度计等仪表,还必须有直通矿调度室的电话。

第一百七十五条 矿井必须从设计和采掘生产管理上采取措施,防止瓦斯积聚;当发生瓦斯积聚时,必须及时处理。当瓦斯超限达到断电浓度时,班组长、瓦斯检查工、矿调度员有权责令现场作业人员停止作业,停电撤人。

临时停工的地点,不得停风;否则必须切断电源,设置栅栏、警标,禁止人员进入，并向矿调度室报告。

第一百八十条 矿井必须建立甲烷、二氧化碳和其他有害气体检查制度，并遵守下列规定：

（八）通风值班人员必须审阅瓦斯班报，掌握瓦斯变化情况，发现问题，及时处理，并向矿调度室汇报。

通风瓦斯日报必须送矿长、矿总工程师审阅，一矿多井的矿必须同时送井长、井技术负责人审阅。对重大的通风、瓦斯问题，应当制定措施，进行处理。

第一百八十二条 抽采瓦斯设施应当符合下列要求：

（五）泵房必须有直通矿调度室的电话和检测管道瓦斯浓度、流量、压力等参数的仪表或者自动监测系统。

（六）……泵房必须有专人值班，经常检测各参数，做好记录。当抽采瓦斯泵停止运转时，必须立即向矿调度室报告。

第二百零一条 突出煤层工作面的作业人员、瓦斯检查工、班组长应当掌握突出预兆。发现突出预兆时，必须立即停止作业，按避灾路线撤出，并报告矿调度室。

班组长、瓦斯检查工、矿调度员有权责令相关现场作业人员停止作业，停电撤人。

第二百二十三条 突出煤层采掘工作面附近、爆破撤离人员集中地点、起爆地点必须设有直通矿调度室的电话，并设置有供给压缩空气的避险设施或者压风自救装置。

第二百三十六条 冲击地压危险区域必须进行日常监测预警，预警有冲击地压危险时，应当立即停止作业，切断电源，撤出人员，并报告矿调度室。在实施解危措施、确认危险解除后方可恢复正常作业。

第二百七十五条 任何人发现井下火灾时，应当视火灾性质、灾区通风和瓦斯情况，立即采取一切可能的方法直接灭火，控制火势，并迅速报告矿调度室。矿调度室在接到井下火灾报告后，应当立即按灾害预防和处理计划通知有关人员组织抢救灾区人员和实施灭火工作。

矿值班调度和在现场的区、队、班组长应当依照灾害预防和处理计划的规定，将所有可能受火灾威胁区域中的人员撤离，并组织人员灭火。

第二百八十八条 采掘工作面或者其他地点发现有煤层变湿、挂红、挂汗、空气变冷、出现雾气、水叫、顶板来压、片帮、淋水加大、底板鼓起或者裂隙渗水、钻孔喷水、煤壁溃水、水色发浑、有臭味等透水征兆时，应当立即停止作业，撤出所有受水患威胁地点的人员，报告矿调度室，并发出警报。在原因未查清、隐患未排除之前，不得进行任何采掘活动。

第二百九十三条 降大到暴雨时和降雨后，应当有专业人员观测地面积水与洪水情况、井下涌水量等有关水文变化情况和井田范围及附近地面有无裂缝、采空塌陷、井上下连通的钻孔和岩溶塌陷等现象，及时向矿调度室及有关负责人报告，并将上述情况记录在案，存档备查。

情况危急时，矿调度室及有关负责人应当立即组织井下撤人。

第三百二十二条 在探放水钻进时，发现煤岩松软、片帮、来压或者钻孔中水压、水量突然增大和顶钻等突（透）水征兆时，应当立即停止钻进，但不得拔出钻杆；现场负责人员应当立即向矿调度室汇报，撤出所有受水威胁区域的人员，采取安全措施，派专业技术人员监测水情并进行分析，妥善处理。

第三百二十三条 钻探接近老空时，应当安排专职瓦斯检查工或者矿山救护队员在现场值班，随时检查空气成分。如果甲烷或者其他有害气体浓度超过有关规定，应当立即停止钻进，切断电源，撤出人员，并报告矿调度室，及时采取措施进行处理。

第三百二十四条 钻孔放水前，应当估计积水量，并根据矿井排水能力和水仓容量，控制放水流量，防止淹井；放水时，应当有专人监测钻孔出水情况，测定水量和水压，做好记录。如果水量突然变化，应当立即报告矿调度室，分析原因，及时处理。

第四百六十九条 下列地点必须有足够照明：

（二）机电设备硐室、调度室、机车库、爆炸物品库、候车室、信号站、瓦斯抽采泵站等。

地面的通风机房、绞车房、压风机房、变电所、矿调度室等必须设有应急照明设施。

第四百七十一条 矿灯的管理和使用应当遵守下列规定：

（五）在每次换班2 h内，必须把没有还灯人员的名单报告矿调度室。

第四百八十七条 所有矿井必须装备安全监控系统、人员位置监测系统、有线调度通信系统。

第四百八十八条 编制采区设计、采掘作业规程时，必须对安全监控、人员位置监测、有线调度通信设备的种类、数量和位置，信号、通信、电源线缆的敷设，安全监控系统的断电区域等做出明确规定，绘制安全监控布置图和断电控制图、人员位置监测系统图、井下通信系统图，并及时更新。

第四百八十九条 矿用有线调度通信电缆必须专用。

系统必须具有防雷电保护，入井线缆的入井口处必须具有防雷措施。

系统必须连续运行。电网停电后，备用电源应当能保持系统连续工作时间不小于2 h。

安全监控和人员位置监测系统显示和控制终端、有线调度通信系统调度台必须设置在矿调度室，全面反映监控信息。矿调度室必须24 h有监控人员值班。

（二）通风调度岗位的相关规定

第一百八十条 矿井必须建立甲烷、二氧化碳和其他有害气体检查制度，并遵守下列规定：

（八）通风值班人员必须审阅瓦斯班报，掌握瓦斯变化情况，发现问题，及时处理，并向矿调度室汇报。

通风瓦斯日报必须送矿长、矿总工程师审阅，一矿多井的矿必须同时送井长、井技术负责人审阅。对重大的通风、瓦斯问题，应当制定措施，进行处理。

第三百二十三条 钻探接近老空时，应当安排专职瓦斯检查工或者矿山救护队员在现场值班，随时检查空气成分。如果甲烷或者其他有害气体浓度超过有关规定，应当立即停止钻进，切断电源，撤出人员，并报告矿调度室，及时采取措施进行处理。

第六百八十条 煤矿发生险情或者事故后，现场人员应当进行自救、互救，并报矿调度室；煤矿应当立即按照应急救援预案启动应急响应，组织涉险人员撤离险区，通知应急指挥人员、矿山救护队和医疗救护人员等到现场救援，并上报事故信息。

（三）运输调度岗位的相关规定

第三百七十七条　采用轨道机车运输时，应当遵守下列规定：

（一）生产矿井同一水平行驶 7 台及以上机车时，应当设置机车运输监控系统；同一水平行驶 5 台及以上机车时，应当设置机车运输集中信号控制系统。新建大型矿井的井底车场和运输大巷，应当设置机车运输监控系统或者运输集中信号控制系统。

（二）列车或者单独机车均必须前有照明，后有红灯。

（三）列车通过的风门，必须设有当列车通过时能够发出在风门两侧都能接收到声光信号的装置。

（四）巷道内应当装设路标和警标。

（五）必须定期检查和维护机车，发现隐患，及时处理。机车的闸、灯、警铃（喇叭）、连接装置和撒砂装置，任何一项不正常或者失爆时，机车不得使用。

（六）正常运行时，机车必须在列车前端。机车行近巷道口、硐室口、弯道、道岔或者噪声大等地段，以及前有车辆或者视线有障碍时，必须减速慢行，并发出警号。

（七）2 辆机车或者 2 列列车在同一轨道同一方向行驶时，必须保持不少于 100 m 的距离。

（八）同一区段线路上，不得同时行驶非机动车辆。

（九）必须有用矿灯发送紧急停车信号的规定。非危险情况下，任何人不得使用紧急停车信号。

（十）机车司机开车前必须对机车进行安全检查确认；启动前，必须关闭车门并发出开车信号；机车运行中，严禁司机将头或者身体探出车外；司机离开座位时，必须切断电动机电源，取下控制手把（钥匙），扳紧停车制动。在运输线路上临时停车时，不得关闭车灯。

（十一）新投用机车应当测定制动距离，之后每年测定 1 次。运送物料时制动距离不得超过 40 m；运送人员时制动距离不得超过 20 m。

第五百零七条 以下地点必须设有直通矿调度室的有线调度电话：矿井地面变电所、地面主要通风机房、主副井提升机房、压风机房、井下主要水泵房、井下中央变电所、井底车场、运输调度室、采区变电所、上下山绞车房、水泵房、带式输送机集中控制硐室等主要机电设备硐室、采煤工作面、掘进工作面、突出煤层采掘工作面附近、爆破时撤离人员集中地点、突出矿井井下爆破起爆点、采区和水平最高点、避难硐室、瓦斯抽采泵房、爆炸物品库等。

有线调度通信系统应当具有选呼、急呼、全呼、强插、强拆、监听、录音等功能。

有线调度通信系统的调度电话至调度交换机(含安全栅)必须采用矿用通信电缆直接连接，严禁利用大地作回路。严禁调度电话由井下就地供电，或者经有源中继器接调度交换机。调度电话至调度交换机的无中继器通信距离应当不小于 10 km。

第五百零九条 安装图像监视系统的矿井，应当在矿调度室设置集中显示装置，并具有存储和查询功能。

二、安全生产标准化中的相关要求

煤矿调度标准化评分表如表 4-1 所示。

表 4-1 煤矿调度标准化评分表

项目	项目内容	基本要求	标准分值	评分方法	得分
一、调度基础工作(11分)	组织机构	调度室每天 24 h 专人值守，每班工作人员满足调度工作要求	4	查现场。人员配备不足或无值守人员不得分	
	规程措施	制定并严格执行调度值班制度、调度会议制度、交接班制度、汇报制度、信息汇总分析制度、调度人员入井(坑)制度、业务学习制度、事故和突发事件信息报告与处理制度、文档管理制度	3	查现场和资料。缺 1 项制度扣 1 分；制度内容不全或未执行，每处扣 0.5 分	

表 4-1(续)

项目	项目内容	基本要求	标准分值	评分方法	得分
一、调度基础工作(11分)	技术支撑	备有《煤矿安全规程》规定的图纸、事故报告程序图(表)、矿领导值班、带班安排与统计表、生产计划表、重点工程进度图(表)、矿井灾害预防和处理计划、事故应急救援预案,图(表)保持最新版本,矿井灾害预防和处理计划按照年度编制并保持最新,应急救援预案按照国家应急救援预案管理的相关法规、标准实施及时修订	4	查资料。无矿井灾害预防和处理计划、事故应急救援预案不得分;缺1种图(表)扣1分,图(表)未及时更新1处扣0.5分	
二、调度管理(50分)	计划与实施	组织召开日调度会,对年度、月度生产计划进行跟踪、协调、落实、考核	3	查资料。日调度会缺1次扣1分,其他不符合要求1处扣0.5分	
	组织协调	1. 掌握生产动态,协调落实生产作业计划,按规定处置生产中的各种问题,并准确记录; 2. 按规定及时上报安全生产信息,下达安全生产指令并跟踪落实、做好记录	3	查资料。不符合要求1处扣0.5分	
	应急处置	出现险情或发生事故时,调度人员及时下达撤人指令、按规定报告,按程序启动事故应急救援预案,跟踪现场处置情况并做好记录	2	查资料。未授权或未按规定处置不得分,记录不规范1处扣1分	
	深入现场	按规定深入现场,了解安全生产情况	2	查资料。缺1人次扣1分	

表 4-1(续)

项目	项目内容	基本要求	标准分值	评分方法	得分
二、调度管理(50分)	调度记录	1. 有日调度会会议记录,记录真实、完整,保存时限符合规定	3	查资料。无记录或记录造假不得分;记录不全,缺1项扣0.5分	
		2. 有调度值班、交接班及产、运、销、存的统计台账(运、销、存由企业集中管理的除外)和安全信息统计台账(记录),内容齐全、真实、规范。内容应包括:班、日的采掘进尺和煤炭产量、运量、销量、存量,重点工程,安全状况,值班,矿领导带班下井等信息	3	查资料。无台账(记录)或造假不得分;台账(记录)内容不完整、数据不准确1处扣0.5分	
	调度汇报	1. 每班调度汇总有关安全生产信息	2	查资料。抽查1个月相关记录,缺少或内容不全,1处扣0.5分	
		2. 按规定时间和内容要求准确及时上报调度安全生产信息日报表,旬(周)、月调度安全生产信息统计表和矿领导值班带班情况统计表	3	查资料。无日、旬(周)、月报的不得分;缺1种报表和值班带班统计数据的扣1分;内容不完整,缺1项扣0.5分	
		3. 发生影响生产安全的突发事件,应在规定时间内向矿负责人和有关部门报告	3	查资料。未按规定报告,1次扣1分	

表 4-1(续)

项目	项目内容	基本要求	标准分值	评分方法	得分
二、调度管理(50分)	雨季“三防”	组织落实雨季“三防”相关工作,并做好记录	2	查现场和资料。1处不符合要求不得分	
三、调度信息化(18分)	通信装备	1. 装备调度通信系统,与主要硐室、生产场所(露天矿为无线通信系统)、应急救援单位、医院(井口保健站、急救站)、应急物资仓库及上级部门实现有线直拨	3	查现场和资料。不符合要求1处扣0.5分	
		2. 有线调度通信系统有选呼、急呼、全呼、强插、强拆、监听、录音功能。调度工作台电话录音保存时间不少于3个月	3	查现场和资料。不符合要求1处扣0.5分	
		3. 按《煤矿安全规程》规定装备与重要工作场所直通的有线调度电话	2	查现场和资料。不符合要求1处扣0.5分	
	监控系统	1. 跟踪安全监控系统有关参数变化情况,掌握矿井安全生产状态	2	查现场和资料。不符合要求1处扣0.5分	
		2. 及时核实、处置系统预(报)警情况并做好记录	2	查现场和资料。有1项预(报)警未处置扣0.5分	

表 4-1(续)

项目	项目内容	基本要求	标准分值	评分方法	得分
三、调度信息化(18分)	人员(车辆位置监测)	装备井下人员位置监测系统,准确显示井下总人数、人员时空分布情况,装备露天煤矿车辆定位系统。系统具有数据存储查询功能。矿调度室值班员监视人员或车辆位置等信息,填写运行日志	2	查现场和资料。无系统或运行不正常、无数据存储查询功能不得分,数据不准确1处扣0.5分,未正常填写运行日志1处扣0.5分	
	图像监视	矿调度室设置图像监视系统的终端显示装置,并实现信息的存储和查询	2	查现场和资料。矿调度室无显示装置扣1分,显示装置运行不正常、存储和查询功能不全1处扣0.5分	
	信息管理系统	采用信息化手段对调度报表、生产安全事故统计表等数据进行处理,实现对煤矿安全生产信息跟踪、管理、预警、存储和传输功能	2	查现场和资料。无管理信息系统或系统功能不全、运行不正常不得分;其他不符合要求1处扣0.5分	

表 4-1(续)

项目	项目内容	基本要求	标准分值	评分方法	得分
四、职工素质及岗位规范(5分)	专业技能	1. 调度人员要熟悉煤矿井下各大生产系统、采掘工艺和头面数量、重点工程情况、矿井灾害情况；掌握生产作业计划、生产过程中的动态变化，协调组织生产；具备应急处置能力。 2. 人员经培训合格，持证上岗	3	查现场和资料。现场抽考 2 名调度人员，不掌握井下各系统基本情况和应急处置方法 1 人扣 0.5 分；1 人未持证上岗扣 1 分	
	规范作业	1. 严格执行岗位安全生产责任制； 2. 无“三违”行为	2	查现场。发现“三违”不得分，不执行岗位责任制 1 人次扣 0.5 分	

模块二　生产调度作业安全操作技能

安全操作技能一　本岗位“双述”示例

学习目标

1. 了解生产调度岗位“双述”相关要求。
2. 了解通风调度岗位“双述”相关要求。
3. 了解运输调度岗位“双述”相关要求。

安全操作技能相关知识

一、生产调度岗位“双述”

领导上午(下午)好：

欢迎领导莅临××煤矿调度室检查指导工作！

我是当班值班调度员×××，现在向您汇报我矿基本概况和本班安全生产情况：

我矿于××××年×月×日正式生产，年设计生产能力××万吨。

我矿井下现有××个综采工作面，分别是××工作面、××工作面；××个掘进工作面，分别是××掘进工作面、××掘进工作面。

今天××班入井××人，截至目前各系统运行良好，各工作面安全生产情况正常。

二、通风调度岗位“双述”

领导上午(下午)好：

欢迎领导莅临××煤矿调度室检查指导工作！

我是通风队通风调度员×××，我的岗位职责是对井下反映汇报各类问题要及时安排处理，并向队值班人员汇报，重大问题立即汇报矿调度室，做好记录。

手指口述：

(1) 各项记录、台账做到字迹清晰，数据准确，确认完毕。

(2) 瓦斯日报，已上报有关领导审阅，确认完毕。

(3) 井下汇报的问题已向值班队长汇报，确认完毕。

(4) 井下汇报的问题已安排人员处理，确认完毕。

三、运输调度岗位“双述”

领导上午(下午)好：

欢迎领导莅临××煤矿调度站检查指导工作！

我是当班值班调度员×××，现在向您汇报我矿基本概况和本班安全生产情况：

我矿于××××年×月×日正式生产，年设计生产能力××万吨。

我矿井下现有××个主运输采区轨道，分别是××斜巷轨道、××斜巷轨道；××个水平平巷，分别是××水平平巷、××水平平巷。

安全操作技能二　本岗位安全技术操作规程

学习目标

1. 掌握生产调度岗位安全技术操作规程。
2. 掌握通风调度岗位安全技术操作规程。
3. 掌握运输调度岗位安全技术操作规程。

安全操作技能相关知识

一、生产调度岗位安全技术操作规程

(一) 应急情况处理

(1) 当生产现场出现进回风道冒顶、瓦斯超限、主要通风机故障、主副井提升设备故障和区域性停电等紧急情况时，值班调度员接到汇报后，应立即报告值班矿长和安全生产部门主管领导或直接安排有关人员赶赴现场处理。

(2) 当接矿灯房汇报有人在交班后 2 h 未交灯时，要立即找所属区队查明原因，确认仍在井下但下落不明后，立即通知矿山救护队下井寻找。

(3) 接报井下某处巷道空气成分不符合规定时，立即通知矿山救护队前去检查处理，并及时向矿总工程师汇报。

(4) 当主要通风机房值班人员汇报主要通风机发生故障时，一边立即令其开动备用通风机，一边向矿长、总工程师汇报，并通知通风、机电值班室派人前去检查处理。

(5) 当工作主要通风机不能正常运转，备用主要通风机不能启动，致全井或一翼停风时，应立即通知打开防爆门，通知受影响的地点停止作业，切断电源，把人员撤到地面或全负压通风巷内，并向总工程师汇报。在恢复生产前，调度值班人员要及时督查恢复通风、排除瓦斯和送电安全技术措施的执行情况。

(6) 接报某掘进工作面要求临时停工时，应令其局部通风机照常运转，否则必须切断电源，24 h 内进行封闭，设置栅栏和警标。

(7) 接报井下某处瓦斯超限严重，需要处理时，调度人员要立即通知该区域人员撤离现场，并向矿总工程师汇报。

(8) 接报某采掘工作面有煤与瓦斯突出预兆时，要立即命令其现场负责人组织人员按避灾路线撤出，并向矿长和总工程师汇报。

(9) 接报井下发生火灾时，值班调度员要问明原因，并命令现场人员直接灭火，当火灾危及人身安全时，撤出人员，立即启动重大事故处理预案。

(10) 接报井下某处有透水预兆时，要问明情况，必要时立即撤出所有受水威胁的人员，并向矿长、总工程师汇报。

(11) 接报井下打钻探水巷道有透水预兆时，按探水安全措施要求处置，并派有关人员前往处理。如果情况紧急则应立即撤出所有受威胁的人员，并向矿长、总工程师汇报。

(12) 接报探水钻眼穿入老空有害气体超过规定时,要立即通知停钻,切断电源,撤离人员,并向总工程师汇报。

(13) 接报放水点水量或水压突然变大时,要立即通知地质部门派人员赶赴现场观测,并向总工程师汇报。

(14) 接报井口主要提升设备或其他配套装置发生故障时,要问明故障的部位和原因,并立即通知机电部门检查处理,同时向矿长、总工程师汇报。如果处理时间超过 1 h,要通知采掘工作面。

(二) 重大事故的处理

1. 重大事故处理程序

(1) 在接到事故汇报时,要问清事故发生的时间、地点、灾区作业点个数、人数、危害程度、波及范围、现状和趋势。通知邻近灾区人员由当班负责人带领撤出。立即把事故性质、严重程度报告值班领导并通知矿山救护队、矿医院派人赶赴现场抢救。

(2) 立即按照规定的程序向矿总工程师、矿长及其他领导和上级部门汇报。

(3) 按照领导指示通知有关人员赶赴现场观察灾情,研究抢救措施,并通知有关科室维持好矿场秩序和做好井口的保卫工作。

(4) 迅速安排在事故地点附近的安全地段架设临时电话,并派专人看守,以保证调度室与现场随时联系。

(5) 通知受灾的区、队查清当班出勤人数、现场遇灾人数和可能的位置,并通知劳资部门找出遇难人员的劳动管理卡片备查。

(6) 按矿长、总工程师指示,调动人力、物力抢救,并掌握事故抢救进展情况,做好详细记录。

2. 抢险救灾过程中各岗位、各部门的任务和职责

集团公司总经理、总工程师及矿长、矿总工程师(矿技术负责人)在接到事故报告后,都会在最短的时间内赶到现场组织抢救,其中矿长是负责处理事故的全权指挥者。一般情况下,在矿长未到达前调度值班长应负责指挥事故抢救。集团公司总经理和总工程师、矿总工程师对事故处理提出建议,由矿长做出决定。如果矿长不能有效地指挥抢救事故的工作,集团公司总经理可指派能胜任的人员负责指挥,并授以全

部权力。

发生重大事故时矿调度室的职责。在发生重大事故时，立即报告矿长、矿总工程师和有关部门组织抢救。在矿长、矿总工程师到来之前，协助值班领导直接指挥抢救。成立指挥部之后，按其指示做好抢救工作，并负责做好全部记录。

发生重大事故时集团公司调度室的职责。在接到汇报时，应立即告知集团公司当日值班领导、董事长、总经理、副总经理、总工程师和其他有关部门负责人及时组织抢险救灾。调度人员负责收集资料、下达通知，并做好救灾过程的全部记录，定时向上级报告情况。

3. 瓦斯爆炸事故现场处置方案(法)

(1) 瓦斯爆炸事故危险性分析

瓦斯爆炸事故是煤矿最严重的事故灾难之一，易造成群死群伤、矿毁人亡。爆炸会产生高温火焰(温度可达 2 000 ℃)、爆炸冲击波(最高 1.2 MPa)，并伴随大量有毒有害气体。

爆炸生成的高温高压冲击波，导致人员伤亡，设备损坏，支架损毁，顶板冒落；通风构筑物破坏，引起矿井通风系统紊乱。爆炸生成的有毒有害气体，伴随风流蔓延，导致较远距离人员伤亡。爆炸在一定条件下会诱发火灾，引发二次及多次爆炸；爆炸冲击波卷扫巷道积尘，可能引发煤尘爆炸，造成更大的损失。

(2) 救援队伍到达前的处置方案

① 现场处置方案

a. 现场班长、队长、跟班干部要立即组织人员正确佩戴好自救器；引领人员按避灾路线到达最近新鲜风流中。

b. 第一时间向矿调度室报告事故地点、现场灾难情况；同时向所在单位值班员报告。

c. 安全撤离时不能慌乱，尽量低行。

d. 如因灾难破坏了巷道中的避灾路线指示牌、迷失了行进的方向时，撤退人员应朝着有风流通过的巷道方向撤退。

e. 在撤退沿途和所经过的巷道交叉口，应留设指示行进方向的明显标志，以提示救援人员的注意。

f. 在撤退途中听到或感觉到爆炸声或有空气震动冲击波时，应立即背向声音和气浪传来的方向，脸向下，双手置于身体下面，闭上眼睛，迅速卧倒，头部要尽量低，有水沟的地方最好躲在水沟边上或坚固的掩体后面，用衣服将自己身上的裸露部分尽量遮盖，以防火焰和高温气体灼伤皮肤。

g. 在唯一的出口被封堵无法撤退时，应有组织地进行灾区避灾，以等待救援人员的营救。

h. 进入避难室前，应在硐室外留设文字、衣物、矿灯等明显标志，以便于救援人员实施救援。

i. 入硐室内，开启压风自救系统，可有规律地、间断地敲击金属物、顶帮岩石等，发出呼救联络信号，以引起救援人员的注意，指示避难人员所在的位置。

j. 矿调度室接到报告后，及时向矿值班领导报告，并按矿应急预案程序向矿长、总工程师、安全矿长等人员报告。

k. 矿调度室在接到事故报告后，还要通知有关单位的人员清点事故灾难地点工作人员，通知相关单位的人员集中待命。

② 自救互救

积极开展自救互救，对于窒息或心跳呼吸骤停伤员，必须先复苏、后搬运。复苏方法为：立即将伤员移至新鲜风流中，使之尽快与有毒有害气体隔离；将口中妨碍呼吸的东西去除，并将衣领、腰带、上衣解开，脱掉胶靴，使呼吸系统和血液循环不致受阻；对窒息者进行人工呼吸；对出血伤员，要先止血后搬运；对骨折伤员，要先固定后搬运。

③ 指挥与决策要点

a. 迅速组织井下人员撤至地面，并清点人员，同时保持矿井正常通风。

b. 立即从上一级变电所切断灾区和受威胁地区的电源。

c. 判断是否有诱发二次爆炸的可能。

d. 判断遇险人员人数、位置及生存条件。

e. 确定井下救护基地；命令最先到达的救护队进入灾区侦查，抢救遇险人员，发现火源，立即扑灭。

f. 收集有关技术图纸、资料，制订救灾方案。

g. 保持现有通风状态，需调整、恢复通风系统，必须征得事故单位总工程师的同意。

h. 按照先易后难的顺序恢复通风设施，通风系统恢复有困难时，可构筑临时设施。

i. 根据抢险需要，及时调动后备救援力量和抢险救灾物资。

二、通风调度岗位安全技术操作规程

(1) 接班时必须与上一班调度员交接清楚各种资料、存在问题及队安排的工作。

(2) 参加通风队班前会，明确生产任务和队当班安排的工作及工作重点，以加强调度。

(3) 按时记录当班瓦斯检查工汇报的瓦斯检查结果及存在的问题，并对存在的问题进行汇报处理。当班处理不了的，必须与下一班调度员交接清楚。

(4) 经常对重点头面的瓦斯、通风设施等情况进行调度。

(5) 对井下汇报的“一通三防”紧急问题，必须立即通知队值班队干部，值班队干部安排相关的人员立即下井处理，并将处理的结果进行记录。

(6) 调度员必须将当天的通风瓦斯日报做好由队值班人员签字，送交矿长、总工程师审阅签字后存档。

(7) 对交上来的瓦斯检查手册进行核对，发现问题处理后方可交瓦斯检查工签字。

(8) 认真做好与下一班调度员的交接班工作，把任务和问题交接清楚。

三、运输调度岗位安全技术操作规程

1. 上岗条件

(1) 必须经过培训考试合格后持证上岗。

(2) 必须熟悉本矿运输系统，及时填写行车记录，具有一定的组织协调能力，认真履行职责。

(3) 必须掌握运输系统各个环节的车场、行车时间、轨道、道岔、行车信号、通信装置、煤仓、机车、矿车和主副井的提升情况，还要掌握各机车司机的情况，掌握各采掘区队本班的生产情况及辅助单位的需用车辆情况，按照本规程要求进行运输调度。

(4) 必须坚守岗位，认真调度，严格执行岗位安全责任制。如有特殊情况确需离开时，必须由其他熟悉运输调度工作的运输队班组长顶岗，并向顶岗人员交代清楚注意事项。

2. 安全规定

(1) 对运输系统的通信、信号等设施要严格管理、正规操作、合理使用，使其充分发挥作用，在确保安全的情况下努力提高运输效率。

(2) 必须在现场进行交接班。交接班时要交接清下列情况：

① 行车信号、安全设施情况，有无事故及事故处理进展情况。

② 上一班运输任务完成情况和煤仓存煤情况。

③ 线路上有无施工人员及施工的地点、时间、内容、负责人等情况。

④ 机车和矿车的数量及分布情况。

⑤ 各级领导的指示和上级调度部门的通知等。

(3) 运输工作中设备或行车信号、通信等发生故障时，要及时通知维修人员处理，不准甩掉保护装置或带病运行。

(4) 运输工作中发生较大事故时，要及时向有关领导汇报，组织力量进行处理。

(5) 运输工作中发生人身事故或其他重大事故时，要立即向有关领导汇报，并采取应急措施，调动人力、物力、车辆进行抢救。

3. 正常操作

(1) 根据领导的指示或上级调度部门的调度和上一班的遗留问题，结合本班的运输任务，统筹安排，及时调配车辆运送，努力提高电机车运输效率和矿车周转率。

(2) 随时了解各采区煤仓出煤和煤仓存煤情况，对于出煤集中、煤仓容量小的采区，要作为重点优先供车，尽量均衡运输，做到既不影响生产，又不积压车辆。

(3) 随时掌握各掘进区队用车及存车情况，并做好记录，及时向队值班调度汇报,及时调配车辆。

(4) 在交叉道口或单轨区段行车调度,按下列要求进行:

① 利用信号装置和通信系统等手段及时掌握空重车进出情况。

② 如有两个方向列车同时经过一个交叉点或单轨区段时,要密切监视信号,发准联系信号,说明情况,确保行车安全。

③ 南翼和北翼机车同时进入卸载站时,要事先联系好,做好两个机车的调度协调。

(5) 机车通过卸载站时,要及时扳道岔,并根据需要及时帮助司机摘挂链环和摘挂红尾灯。

(6) 在运输线路上施工维修时,应按下列情况处理:

① 工作量不大又不危及行车安全的施工或维修,可利用行车间隔时间进行,并明确告诉电机车司机前段有人施工,应注意观察。

② 掌握当班维修的地点和时间及相关区队,并及时与其取得联系。

③ 根据施工或维修现场情况,通知电机车在经过该区段前停车或慢速通过。

(7) 在运输工作中,如遇到列车中有损坏或运煤列车中有装设备、矸石等车辆时,要及时通知有关人员进行处理。

(8) 班中要根据需要及时与矿调度、南北煤仓、各采区斜坡、队值班进行联系沟通,掌握反馈信息。

模块三　生产调度作业典型事故案例

学习目标

1. 了解生产调度作业典型事故案例。

2. 增强职工安全意识和提高安全操作技能，吸取事故教训，防止同类事故发生。

安全操作技能相关知识

一、生产调度岗位事故

2014 年 7 月 13 日，某矿 1348 采空区密闭前因氧气浓度过低发生人员晕倒事故。

1. 事故经过

2014 年 7 月 13 日 20:58，某矿一采区 1346 工作面安全员林××打电话给调度员汇报：1348 采空区密闭前氧气浓度为 18%，是否派瓦斯检查工现场安全监护。调度员齐××认为氧气浓度不低于 18%，不需要监护。14 日 4:00，有两名把钩工在密闭前休息，由于氧气浓度持续降低，已达 12%，10 min 后两人晕倒在密闭前，幸好现场工作人员及时发现并送往医院抢救。

2. 事故原因

(1) 调度员工作责任心不强，未及时关注现场情况，产生侥幸心理，未及时派人进行监护是事故的主要原因。

(2) 现场工作人员违章进入密闭前护栏休息是造成事故的另一主要原因。

3. 预防措施

(1) 认清做好安全生产工作的重要性，进一步增强安全第一的责任意识。加强密闭管理专项整治，切实加强安全基础工作。

(2) 要进一步落实安全生产责任制，从切实转变干部作风入手，强化安全考核机制，严肃责任追究，克服形式主义，尽职尽责抓好安全。

(3) 结合伤亡事故案例，深入宣传，教育干部职工提高自我保护意识。

二、通风调度岗位事故

2018 年 12 月 1 日 1:19，某矿 14142 开切眼掘进工作面发生一起瓦斯超限事故，瓦斯超限浓度最大值为 7.17%，瓦斯浓度达到 3%以上最长的连续时长约 53 min。

1. 事故经过

2018 年 12 月 1 日零点班，掘一队值班队长杨×安排 14142 工作面开切眼正常掘进，当班出勤 22 人。0:10 左右，人员到达工作地点后进行了隐患排查。确认安全后，先在开切眼工作面延长刮板输送机。1:10 左右，开始掘进机作业，首先截割右帮(西帮)梁窝，进度 0.5 m，出现少量淋水；随后又截割左帮(东帮)梁窝，顶板掉矸不足 0.1 m^3；掘进机司机将掘进机后撤 1.5 m。此时 T_1(距工作面迎头 4 m)出现报警，显示数值 1.01%，掘进机断电。跟班队长冯×发现瓦斯超限，立即组织撤人。与此同时，地面监控中心值班人员发现 14142 开切眼掘进工作面 T_1 报警，立即汇报调度室，值班调度员姚某马上通知 14142 开切眼掘进工作面撤人。凌晨 4:00 左右，巷道瓦斯降到 1%以下后，经调度室同意，通风区跟班队长孙×、瓦斯检查工申×、掘一队班长王×进入 14142 回风巷及开切眼查看情况，发现工作面迎头右帮仍有少量滴水，左帮底板有少量积矸，巷道内有腐烂坑木的气味，瓦斯浓度 0.7%左右，随后向调度室汇报，人员撤出。从 1:17 至 6:35，14142 工作面开切眼 T_1 出现间断性超限，两次浓度大于 3%，瞬时最大值 7.17%，其中：① 一次瓦斯浓度达到 3%以上连续时长约 53 min(1:18～2:10)，1%以上连续时长约 1 h 41 min(1:17～2:57)；② 二次瓦斯浓度达到 3%以上连续时长约 9 min(3:35～3:43)，1%以上连续时长约 17 min(3:31～3:47)。T_2(位于 14142 回风巷斜巷内，距回风口 12 m)从 2:22 至4:46 出现间断性超限，瞬时最大值 1.35%；T_3(位于 14142 回风巷与 14141 回风巷外段交叉点外 13 m 处)从 2:28 至 3:21 出现间断性超限,瞬时最大值 1.20%。

2. 事故原因

(1) 直接原因。14141 工作面为开采顶层煤工作面,回采过程中煤体向采空区涌出大量瓦斯集聚在采空区空间内。14142 工作面开切眼下向掘进,已穿过原 14121 运输巷与 14141 回风巷,进入原 14141 工作面开切眼附近冒落区,因采动影响,冒落区未压实空间内裂隙瓦斯涌出,迎头风量不足,未及时稀释瓦斯,造成瓦斯超限,是本次事故的直接原因。

(2) 间接原因。矿井对已回采区域冒落带裂隙积存瓦斯认识不足,认为顶层工作面回采后瓦斯已充分释放,且 14142 回风巷已经掘进的 800 多米巷道未出现瓦斯涌出异常现象,经查阅 14142 开切眼掘进作业规程与有关技术措施,均未发现防止上采空区瓦斯涌出超限的有关措施或探测内容。矿井对进入 14141 回采区域后瓦斯涌出情况预判不到位,对 14141 工作面回采后顶板垮落情况认识不清。公司及矿井相关业务部门瓦斯检查工、通风调度员对 14142 工作面开切眼掘进进入 14141 顶分层工作面回采区域积存瓦斯情况监督、管理不到位。

3. 预防措施

(1) 矿井要加强中底层煤巷掘进瓦斯管理工作,及时完善 14142 开切眼掘进安全技术措施,周密布置超前钻孔,防止瓦斯集中涌出。

(2) 公司各矿井要立即开展瓦斯管理大排查活动,逐头、逐面、逐个施工作业地点,对安全技术措施的针对性和执行情况进行梳理、排查,尤其是针对中底层采掘工作面必须补充完善预防采空区瓦斯集中涌出的措施,认真落实“一通三防”责任制,堵塞漏洞,杜绝灾害事故。

(3) 公司及各矿井要牢固树立“瓦斯超限就是事故”的理念,全面反思事故教训及安全管理方面存在的问题,认真履行企业安全生产主体责任,严格落实“抓系统、系统抓”工作要求,进一步改进工作作风,强化安全和技术管理执行力建设,从严、从细、从实抓工作,严厉打击有令不行、有禁不止的行为,杜绝规章制度与现场落实“两张皮”的现象。

(4) 加强“一通三防”管理,特别是要加强瓦斯检查工、通风调度员的管理，发现异常情况及时汇报。

三、运输调度岗位事故

2018 年 5 月 13 日，某矿在大巷平巷运输期间，两列人车在南大巷 2 500 m 处单道会车，平巷运输车辆调度错误。

1. 事故经过

2018 年 5 月 13 日 23:50，某矿在井底发往南部一列人车，从南部回井底一列人车，井底去南部人车到达南部 2 500 m 单道处前，汇报了井底卸载站运输调度员，得到运输调度员同意后，正常通过南大巷 2 500 m单道；从南部回井底一列人车到达南大巷2 500 m单道处，也得到井底卸载站运输调度员同意可以通行，出现两列人车在南大巷 2 500 m处单道会车。

2. 事故原因

(1) 调度值班员工作责任心不强，忘记已有一列人车经过南大巷 2 500 m单道，对另一列人车私自放行，是本次事故的直接原因。

(2) 夜班运输调度员精神状态不好，出现指挥错误是造成本次事故的间接原因。

3. 预防措施

(1) 对运输调度加强工作责任心教育，对平巷运输车辆调度做好记录，杜绝平巷运输车辆在大巷单道会车。

(2) 运输调度下班后要注意休息，保证上班期间精神状态良好，杜绝精神不振导致指挥错误现象。

附 录

附件 1 采煤作业实操考试考核表

考试时间:30 分钟

单位:________________ 姓名:______ 得分:______

序号	考试项目	操作内容与步骤	考试方式	分值	评分标准	扣分原因	扣分数
1	岗位“双述”	手指口述或岗位描述(本职工作岗位的职责内容)	手指口述或岗位描述	30 分	考核内容只需随机选取 1 项即可。缺少或回答错误按 4 分/条进行扣分		
2	安全技术操作	1. 采煤工艺 ① 综合机械化采煤工艺。 ② 敲帮问顶工作步骤及注意事项。 ③ 设备操作注意事项。 ④ 设备故障处理维护。 ⑤ 设备交接班注意事项	手指口述	16 分	考核内容只需随机选取 1 项即可。手指口述每缺 1 步或 1 步不正确扣 2 分		
		2. 事故处理 ① 事故处理程序。 ② 抢险救灾过程中的任务和职责。 ③ 操作不当或操作失误伤人处理方法。		12 分	考核内容只需随机选取 1 项即可。手指口述每缺 1 步或 1 步不正确扣 2 分		

续表

序号	考试项目	操作内容与步骤	考试方式	分值	评分标准	扣分原因	扣分数
3	自救器的使用与创伤急救训练	1. 自救器的使用 ① 化学氧自救器的使用。 ② 压缩氧自救器的使用	实物操作＋手指口述	12 分	考核内容只需随机选取 1 项即可。操作或手指口述每缺 1 处或 1 处不正确扣 2 分		
		2. 创伤急救 ① 心肺复苏。 ② 止血。 ③ 创伤包扎。 ④ 骨折临时固定和伤员搬运。 ⑤ 对不同伤员的现场急救		30 分	考核内容只需随机选取 2 项即可。操作或手指口述每缺 1 处或 1 处不正确扣 2 分		
合计得分				100 分			

考核人：____________　　考核时间：_____年____月____日

附件2 输送机操作作业实操考试考核表

考试时间:30分钟

单位:______________________ 姓名:______ 得分:______

序号	考试项目	操作内容与步骤	考试方式	分值	评分标准	扣分原因	扣分数
1	岗位“双述”	手指口述或岗位描述(本职工作岗位的职责内容)	手指口述或岗位描述	30分	考核内容只需随机选取1项即可。缺少或回答错误按4分/条进行扣分		
2	安全技术操作	① 给煤机、输送机开机前的检查事项。 ② 破碎机、转载机开机前的检查事项。 ③ 给煤机、输送机运行期间的检查事项。 ④ 破碎机、转载机运行期间的检查事项。 ⑤ 给煤机、输送机停机前的检查事项。 ⑥ 破碎机、转载机停机前的检查事项	手指口述	16分	考核内容只需随机选取1项即可。手指口述每缺1步或1步不正确扣2分		

续表

序号	考试项目	操作内容与步骤	考试方式	分值	评分标准	扣分原因	扣分数
2	安全技术操作	① 更换带式输送机托辊时必须遵守哪些规定? ② 给煤机放煤作业卡矸处理方法。 ③ 破碎机运行期间卡矸的处理方法。 ④ 转载机刮板连接环断裂的处理方法	手指口述	12 分	考核内容只需随机选取 1 项即可。手指口述每缺 1 步或 1 步不正确扣 2 分		
3	自救器的使用与创伤急救训练	1. 自救器的使用 ① 化学氧自救器的使用。 ② 压缩氧自救器的使用	实物操作和手指口述	12 分	考核内容只需随机选取 1 项即可。操作或手指口述每缺 1 处或 1 处不正确扣 2 分		
		2. 创伤急救 ① 心肺复苏。 ② 止血。 ③ 创伤包扎。 ④ 骨折临时固定和伤员搬运。 ⑤ 对不同伤员的现场急救		30 分	考核内容只需随机选取 2 项即可。操作或手指口述每缺 1 处或 1 处不正确扣 2 分		
合计得分				100 分			

考核人:________________　　考核时间:______年 ____月____日

附件3 生产调度作业实操考试考核表

考试时间:30分钟

单位:____________ 姓名:______ 得分:______

序号	考试项目	操作内容与步骤	考试方式	分值	评分标准	扣分原因	扣分数
1	岗位“双述”	手指口述或岗位描述(本职工作岗位的职责内容)	手指口述或岗位描述	30分	考核内容只需随机选取1项即可。缺少或回答错误按4分/条进行扣分		
2	安全技术操作	1. 应急情况处理 ① 生产现场出现进回风道冒顶、瓦斯超限、主要通风机故障、主副井提升设备故障和区域性停电等紧急情况。 ② 井下某处发生瓦斯超限。 ③ 接到报告某采掘工作面有煤与瓦斯突出预兆。 ④ 井下发生火灾或有透水预兆。 ⑤ 井下发生车辆运输事故	手指口述	16分	考核内容只需随机选取1项即可。手指口述每缺1步或1步不正确扣2分		

续表

序号	考试项目	操作内容与步骤	考试方式	分值	评分标准	扣分原因	扣分数
2	安全技术操作	2. 重大事故处理 ① 重大事故处理程序。 ② 抢险救灾过程中各岗位、各部门的任务和职责。 ③ 瓦斯爆炸事故现场处置方案(法)。 ④ 斜巷跑车事故现场处置方案(法)	手指口述	12分	考核内容只需随机选取1项即可。手指口述每缺1步或1步不正确扣2分		
3	自救器的使用与创伤急救训练	1. 自救器的使用 ① 化学氧自救器的使用。 ② 压缩氧自救器的使用	实物操作+手指口述	12分	考核内容只需随机选取1项即可。操作或手指口述每缺1处或1处不正确扣2分		
		2. 创伤急救 ① 心肺复苏。 ② 止血。 ③ 创伤包扎。 ④ 骨折临时固定和伤员搬运。 ⑤ 对不同伤员的现场急救		30分	考核内容只需随机选取2项即可。操作或手指口述每缺1处或1处不正确扣2分		
合计得分				100分			

考核人：____________ 考核时间：____年____月____日

附件 4　井下常用标志及设置地点

附表 4-1　井下常用禁止标志及设置地点

名称	符号	设置地点	名称	符号	设置地点
禁带烟火		煤矿井口及井下	禁止入内		井下封闭区、瓦斯区、盲巷、废弃巷道及禁止人员入内的地点
禁止酒后入井		人员出入的井口	禁止停车		井下禁止停放车辆的地段
禁止明火作业		禁止明火作业地点	禁止驶入		线路终点和禁止机车驶入地段
禁止启动		不允许启动的机电设备	禁止通行		井下危险区、爆破警戒处、不兼作行人的绞车道、材料道及禁止行人的通道口等
禁止送电		变电室、移动电源开关停电检修等	禁止穿化纤服装入井		人员出入的井口
禁止扒乘矿车		井下运输大巷交叉口、乘车场、扒车事故多发地段	禁止放明炮、糊炮		井下采掘爆破工作面
禁止扒、登、跳人车		井下巷道，每隔 50 m 设一个	禁止井下睡觉		井下各工序岗位和作业区

附表 4-1(续)

名称	符号	设置地点	名称	符号	设置地点
禁止登钩		串车提升斜井上下口	禁止同时打开两道风门		井下巷道风门处
禁止跨、乘输送带		链板、带式输送机、钢丝绳牵引运输不许跨越的地方，间隔30 m设置	禁止井下随意拆卸矿灯		入井口、井下工作面
禁止井下攀牵线缆		井下敷有电缆、信号线等巷道内			

附表 4-2　井下常用警告标志及设置地点

名称	符号	设置地点	名称	符号	设置地点
注意安全		提醒人们注意安全的场所及设备安置的地方	当心坠入溜井		井下溜煤眼、溜矿井、溜矿仓
当心瓦斯		井下瓦斯积聚地段、盲巷口、瓦斯抽放地点、巷道冒高处	当心发生冲击地压		井下有冲击地压的作业区域

附表 4-2(续)

名称	符号	设置地点	名称	符号	设置地点
当心冒顶		井下冒顶危险区、巷道维修地段	当心片帮滑坡		井下有片帮、滑坡危险地段
当心火灾		井下仓库、爆炸材料库、油库、带式输送机、充电室和有发火预兆的地点	当心矿车行驶		井下行人巷道与运输巷道交叉处、井下兼行人的倾斜运输巷道内
当心水灾		井下有透水或水患地点	当心绊倒		井下地面有障碍物，绊倒易造成伤害的地方
当心煤(岩)与瓦斯突出		井下煤（岩）与瓦斯突出危险作业区	当心滑跌		井下巷道有易造成伤害的滑跌地点
当心有害气体中毒		井下 CH_4、CO、H_2S、NO_x 等有害气体危险地点	当心交叉道口		井下巷道交叉口处
当心爆炸		爆炸材料库，运送炸药、雷管的容器和设备上	当心弯道		井下巷道拐弯处

附表 4-2(续)

名称	符号	设置地点	名称	符号	设置地点
当心触电		有触电危险部位	当心道路变窄(左、右、正向)		井下巷道前方变窄的地段
当心坠落		建井施工、井筒维修及井内高空作业处			

附表 4-3　井下常用指令标志及设置地点

名称	符号	设置地点	名称	符号	设置地点
必须戴安全帽		人员出入井口、更衣房、矿灯房等醒目地方	必须桥上通过		井下设有人行桥的地方
必须携带自救器		入井口处、更衣室、领自救器房等醒目地方	必须走人行道		井下人行道两端
必须携带矿灯		入井口处、更衣室、矿灯房等醒目地方	鸣笛		井下机车通过巷道交叉口处、道岔口和弯道前 20～30 m 鸣笛处

附表 4-3(续)

名称	符号	设置地点	名称	符号	设置地点
必须穿带绝缘保护用品		井下变配电所(硐室)	必须加锁		剧毒品、危险品库房等地点
必须系安全带		建井施工处、井筒检修地点	必须持证上岗		井口、配电室、炸药库等必须出示上岗证的地点
必须戴防尘口罩		井下打眼施工、炮烟区			

附表 4-4 井下常用路标、名牌、提示标志及设置地点

名称	符号	设置地点	名称	符号	设置地点
紧急出口(左、右向)		设在井下采区安全出口路线上(间隔 100 m)和改变方向处	运输巷道		井下运输巷道
电话		井下通往电话的通道上	指示牌		根据需要自行设置
躲避硐		井下通往躲避硐室的通道及躲避硐室入口处	路标		自行设置

附表 4-4(续)

名称	符号	设置地点	名称	符号	设置地点
急救站		井下通往急救站通道上	避火灾、瓦斯爆炸路线		井下躲避火灾、瓦斯、煤尘爆炸的通道上
爆破警戒线		井下爆破警戒线处	避水灾路线		井下躲避水灾的通道上
危险区		井下火灾、瓦斯、水患等危险区附近	避有毒有害气体路线		井下躲避有毒有害气体路线的通道上
沉陷区		井下地表沉陷滑落区	永久密闭		井下废巷、盲巷入口处
前方慢行		井下风门、交叉道口、弯道、车场、翻罐等须减速慢行地点	测风牌	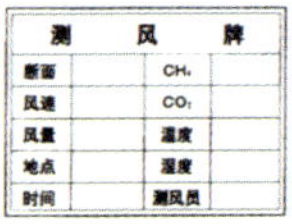	井下掘进、采煤工作面等处
进风巷道		井下进风巷道	炮检牌	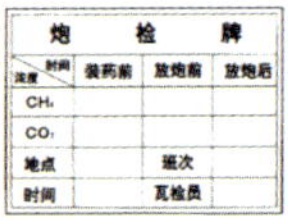	井下采、掘工作面等要求设置的地点
回风巷道		井下回风巷道	瓦斯巡检牌		采、掘工作面等要求设置的地点